洗气机技术手册

刘长河　李继华　王文达　主　编

U0283743

中国建材工业出版社
北　京

图书在版编目（CIP）数据

洗气机技术手册/刘长河，李继华，王文达主编
．--北京：中国建材工业出版社，2024.1
ISBN 978-7-5160-3979-3

Ⅰ．①洗…　Ⅱ．①刘…②李…③王…　Ⅲ．①风机—
技术手册　Ⅳ．①TH43-62

中国国家版本馆CIP数据核字（2023）第231236号

洗气机技术手册

XIQIJI JISHU SHOUCE

刘长河　李继华　王文达　主编

出版发行：中国建材工业出版社
地　　址：北京市海淀区三里河路11号
邮　　编：100831
经　　销：全国各地新华书店
印　　刷：北京雁林吉兆印刷有限公司
开　　本：787mm×1092mm　1/16
印　　张：20.5
字　　数：360千字
版　　次：2024年1月第1版
印　　次：2024年1月第1次
定　　价：108.00元

___

本书编委会

主　编：刘长河（北京新阳光技术开发公司）

　　　　李继华（山东新阳光环保设备股份有限公司）

　　　　王文达（北京新阳光技术开发公司）

参　编：盛华兴（扬州引江矿业设备有限公司）

　　　　魏久鸿（辽宁基伊能源科技有限公司）

　　　　王建华（上海沛恩环境工程有限公司）

　　　　姜　超（天津汇杰环保科技有限公司）

前　　言

　　洗气机技术广泛应用于国民生产中的各个领域，历经 30 多年的研究与实践，逐渐形成一套独立、完整、成熟的体系。

　　洗气机是集风机功能、传质功能和空气净化功能等于一体的技术设备，涉及多个学科的基础理论。为了更好地掌握和应用这项技术，不仅要充分了解相关领域的基础理论知识，还要对洗气机技术在各个领域的实用效果有充分的认知。

　　《洗气机技术手册》是洗气机发明人 30 多年的研究成果，是对其理论与应用过程的总结。本书以风机理论为基础，研究出径混式风机、旋流式洗气机、离心式洗气机等多个系列产品，并广泛应用于化工领域和环保领域。同时研究出与其配套使用的辅助技术，如渗滤技术、隔振技术及变频技术等。

　　在化工领域中，生产需要完成的工艺过程有能量传递、热量传递、质量传递和化学反应等，称为"三传一反"。现阶段实现"三传一反"的工艺设备主要有填料塔、孔板塔等塔型设备，除此之外再无其他设备技术替代化工传质过程，而塔型设备在应用中表现的传质效率以及各项指标都不能体现出高效率和经济性。采用洗气机技术设备代替塔型设备完成"三传一反"，人为制造出 1000～2000 倍重力加速度的离心加速度场，此时液相可得到 50～100m/s 的运动速度和相当于 1000 倍重力加速度的加速度，使液相雾化、气化，微观呈现分子态。同时气相因传质能耗很小，可忽略不计，不须另配动力风机，并有很大余压。这样可以大幅度降低传质时间（毫秒级），适应需要快速混合和反应的传质过程。洗气机技术设备体积小、成本低、占地小、安装维护方便，可微型化、工业化、大型化，适用工况宽广，设备运行安全稳定，自清洁不阻塞，易实现自动化、远程化控制。

　　在环保领域中，大气污染防治是很重要的一部分。大气污染控制技术设备可分为湿法净化设备和干法净化设备两种。由于各种因素，湿法净化设备在市场中占比很小，仅不到 20%。湿法净化设备能在市场中存在，有其一部分先进性因素，而由于一些具体的技术问题，导致其市场应用率低。在湿法净化设备中，有塔型设备、冲击水浴型设备、文丘里型设备和超重力型设备等。这些技术设备都具备湿法净化的优点，如在高温、高湿、高黏性介质中的适应性强，防火防爆，同时具有投资少、占地小等优势；但也存在着不足，如稳定性差、运行效率低、能耗高等。洗气机技术本质上属于湿法净化技术，历经30多年的完善，解决了湿法净化技术在实际应用中的难题和不足，并取得了较好的使用效果。

由于洗气机技术是一项新型技术，目前国家没有相应的标准对其在不同实际情况下应用时的具体参数设计和施工条件进行规定和约束，因此想要熟练掌握和应用洗气机技术，就需要从理论到设计、从技术到应用，系统地对其进行详细全面地归纳和总结，这也是《洗气机技术手册》一书的重要意义之所在。

本书分为基础理论、洗气机的原理与设计以及洗气机的应用3部分，共17章，从理论到设计，再到应用实例，详细系统地介绍了洗气机技术。洗气机技术是新型产业升级不可或缺的技术，将服务于时代的发展和需要。

特别感谢王强就本书中涉及洗气机系统图片所提供的帮助。

著　者

2023 年 6 月

目　录

第一部分　基础理论

第三部分 洗气机的应用

第一部分　基础理论

基础理论涉及流体力学和空气动力学相关知识，以及风机的基础理论。洗气机本质上属于风机，是在传统风机的基础上设计开发的一套新型高效的传质、净化设备。各流体在设备内部的运动规律符合流体力学和空气动力学基本原理，设备制造和选型可参考通用型风机相关技术参数的规定。

基础理论是研究洗气机理论与设计的基石，掌握相关基本概念和理论计算等问题，是研究洗气机技术的基础，同时这些基础理论也是设计和研发洗气机设备的基础，所有新技术的出现和新设备的更迭都离不开基础理论，所以学习与洗气机技术相关的基础理论知识，对于后续内容的学习和理解十分重要。

第一部分分为八章，分别为第一章流体力学基础，第二章流体静力学，第三章一元流体运动的基本方程，第四章流体阻力与能量损失，第五章空气动力学基础，第六章风机及其系统，第七章风机的分类和用途，第八章风机的安装、运转和维护。

第一章 流体力学基础

1.1 概 述

1.1.1 流体力学的研究对象和任务

流体力学的研究对象是流体。流体包括液体和气体。

流体力学的任务是研究流体静止和运动时的宏观力学规律，并运用这些规律解决工程技术中的问题。它是力学学科的一个组成部分。

流体力学由两个基本部分组成：一是研究流体静止规律的流体静力学；二是研究流体运动规律的流体动力学。

1.1.2 流体力学的应用

流体力学是一门重要的专业基础课程，在暖通与空调和燃气工程中得到广泛的应用。在供热、空气调节、燃气输配、通风除尘等工程中，都是以流体作为工作介质，通过流体的各种物理作用对流体的流动进行有效的组织来实现的。因此，只有学好流体力学，才能对专业中的流体力学现象做出科学的定性分析及精确的定量计算，才能正确地解决工程中所遇到的流体力学方面的设计和计算问题。

学习流体力学，要注意基本理论、基本概念、基本方法的理解和掌握，学会理论联系实际，去解决工程中的各种流体力学问题。

1.1.3 单位

本书采用国际单位制，基本单位中长度用"米"（m）；时间用"秒"（s）；质量用"千克"（kg）；力为导出单位，用"牛顿"（N），1牛顿（N）＝1千克·米/秒^2（kg·m/s^2）。

由于我国长期使用工程单位，实际工作中遇到的某些量仍然用工程单位表示，学习应用时注意两种单位的换算。换算的基本关系为1kgf＝9.807N。

常用的国际单位与工程单位的换算关系见表1-1。

表1-1　常用的国际单位与工程单位的换算关系

量的名称	工程单位		国际单位		换算关系
	名称	符号	名称	符号	
长度	米	m	米	m	—
时间	秒	s	秒	s	—
质量	公斤力二次方秒每米	kgf·s^2/m	千克	kg	1kgf·s^2/m＝9.807kg
力、重量	公斤力	kgf	牛顿	N	1kgf＝9.807N
压力、压强	公斤力每平方米	kgf/m^2	帕斯卡	Pa	1kgf/m^2＝9.807Pa
	工程大气压	at	帕斯卡	Pa	1at＝9.807×10^{4}Pa
	巴	bar	帕斯卡	Pa	1bar＝100kPa
	毫米水柱	mmH$_2$O	帕斯卡	Pa	1mmH$_2$O＝9.807Pa
	毫米汞柱	mmHg	帕斯卡	Pa	1mmHg＝133.32Pa
能量、功	公斤力米	kgf·m	焦耳	J	1kgf·m＝9.807J
功率	公斤力米每秒	kgf·m/s	瓦特	W	1kgf·m/s＝9.807W
	马力	hp	瓦特	W	1马力＝735.45W
动力黏度	泊	P	帕斯卡秒	Pa·s	1P＝0.1Pa·s
运动黏度	斯托克斯	St	二次方米每秒	m^2/s	1St＝10^{-4}m^2/s

1.2　流体的基本特征

要研究流体的静止规律和运动规律，首先必须了解流体本身所固有的特征和主要的力学性质。

流体区别于固体的基本特征是流体具有流动性。这个特性是由流体静止时不能承受切力作用的力学性质决定的。

液体与固体不同，其分子间的距离较大，引力较小，没有固定的形状，几乎不能承受拉力抵抗拉伸变形；静止时也不能承受切力抵抗剪切变形。只要施加微小的切力就可破坏其静止状态而发生流动。

气体分子间的距离越大，引力越小，越易于压缩和扩散。而液体则不易压缩，也不易扩散。

流动性使流体的运动具有以下特点：

第一，流体的形状是由约束它的边界形状决定的，不同的边界必将产生不同的流动。因此，流体流动的边界条件是对流体运动有重要影响的外因。

第二，流体的运动和流体的变形联系在一起。当流体运动时，其内部各质点之间有着复杂的相对运动，所以流体的变形又与其力学性质密切相关。因此，流体的力学性质是对流体运动有直接影响的内因。具有不同力学性质的流体，即使其边界条件相同也会产生不同的运动。

因此，流体的流动是由流体本身的力学性质（内因）和流动所在的外界条件（外因）这两个因素决定的。流体力学所要探讨的流体的静止规律和运动规律，实际上就是流体的力学性质和流动的边界条件对流体所产生的作用和影响。

1.3　流体的主要力学性质

流体的主要力学性质有惯性和重力特性、黏滞性、压缩性和热胀性、表面张力和毛细管现象等。

1.3.1　惯性和重力特性

1. 惯性

惯性是物体维持原有静止或运动状态的能力。表征物体惯性大小的是质量，质量越大惯性就越大。质量常以密度表示。单位体积流体所具有的质量称为密度，用 ρ 表示，单位为 kg/m^3。任意点上密度相同的流体，称为均质流体。均质流体密度可表示为

$$\rho = \frac{m}{V} \tag{1-1}$$

式中　m——流体的质量（kg）；

　　　V——流体的体积（m^3）。

各点密度不完全相同的流体称为非均质流体。非均质流体中某点的密度用极限表示为

$$\rho = \lim_{\Delta V \to 0} \frac{\Delta m}{\Delta V} \tag{1-2}$$

式中 Δm——微小体积 ΔV 内的流体质量（kg）；

ΔV——包含该点在内的流体体积（m^3）。

2. 重力特性

流体受地球引力作用的特性，称为重力特性。流体的重力特性用容重表示。对于均质流体，作用于单位体积流体的重力称为容重，用 γ 表示，单位为 N/m^3。

$$\gamma = \frac{G}{V} \tag{1-3}$$

式中 G——体积为 V 的流体所受的重力（N）；

V——重力为 G 的流体体积（m^3）。

对于非均质流体，任意一点的容重为

$$\gamma = \lim_{\Delta V \to 0} \frac{\Delta G}{\Delta V} \tag{1-4}$$

式中 ΔG——微小体积 ΔV 的流体重力（N）；

ΔV——包含该点在内的流体体积（m^3）。

重力（或称重量）是质量和重力加速度 g 的乘积，即

$$G = mg \tag{1-5}$$

两端同除以体积 V，则得容重和密度的关系为

$$\gamma = \rho g \tag{1-6}$$

这个关系对均质和非均质流体都适用。

常见流体的密度及容重见表 1-2。

表 1-2　常见流体的密度及容重

流体名称		密度（kg/m^3）	容重（N/m^3）	测定条件	
				温度（℃）	气压（mmHg）
液体	煤油	800～850	7848～8338	15	760
	纯乙醇	790	7745	15	
	水	1000	9807	4	
	水银	13590	133318	0	
气体	氮	1.2505	12.2674	0	760
	氧	1.4290	14.0185	0	
	空气	1.2920	12.6824	0	
	一氧化碳	1.9768	19.3924	0	

1.3.2　黏滞性

流体内部质点或流层间，如有相对运动则会产生内摩擦力以抵抗相对运动，该

性质称为黏滞性。此内摩擦力称为黏滞力。在流体力学研究中，流体的黏滞性十分重要。

1. 流体黏滞性分析

图 1-1 所示为流体在圆管中流动时的流速分布（以液体为例）。

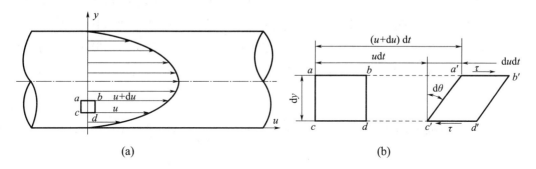

图 1-1 管内流速分布

易流动是流体的一个重要特征。不同流体流动的难易程度不同，其原因是在不同流动内部抗拒因流动而发生切向变形的程度各不相同（图 1-1 中 abcd 变至 a'b'c'd'）。而液体的黏滞性就是抗拒切向变形的一种力学性质，如水比石油易于流动，这说明水比石油抗拒切向变形的能力弱，因此其黏滞性亦小。黏滞性是运动流体产生流动阻力的内因，这种阻力是因质点的相对运动而产生的一种切力，亦称内摩擦力。

当流体在管道内流动时，紧贴管壁的极薄一层流体，因附着在壁面上不动，其流速为零；该流层又通过黏滞作用，使紧邻该流层的流体流动受到牵制；如此逐层牵制，距壁面越远，牵制力越弱，流速越大。结果在过流断面上形成了如图 1-1 所示的流速分布不均匀状态，管壁处流速为零，而管轴处流速最大。这证明固体边壁是通过黏滞性对液流起阻滞作用的，它是运动流体产生流动阻力的外因。在静止流体中各层没有相对运动，因此就不存在使其变形的切力，只有流体流动时才产生切力，即黏滞力。

2. 流体的切应力及黏滞系数

在图 1-1 中任意流层上取厚度为 dy 的一个流层 abcd，ab 面上部邻层流体因为速度快，对该面施加了沿流向的拉力；cd 面下部邻层流体因为速度慢，对该面施加了向后的拖力，这样就形成了一对切力（内摩擦力）T。

设与流层 abcd 相邻的两个流层的速度差为 du。由试验证明：内摩擦力 T 的大小与流体的性质有关，与流层的接触面积 A 成正比，与相邻流层的速度差 du 成正比，与流层间的距离 dy 成反比，其表达式为

$$T = \mu A \frac{\mathrm{d}u}{\mathrm{d}y} \tag{1-7}$$

单位接触面积上的内摩擦力称为切应力，可表示为

$$\tau = \frac{T}{A} = \mu \frac{\mathrm{d}u}{\mathrm{d}y} \tag{1-8}$$

式中，τ 为流体的切应力（N/m²），简称帕（Pa）。该式称为牛顿内摩擦定律。

切应力 τ 不仅有大小，还有方向。现以图 1-1 中流层 $abcd$ 变形后的 $a'b'c'd'$ 来说明 τ 的方向：上表面 $a'b'$ 上的切应力是由运动较快的流层产生的，其方向与 u 的方向相同；下表面 $c'd'$ 上的切应力是由运动较慢的流层产生的，因而其方向与 u 的方向相反。流体运动时，切应力总是成对出现的，它们大小相等、方向相反。需要指出的是，流体内产生的切应力是阻碍流体相对运动的，但它不能从根本上制止流动的发生，因此流体才具有流动性。流体静止时，$\frac{\mathrm{d}u}{\mathrm{d}y} = 0$，也就不产生切应力，但流体仍有黏滞性。$\frac{\mathrm{d}u}{\mathrm{d}y}$ 为速度梯度，表示沿垂直流动方向的相邻流层的流速变化率，单位是 s⁻¹。

为了理解速度梯度的意义，我们在图 1-1（a）中垂直于速度方向的 y 轴，任取一边长为 $\mathrm{d}y$ 的小正方体 $abcd$。为清楚起见，将它放大成图 1-1（b）。由于小正方体下表面的速度 u 小于上表面速度（$u + \mathrm{d}u$），经过 $\mathrm{d}t$ 时间后，下表面移动的距离 $u\mathrm{d}t$ 小于上表面移动的距离（$u + \mathrm{d}u$）$\mathrm{d}t$，因而小方块 $abcd$ 变形为 $a'b'c'd'$。即 ac 及 bd 在 $\mathrm{d}t$ 时间内发生了角变形 $\mathrm{d}\theta$。由于 $\mathrm{d}t$ 很小，$\mathrm{d}\theta$ 也很小，则

$$\mathrm{d}\theta = \tan(\mathrm{d}\theta) = \frac{\mathrm{d}u \cdot \mathrm{d}t}{\mathrm{d}y}$$

故
$$\frac{\mathrm{d}\theta}{\mathrm{d}t} = \frac{\mathrm{d}u}{\mathrm{d}y} \tag{1-9}$$

可见，速度梯度就是直角变形速度。这个直角变形速度是在切应力的作用下发生的，所以也称剪切变形速度。

与流体物理性能有关的比例系数，称动力黏度（μ），亦称动力黏滞系数，单位为 N/（m² • s），也可表示为 Pa • s。它是衡量流体黏滞性大小的量，μ 值越大，流体的黏滞性越强。在流体力学中常用动力黏度 μ 与密度 ρ 的比值来衡量流体黏滞性的大小，用符号 v 表示，表达式为

$$v = \frac{\mu}{\rho} \tag{1-10}$$

式中，v 的单位为 m²/s，还常用 cm²/s，称作斯托克斯（简写为 St）。由于单位中只有运动学要素，称为运动黏度，亦称为运动黏滞系数。

表 1-3 列出了水和空气在一个大气压、不同温度下的黏度。

表 1-3　水和空气在一个大气压下的黏度

温度 (℃)	水		空气		温度 (℃)	水		空气	
	μ (10^{-3}Pa·s)	μ (10^{-6}m³/s)	μ (10^{-3}Pa·s)	μ (10^{-6}m³/s)		μ (10^{-3}Pa·s)	μ (10^{-6}m³/s)	μ (10^{-3}Pa·s)	μ (10^{-6}m³/s)
0	1.792	1.792	0.0172	13.7	90	0.317	0.328	0.0216	22.9
10	1.308	1.308	0.0178	14.7	100	0.248	0.296	0.0218	23.6
20	1.005	1.007	0.0183	15.7	120			0.028	26.2
30	0.801	0.804	0.0187	16.6	140			0.0236	28.5
40	0.656	0.661	0.0192	17.6	160			0.0242	30.6
50	0.549	0.556	0.0196	18.6	180			0.0251	33.2
60	0.469	0.477	0.0201	19.6	200			0.0259	35.8
70	0.406	0.415	0.0204	20.5	250			0.028	42.8
80	0.357	0.367	0.021	21.7	300			0.0298	49.9

从表 1-3 中可以看出，不同种类的流体黏度不同，水和空气的黏度随温度变化的规律是不同的，水的黏度随温度升高而减小，空气的黏度随温度的升高而增大。这是因为流体的黏滞性是分子间的吸引力和分子不规则的热运动产生动量交换的结果。温度升高，分子间吸引力降低，动量增大；反之，温度降低，分子间吸引力增大，动量减小。对于液体，分子间的吸引力是决定性的因素，液体的黏度随温度升高而减小；对于气体，分子间的热运动产生动量交换是决定性的因素，气体的黏度随温度升高而增大。

最后需指出的是，牛顿内摩擦定律只适用于一般流体，对某些特殊流体是不适用的。为此，将满足牛顿内摩擦定律的流体称为牛顿流体，如水、油和空气等；而将特殊流体称为非牛顿流体，如血浆、泥浆、污水、油漆等。本书仅涉及牛顿流体力学问题。

1.3.3　压缩性和热胀性

在温度不变条件下，流体受压，体积减小、密度增大的性质，称为流体的压缩性。在一定的压力下，流体受热，体积增大、密度减小的性质，称为流体的热胀性。

1. 液体的压缩性和热胀性

（1）液体的压缩性。液体的压缩性通常以压缩系数 β 表示，它表示压强每增加1 帕（N/m²）时，液体体积或密度的相对变化率，用公式表示为

$$\beta = -\frac{1}{V} \cdot \frac{\Delta V}{\Delta p} \tag{1-11}$$

或

$$\beta = \frac{1}{\rho} \cdot \frac{\Delta \rho}{\Delta p} \tag{1-12}$$

式中 β——压缩系数（m^2/N）；

V——液体原体积（m^3）；

ΔV——液体体积变化量（m^3）；

Δp——作用在液体上的压强增量（Pa）；

ρ——液体原密度（kg/m^3）；

$\Delta \rho$——液体密度变化量（kg/m^3）。

β 值越大，液体的压缩性越大。压缩系数的倒数为液体的弹性模量，用 E 表示，单位为 N/m^2。即

$$E = \frac{1}{\beta} = \rho \frac{\Delta p}{\Delta \rho} = -V \frac{\Delta p}{\Delta V} \tag{1-13}$$

表 1-4 列举了水在温度为 0℃时不同压强下的压缩系数。

表 1-4 水在温度为 0℃时的压缩系数

压强（Pa）	49.35	98.7	197.4	394.8	789.6
β（m^2/N）	0.538×10^{-9}	0.536×10^{-9}	0.531×10^{-9}	0.528×10^{-9}	0.515×10^{-9}

从表 1-4 中可以看出，水在常温下的压缩系数很小。在工程中，除特殊情况（如有压管路中的水击现象）外，水的压缩性可以忽略不计，这一结论也适应于其他液体。通常把忽略了压缩性的液体，称为不可压缩液体。

（2）液体的热胀性。液体的热胀性，一般用热胀系数 α 表示，它表示温度每增加 1℃（K）时，液体体积或密度的相对变化率，用公式表示为

$$\alpha = \frac{1}{V} \cdot \frac{\Delta V}{\Delta T} \tag{1-14}$$

或

$$\alpha = -\frac{1}{\rho} \cdot \frac{\Delta \rho}{\Delta T} \tag{1-15}$$

式中，ΔT 为温度变化量（K）；α 值越大，液体的热胀性越大。α 的单位为 $1/K$。

表 1-5 列举了水在一个大气压下，不同温度时的容重和密度。

表 1-5　水在一个大气压下，不同温度时的容重和密度

温度（℃）	容重（kN/m³）	密度（kg/m³）	温度（℃）	容重（kN/m³）	密度（kg/m³）
0	9.8087	999.87	30	9.7675	995.67
2	9.8097	999.97	40	9.7338	992.24
4	9.8100	1000.00	50	9.6930	988.07
6	9.8091	999.97	60	9.6456	983.24
8	9.8088	999.88	70	9.5923	977.81
10	9.8073	999.73	80	9.5336	971.83
15	9.8072	999.10	90	9.4699	965.34
20	9.7926	998.23	100	9.4017	958.38

从表 1-5 中可以看出，在温度较低（10～20℃）时，温度每增加 1℃，水的密度减小约 0.15‰；在温度较高（90～100℃）时，水的密度减小 0.7‰。这说明水的热胀性是很小的，一般情况下可忽略不计。只有在某些特殊情况下，例如用热水采暖时，才须考虑水的热胀性。这一结论同样适用于其他液体。

2. 气体的压缩性和热胀性

气体与液体不同，具有显著的压缩性和热胀性。温度与压强的变化对气体的密度或容重影响很大。在温度不很低、压强不很高的条件下，气体密度、压强和温度之间的关系服从理想气体状态方程式，即

$$\frac{p}{\rho}=RT \tag{1-16}$$

式中　p——气体的绝对压强（N/m²）；

　　　T——气体的热力学温度（K）；

　　　ρ——气体的密度（kg/m³）；

　　　R——气体常数 [J/（kg·K）]。对于空气 $R=287$；对于其他气体，在标准状态下，$R=8314/n$，n 为气体的分子量。

同一种气体不同状态下的压强、温度和密度间的关系，可表示为

$$\frac{p_1}{\rho_1 T_1}=\frac{p_2}{\rho_2 T_2} \tag{1-17}$$

式中，符号的脚注 1、2 表示两种不同状态。

（1）气体的压缩性。在温度不变的等温（$T_1=T_2$）情况下，得到密度与压强的关系为

$$\frac{\rho_1}{\rho_2}=\frac{p_1}{p_2} \tag{1-18}$$

式（1-18）表明，在等温情况下压强与密度成正比。也就是说，压强增加，体积缩小，密度增大。如果把一定量的气体压缩到密度增大一倍，则压强也要增加一倍。但是，气体密度存在一个极限值，当压强增加到使气体密度增大到这个极限值时，若再增大压

强，则气体密度不会增加，这时式（1-18）不再适用。对应极限密度的压强为极限压强。

（2）气体的热胀性。在压强不变的等压（$p_1 = p_2$）情况下，得到密度与温度的关系为

$$\frac{\rho_1}{\rho_2} = \frac{T_2}{T_1} \tag{1-19}$$

式（1-19）表明，在等压情况下气体的密度与温度成反比，即温度增加，体积增大，密度减小。这一规律对不同温度下的一切气体都是适用的。但是，当气体温度降低到其液化温度时，式（1-19）规律不再适用。

将式（1-19）写成常用的形式

$$\rho_0 T_0 = \rho T = 常数 \tag{1-20}$$

式中，ρ_0 为温度 $T_0 = 273.16K$（近似为 273K）时气体的密度；ρ、T 分别为任一状态下的气体密度和热力学温度。

表 1-6 中列举了在标准大气压下，不同温度时的空气容重及密度，即温度相隔 10℃ 范围内，温度每升高 1℃ 密度的减小率 $\frac{\Delta\rho}{\rho}$（$\Delta t = 1℃$）。

表 1-6 标准大气压下空气的 γ、ρ 和 $\frac{\Delta\rho}{\rho} = $（$\Delta t = 1℃$）

温度（℃）	容重（N/m³）	密度（kg/m³）	温度每升高 1℃ 时 $\Delta\rho/\rho$
0	12.70	1.293	
10	12.24	1.248	-3.54×10^{-2}
20	11.80	1.205	-3.52×10^{-2}
30	11.43	1.165	-3.48×10^{-2}
40	11.05	1.128	-3.23×10^{-2}
50	10.72	1.093	-3.15×10^{-2}
60	10.40	1.060	-3.07×10^{-2}
70	10.10	1.029	-2.97×10^{-2}
80	9.81	1.000	-2.86×10^{-2}
90	9.55	0.973	-2.74×10^{-2}
100	9.30	0.947	-2.72×10^{-2}

气体虽然是可以压缩和热胀的，但是具体问题要具体分析。我们在分析任何一种气体流动时，最关键的问题是看压缩性是否起主要作用。对于气体流动速度较低（小于 68m/s）的情况，在流动过程中压强和温度的变化较小，密度仍然可以看作常数，这种气体称为不可压缩气体。反之，对于气体流动速度较高（大于 68m/s）的情况，在流动过程中密度的变化很大、已经不能视为常数的气体，称为可压缩气体。

在供热通风中，所遇到的大多数气体的流动速度远小于声速，其密度变化不大，可当作不可压缩气体。在供热系统中蒸汽输送的情况下，对整个系统来说，密度变

化很大；但对系统内各管段来讲，密度变化并不显著。因此，对每一管段仍然可按不可压缩气体计算，只是不同管段的密度不同。

在实际工程中，有些情况要考虑气体的压缩性，例如燃气的远距离输送等。

1.4　表　面　力

表面力是作用在被研究流体表面与作用表面的面积成正比的力。它可以是作用在流体边界上的外力，如大气对液体的压力、容器壁面的反作用力等；也可以是流体内部一部分流体作用于另一部分流体接触面上的内力，它们大小相等、方向相反，是互相抵消的。我们在分析问题时，常常从流体内部取出一个分离体研究其受力状态，使流体的内力变成作用在分离体表面上的外力。

表面力采用单位面积上的切向分力（称为切应力或内摩擦应力）和单位面积上的法向分力（称为压应力或压强）来表示。

在流体中取出一分离体，在其表面任取一微小面积 ΔA，作用在 ΔA 上的表面力为 ΔF。一般可将 ΔF 分解为沿表面法线方向的分力 ΔP 和沿表面切线方向的分力 ΔT，如图 1-2 所示。

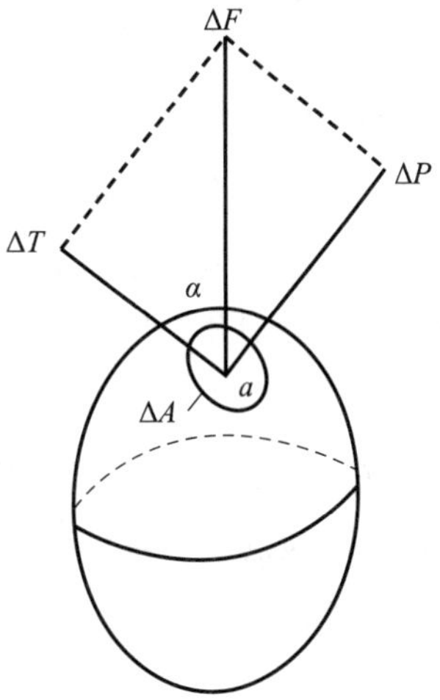

图 1-2　表面力分析

因为流体内部不能承受拉力，所以表面法线方向的分力只有沿法线方向的压力，因此表面力可分解为

$$\overline{p}=\frac{\Delta P}{\Delta A}, \quad \overline{\tau}=\frac{\Delta T}{\Delta A} \tag{1-21}$$

式中　$\overline{p}$——面积 ΔA 上的平均压应力，简称平均压强；

　　　$\overline{\tau}$——面积 ΔA 上的平均切应力。

如果面积 ΔA 无限缩小至中心点 a，则

$$p=\lim_{\Delta A \to 0}\frac{\Delta P}{\Delta A}$$

$$\tau=\lim_{\Delta A \to 0}\frac{\Delta T}{\Delta A} \tag{1-22}$$

式中　p——a 点的压强；

　　　τ——a 点的切应力。

压强和切应力的国际单位是帕，以 Pa 表示，$1\text{Pa}=1\text{N/m}^2$。

1.5 流体的力学模型

客观存在的实际流体的物质结构和力学性质是非常复杂的。如果我们全面考虑它的所有因素，就很难提出它的力学关系式。为此我们在分析流体力学问题时，建立力学模型，对流体加以科学的抽象，简化流体的物质结构和物理性质，以便总结出表示流体运动规律的数学方程式。下面介绍几个主要的流体力学模型。

1.5.1 连续介质与非连续介质

我们将流体视为"连续介质"。与所有物质一样，流体也是由无数的分子组成的，分子之间有一定的空隙，从微观上看，流体是一种不连续的物质。但是，流体力学研究的是流体宏观的机械运动（无数分子总体的力学效果），是以流体质点作为最小的研究对象。所谓流体质点，是指由无数的分子组成、具有无限小的体积和质量的几何点。因此，从宏观角度出发，可以认为流体是被其质点全部充满、无任何空隙存在的连续体。在流体力学中，把流体当作"连续介质"来研究，就可以把连续函数的概念引入流体力学中来，利用数学分析这一有力的工具来研究流体的运动规律。

1.5.2 理想流体与黏性流体

一切流体都具有黏性，提出无黏性流体是对流体力学性质的简化。因为在某些问题中，黏性不起作用或不起主要作用，这种不考虑黏性作用的流体，称为无黏性流体，即理想流体。如果在某些问题中，黏性影响很大，不能忽略时，我们可以先按理想流体分析，得出主要结论，然后采用试验的方法考虑黏性的影响，对该结论加以补充或修正。考虑黏性影响的流体称为黏性流体。

1.5.3 不可压缩流体与可压缩流体

实际流体都具有压缩性，视压缩性对问题的影响，可以决定是否考虑压缩性这个因素。该问题在本章 1.2 节中做作了详细的说明，这里不再重复。

本书主要讨论不可压缩流体，也有一定的内容讨论可压缩流体在管路中的流动。以上三个是流体力学的主要力学模型，以后在具体分析问题时，还要提出一些模型。

第二章　流体静力学

2.1　概　　述

流体静力学是流体力学的一个分支，研究静止流体（液体或气体）的压力、密度、温度分布以及流体对器壁或物体的作用力。静止流体不能承受剪应力，因而流体作用于边界面元上的力必须与这些面元垂直。

流体静力学主要研究静止液体内的压力（压强）分布，压力对器壁的作用，分布在平面或曲面上的压力的合力及其作用点，物体受到的浮力和浮力的作用点，浮体的稳定性以及静止气体的压力分布、密度分布和温度分布等问题。

从广义上说，流体静力学还包括流体处于相对静止状态时的情形，例如盛有液体的容器绕一垂直轴线做匀速旋转时的自由表面为旋转抛物面。

2.2　流体静压强

在静止流体中取一作用面 A，其上作用的压力为 p，当 A 缩小为一点时，平均压强 p/A 的极限定义为该点的流体静压强，以符号 P 表示，即

$$P=\lim_{A\to o}\frac{p}{A} \tag{2-1}$$

压力单位为 N 或 kN；流体静压强的单位为 N/m^2，也可用 Pa 或 kPa 表示。

2.3　静止流体中应力的特征

静止流体中的应力具有以下两个特性：

（1）应力的方向和作用面的内法线方向一致。

（2）静压强的大小与作用面方位无关。

在静止流体中任取截面 N-N，将其分为Ⅰ、Ⅱ两部分，取Ⅱ为隔离体，Ⅰ对Ⅱ的作用由 N-N 面上连续分布的应力代替（图 2-1）。

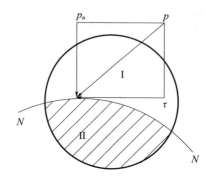

图 2-1　静止流体应力

在 N-N 平面上，若任意一点的应力 p 的方向不是作用于平面的法线方向，则可将 p 分解为法向应力 p_n 和切向应力 τ。因为静止流体不能承受切力，流体又不能承受拉力，故 p 的方向只能和作用面的内法线方向一致。

2.4　流场的基本概念

由于流体具有"易流动性"，流体的运动和刚体的运动有所不同。刚体在运动时，各质点之间处于相对静止状态，表现为整体一致的运动；而流体在运动时，质点之间则有相对运动，不表现为整体一致的运动。因此，表征流体的运动就应有与其运动特征相应的一些概念。

流动流体所占据的空间称为流场。表征流体运动的物理量，如流速、加速度、压力等统称为运动要素。由于流体为连续介质，其运动要素是空间和时间的连续函数。下面对流场的几个基本概念分别进行叙述，正确掌握这些基本概念，对于深入认识流体运动规律十分重要。

2.4.1　恒定流与非恒定流

在流场中，如果在各空间点上流体质点的运动要素都不随时间而变化，则这种流动称为恒定流（或稳定流）。如图 2-2（a）所示，当容器内水面保持不变时，器壁孔洞的泄流也一定保持不变，这是恒定流的一个例子。在这种情况下，容器内和泄流中任一点的运动要素是不随时间变化的。也就是说，在稳定流中，运动要素仅是空间坐标的连续函数，而与时间无关。因而运动要素对时间的偏导数为零，即

$$\frac{\partial u}{\partial t}=0, \quad \frac{\partial p}{\partial t}=0 \tag{2-2}$$

在流场中，如果在任一空间点上有任何质点的运动要素是随时间而变化的，则这种流动就称为非恒定流（或非稳定流）。在非恒定流情况下，运动要素不仅是空间坐标的连续函数，而且是时间的连续函数，即

$$u=u(x, y, z, t), \quad p=p(x, y, z, t); \quad \frac{\partial u}{\partial t}\neq0, \quad \frac{\partial p}{\partial t}\neq0 \tag{2-3}$$

图 2-2（b）所示就是非恒定流的一个例子。容器中的水面随时间而下降，器壁孔洞的泄流形状和大小随时间而变化。在这种情况下，容器内和泄流中任一点的流动都随时间而变化。

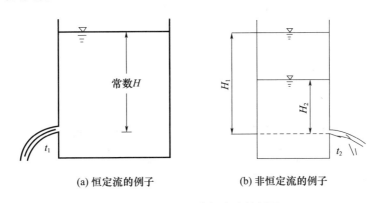

(a) 恒定流的例子　　　　(b) 非恒定流的例子

图 2-2　恒定流和非恒定流的例子

2.4.2　迹线和流线

在流体力学中，研究流体质点的运动有两种方法。一种方法是跟踪每个质点的路径进行描述，称作质点系法。这种方法注意质点的迹线，并用相应的数学方程式来表达。所谓迹线，就是质点在连续时间内所占据的空间位置的连线，即质点在某段时间段内所走过的轨迹线。另一种方法只在固定的空间位置上研究质点运动要素的情况，即所谓的流场法。流场法考察的是同一时刻流体质点通过不同空间点时的运动情况。因此，这种方法引出了流线的概念。流线是某一时刻在流场中画出的一条空间曲线，该曲线上的每个质点的流速方向都与这条曲线相切（图 2-3）。因此，某时刻的一条流线就表示这条线上各点在该时刻质点的流向，某时刻的一组流线就表示流场该时刻的流动方向和流动情形。

在科学实验中，为了获得某一流场的流动图形，常把一些能够显示流动方向的

"指示剂"（如锯末、纸屑等）撒放在所要观察的运动流体中，利用快速照相的手段，拍摄出在某一微小时段内这些指示剂所留下的一个个短的线段。如果指示剂撒得很密，则这些短线就能在照片上连成流线图形。

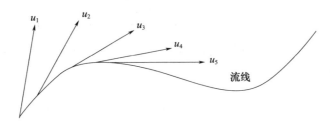

图 2-3　流线示意

流线的概念在流体力学研究中是很重要的。从流线的定义可以引申出以下结论：

（1）一般情况下，流线不能相交，且流线只能是一条光滑的曲线。

（2）流场中每一点都有流线通过。流线充满整个流场，这些流线构成某一时刻流场内的流动图像。

（3）在恒定流条件下，流线的形状和位置不随时间而变化；在非恒定流条件下，流线的形状和位置一般要随时间而变化。

（4）恒定流动时，流线与迹线重合；非恒定流动时，流线与迹线一般不重合。

2.4.3　一元流、二元流及三元流

流场中流体质点的流速状况在空间的分布有各种形式，可根据其与空间坐标的关系，将其划分为三种类型：一元流、二元流和三元流（又称一维流、二维流和三维流）。

一元流是指流体的流速在空间坐标中只和一个空间变量有关，或者说仅与沿流程坐标 s 有关，即 $u=u(s)$ 或 $u=u(s, t)$。显然，在一元流场中，流线是彼此平行的直线，而且同一过流断面上各点的流速是相等的。

对空间坐标来讲，如果流场中任一点的流速是两个空间坐标变量的函数，即 $u=u(x, y)$ 或 $u=u(x, y, t)$，则称这种流动为二元流。

如果流场中任一点的流速与三个空间坐标变量有关，则称这种流动为三元流。这时质点的流速 u 在 3 个坐标上均有分量。例如，一矩形明渠，当宽度沿流程方向变化时，由于明渠水流流动时水面向流动方向倾斜，水流中任意点的流速不仅与断面位置坐标有关，还与该点在断面上的坐标 y 和 z 有关，即 $u=u(x, y, z)$ 或 $u=u(x, y, z, t)$。

　　实际流体力学问题，大多属于二元流或三元流。但由于多维问题的复杂性，在数学上有相当大的困难。为此，有的需要进行简化。最常用的简化方法就是引入过流断面平均流速的概念，把水流简化为一元流，用一维分析方法研究实际上是多维的水流问题，但用一元流代替多维流所产生的误差要加以修正，修正系数一般用试验的方法来解决。

第三章　一元流体运动的基本方程

3.1　概　　述

流体动力学基本方程是将质量、动量和能量守恒定律用于流体运动所得到的流体速度、压力、密度和温度等物理量的关系式。对于系统和控制体都可以建立流体动力学基本方程。系统是确定不变的物质的组合；而控制体是相对于某一坐标系固定不变的空间体积，它的边界面称为控制面。流体动力学中讨论的基本方程多数是对控制体建立的。

基本方程有积分形式和微分形式两种。前者通过对控制体和控制面的积分而得到流体诸物理量之间的积分关系式；后者通过对微元控制体或系统直接建立方程而得到任意空间点上流体诸物理量之间的微分关系式。求解积分形式基本方程可以得到总体性能关系，如流体与物体之间作用的合力和总的能量交换等；求解微分形式基本方程或求解对微元控制体建立的积分形式基本方程，可以得到流场细节，即各空间点上流体的物理量。一元流体运动的基本方程主要有连续方程、欧拉方程、伯努利方程（又称能量方程）和动量方程。

3.2　连续方程

质量方程是流体流动过程中质量守恒的数学表达式，对于不同的流体流动情况，连续方程有不同的表达形式。本章节我们推导两种连续方程，不可压缩流体恒定流的连续方程和三维流动的连续方程。

3.2.1　不可压缩流体恒定流的连续方程

设在某一元流中任取两过流断面 1 和 2（图 3-1），其面积分别为 dA_1 和 dA_2，在恒定流条件下，过流断面 dA_1 和 dA_2 上的流速 u_1 和 u_2 不随时间变化。因此，在 dt 时段内通过这两个过流断面流体的体积应分别为 $u_1 dA_1 dt$ 和 $u_2 dA_2 dt$。

图 3-1　流体通过过流断面的流动

考虑到：

（1）流体是连续介质。

（2）流体是不可压缩的。

（3）流体是恒定流，且流体不能通过流面流进或流出该元流。

（4）在元流两过流断面间的流段内，不存在输出或吸收流体的奇点。

因此，在 dt 时段内通过过流断面 dA_1 流进该元流段的流体体积应与通过过流断面 dA_2 流出该元流段的流体体积相等，即

$$u_1 dA_1 dt = u_2 dA_2 dt \tag{3-1}$$

于是有

$$u_1 dA_1 = u_2 dA_2 \tag{3-2}$$

式（3-2）称为不可压缩流体恒定元流的连续方程。它表达了沿流程方向流速与过流断面面积成反比的关系。由于流速和过流断面面积之积等于流量，式（3-2）也表明，在不可压缩流体恒定元流中，各过流断面的流量是相等的，这样可以保证流动的连续性。

根据过流断面平均流速的概念，可以将元流的连续方程推广到总流中。设在不可压缩流体恒定总流中任取两过流断面 A_1 和 A_2，其相应的过流断面平均流速为 V_1 和 V_2，根据上述元流连续方程，有

$$\int_{A_1} u_1 d\omega = \int_{A_2} u_2 d\omega \tag{3-3}$$

因而

$$A_1 V_1 = A_2 V_2 \tag{3-4}$$

式（3-3）和式（3-4）被称为不可压缩流体恒定总流的连续方程。两式表明，通过恒定总流任意过流断面的流量是相等的，或者说，恒定总流的过流断面的平均流速与过流断面的面积成反比。

如果恒定总流两断面间有流量输入或输出（图 3-2 所示的管、渠交汇处），则恒定总流的连续方程为

$$Q_1 + Q_2 = Q_3 \qquad (3-5)$$

式中　Q_3——引入（取正号）或引出（取负号）。

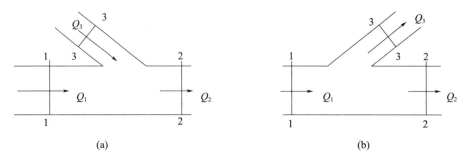

(a)   (b)

图 3-2　分叉管渠中的水流

3.2.2　三维流动的连续方程

对于一般的三维流动，能够采用流体微元分析法，得到其微分形式的连续方程。设 C 是流场中的任意一点，C 点上的流速分量为 u、v、w，流体密度为 ρ。为了方便，选取流场中的矩形六面体微元作为控制体，如图 3-3 所示，六面体微元以 C 点为中心，边长分别为 $\mathrm{d}x$、$\mathrm{d}y$、$\mathrm{d}z$。显然，六面体微元的 6 个表面构成了封闭的控制面。

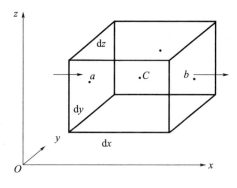

图 3-3　矩形六面体微元

为了用 C 点的流动要素来表示控制面上的流动要素，需要假定流速 u、v、w 与密度 ρ 在空间上是连续可微的函数。先考察控制面的左、右表面上的质量流量。设 a、b 分别为左、右表面的中心，能够根据泰勒级数展开（忽略高阶微量）得到 a、b 点上的流动要素。例如 a、b 点上流速的 x 分量可以近似表示成

$$u_a = u - \frac{\partial u}{\partial x} \cdot \frac{\mathrm{d}x}{2} \qquad u_b = u + \frac{\partial u}{\partial x} \cdot \frac{\mathrm{d}x}{2} \qquad (3-6)$$

质量流量能够表示为

$$Q_{ma} = \left[\rho u - \frac{\partial (\rho u)}{\partial x} \cdot \frac{\mathrm{d}x}{2} \right] \mathrm{d}y\mathrm{d}z \tag{3-7}$$

通过右表面流出控制体外的质量流量表示为

$$Q_{mb} = \left[\rho u + \frac{\partial (\rho u)}{\partial x} \frac{\mathrm{d}x}{2} \right] \mathrm{d}y\mathrm{d}z \tag{3-8}$$

通过 x 方向的两个控制体表面流入六面体微元的质量流量为

$$Q_{mx} = Q_{ma} - Q_{mb} = -\frac{\partial (\rho u)}{\partial x} \mathrm{d}x\mathrm{d}y\mathrm{d}z \tag{3-9}$$

同理，通过 y 方向、z 方向的控制体表面流入六面体微元的质量流量为

$$Q_{my} = -\frac{\partial (\rho v)}{\partial y} \mathrm{d}x\mathrm{d}y\mathrm{d}z$$

$$Q_{mz} = -\frac{\partial (\rho w)}{\partial z} \mathrm{d}x\mathrm{d}y\mathrm{d}z$$

根据质量守恒定律，在没有质量源的条件下，单位时段内控制体内流体总质量（$\rho\mathrm{d}x\mathrm{d}y\mathrm{d}z$）的变化量应当等于单位时段内流入控制体内的流体质量，即

$$\frac{\partial (\rho\mathrm{d}x\mathrm{d}y\mathrm{d}z)}{\partial t} = Q_{mx} + Q_{my} + Q_{mz} \tag{3-10}$$

将 Q_{mx}、Q_{my}、Q_{mz} 的表达式代入式（3-10），并消去 $\mathrm{d}x\mathrm{d}y\mathrm{d}z$ 得到

$$\frac{\partial \rho}{\partial t} + \frac{\partial (\rho u)}{\partial x} + \frac{\partial (\rho v)}{\partial y} + \frac{\partial (\rho w)}{\partial z} = 0 \tag{3-11}$$

式（3-11）就是微分形式的三维流动连续方程。

对于恒定流，$\dfrac{\partial \rho}{\partial t} = 0$，式（3-11）变为

$$\frac{\partial (\rho u)}{\partial x} + \frac{\partial (\rho v)}{\partial y} + \frac{\partial (\rho w)}{\partial z} = 0 \tag{3-12}$$

若为不可压缩流体，则式（3-12）变为

$$\frac{\partial u}{\partial x} + \frac{\partial v}{\partial y} + \frac{\partial w}{\partial z} = \nabla \cdot \overline{u} = 0 \tag{3-13}$$

式（3-13）既适用于恒定流，又适用于非恒定流。

3.3 欧拉方程

流体质点的运动同刚体质点一样，服从牛顿第二运动定律。根据这一定律，可以得出流体运动和它所受到的作用力之间的关系。下面从分析作用在流动着的理想液体质点上的各种力以及流体质点在这些外力作用下产生的运动加速度出发，来建立理想流体运动的基本微分方程。

如图 3-4 所示，在 x、y、z 空间坐标系所表示的流场中，取一微分六面体的流体作为表征单元体进行分析。该六面体各边与对应的坐标轴平行，其边长分别为 dx、dy 和 dz。设 $A(x, y, z)$ 点为该六面体的顶点，其流体压力为 p，可以认为任何包括 A 点在内的微元体的边界面上，其压力均等于 p。

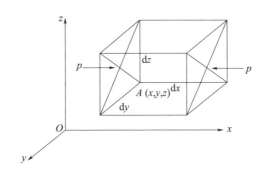

图 3-4 理想流体中的表征单元体

其中，若作用于单位质量流体的质量力的分量分别用 X、Y、Z 表示，则作用于该微分六面体内液体的总质量力的各分量为：

在 $O\text{-}x$ 方向，$X = dxdydz$；在 $O\text{-}y$ 方向，$Y = dxdydz$；在 $O\text{-}z$ 方向，$Z = dxdydz$。其中，X、Y、Z 均采用顺坐标指向者为正值。

在上述外力作用下，该微元体的运动具有加速度，其在坐标轴的分量可分别表示为

$$\frac{du}{dt}, \quad \frac{dv}{dt}, \quad \frac{dw}{dt} \tag{3-14}$$

根据牛顿第二运动定律，可以写出质点受力与加速度的关系式。x 轴方向为

$$pdydz - \left(p + \frac{\partial p}{\partial x}dx\right)dydz + X\rho dxdydz = \rho dxdydz\frac{du}{dt} \tag{3-15}$$

将式（3-15）整理化简后，可得

$$X - \frac{1}{\rho} \cdot \frac{\partial p}{\partial x} = \frac{du}{dt} \tag{3-16}$$

同理对 y 方向和 z 方向进行操作，可得到类似于式（3-16）的方程。综合可得方程组

$$\begin{cases} \dfrac{du}{dt} = X - \dfrac{1}{\rho} \cdot \dfrac{\partial p}{\partial x} \\[2mm] \dfrac{dv}{dt} = Y - \dfrac{1}{\rho} \cdot \dfrac{\partial p}{\partial y} \\[2mm] \dfrac{dw}{dt} = Z - \dfrac{1}{\rho} \cdot \dfrac{\partial p}{\partial z} \end{cases} \tag{3-17}$$

将欧拉方法得到的流体加速度表达式代入式（3-17），可得

$$\begin{cases} \dfrac{\partial u}{\partial t}+u\dfrac{\partial u}{\partial x}+v\dfrac{\partial u}{\partial y}+w\dfrac{\partial u}{\partial z}=X-\dfrac{1}{\rho}\cdot\dfrac{\partial p}{\partial x} \\[3mm] \dfrac{\partial v}{\partial t}+u\dfrac{\partial v}{\partial x}+v\dfrac{\partial v}{\partial y}+w\dfrac{\partial v}{\partial z}=Y-\dfrac{1}{\rho}\cdot\dfrac{\partial p}{\partial y} \\[3mm] \dfrac{\partial w}{\partial t}+u\dfrac{\partial w}{\partial x}+v\dfrac{\partial w}{\partial y}+w\dfrac{\partial w}{\partial z}=Z-\dfrac{1}{\rho}\cdot\dfrac{\partial p}{\partial z} \end{cases} \tag{3-18}$$

方程组（3-18）即为理想流体运动的微分方程，它是欧拉在 1755 年得出的，故又称欧拉方程。

欧拉方程（3-18）与微分形式的三维流动连续方程（3-11）构成了描述理想流体运动的偏微分方程组。不可压缩流体的密度 ρ 是已知的，方程组中含有 ρ、u、v、w 4 个未知量，与方程的个数相等。因此能够通过求方程组的解得到未知量在时间、空间上的变化规律。若流体是可压缩的，则流体密度 ρ 是未知的，方程组的 4 个方程中含有 5 个未知量。此时，需要将连续方程、欧拉方程与伯努利方程、流体的状态方程联解。

对于黏性流体，需要考虑切应力的作用。x、y、z 方向单位质量流体受到的黏滞力分别为 $\mu\nabla^2 u$、$\mu\nabla^2 v$、$\mu\nabla^2 w$，考虑黏滞力的影响，流体运动微分方程变为

$$\begin{cases} \dfrac{\partial u}{\partial t}+u\dfrac{\partial u}{\partial x}+v\dfrac{\partial u}{\partial y}+w\dfrac{\partial u}{\partial z}=X-\dfrac{1}{\rho}\cdot\dfrac{\partial p}{\partial x}+\mu\nabla^2 u \\[3mm] \dfrac{\partial v}{\partial t}+u\dfrac{\partial v}{\partial x}+v\dfrac{\partial v}{\partial y}+w\dfrac{\partial v}{\partial z}=Y-\dfrac{1}{\rho}\cdot\dfrac{\partial p}{\partial y}+\mu\nabla^2 v \\[3mm] \dfrac{\partial w}{\partial t}+u\dfrac{\partial w}{\partial x}+v\dfrac{\partial w}{\partial y}+w\dfrac{\partial w}{\partial z}=Z-\dfrac{1}{\rho}\cdot\dfrac{\partial p}{\partial z}+\mu\nabla^2 w \end{cases} \tag{3-19}$$

式（3-19）为纳维-斯托克斯（Navier-Stokes）方程，简称 N-S 方程。

3.4　伯努利方程

由于数学上的困难，理想流体的运动微分方程仅在某些特定条件下才能求解。假定流体运动满足如下假设：

（1）理想流体。

（2）流体不可压缩，密度为常数。

（3）流动是恒定的。

（4）质量力是有势力。

（5）沿流线积分。

通过数学推导，可得到欧拉方程与连续方程所构成的偏微分方程组的解析解。为了推导方便，将欧拉方程（3-18）写成

$$\frac{d\bar{u}}{dt} = \bar{f} - \frac{1}{\rho} \nabla p \tag{3-20}$$

设 $d\bar{r}$ 是流体质点的微小位移矢量，其 3 个分量为 dx、dy、dz，式（3-20）两边同时乘 $d\bar{r}$，得

$$d\bar{r} \cdot \frac{d\bar{u}}{dt} = d\bar{r} \cdot f - \frac{1}{\rho} d\bar{r} \cdot \nabla p \tag{3-21}$$

因为 $d\bar{r}$ 为流体质点的位移，所以 $\frac{d\bar{r}}{dt} = \bar{u}$，因此

$$d\bar{r} \cdot \frac{d\bar{u}}{dt} = \frac{d\bar{r}}{dt} \cdot d\bar{u} = \bar{u} \cdot d\bar{u} = d\left(\frac{\bar{u} \cdot \bar{u}}{2}\right) = d\left(\frac{u^2 + v^2 + w^2}{2}\right) \tag{3-22}$$

若以 U 表示 $\bar{u}$ 的大小，则 $U^2 = u^2 + v^2 + w^2$，式（3-22）可变为

$$d\bar{r} \cdot \frac{d\bar{u}}{dt} = d\left(\frac{U^2}{2}\right) \tag{3-23}$$

由于质量力是恒定的有势力，可以用 W 表示质量力势函数，而且有

$$d\bar{r} \cdot f = Xdx + Ydy + Zdz = dW \tag{3-24}$$

将式（3-23）、式（3-24）代入式（3-20）可得

$$d\left(\frac{U^2}{2}\right) = dW - \frac{dp}{\rho} \tag{3-25}$$

因为 ρ 为常数，可以将式（3-25）改写为

$$d\left(\frac{U^2}{2} + \frac{p}{\rho} - W\right) = 0 \tag{3-26}$$

式（3-26）只有在流线上才能成立，将式（3-26）沿流线积分后可得

$$\frac{U^2}{2} + \frac{p}{\rho} - W = C \tag{3-27}$$

式中 C——积分常数。

这就是理想流体的伯努利方程。式（3-27）表明：在有势力场的作用下，常密度理想流体恒定流中同一条流线上的 $\frac{U^2}{2} + \frac{p}{\rho} - W$ 数值不变。一般情况下，积分常数 C 的数值随流线的不同而变化。

通常情况下，作用在流体上的力只有重力，即

$X = Y = 0$，$Z = -g$（选坐标轴 z 垂直向上为正）所以质量力势函数 W 为

$$W = -gz \tag{3-28}$$

将质量力势函数 W 代入伯努利方程（3-27），可得

$$\frac{U^2}{2} + \frac{p}{\rho} + gz = C \tag{3-29}$$

也可写为

$$\frac{U^2}{2g}+\frac{p}{\rho g}+z=C' \tag{3-30}$$

式（3-30）表明，在同一条流线上任意两点 1、2 均满足

$$\frac{U_1^2}{2g}+\frac{p_1}{\rho g}+z_1=\frac{U_2^2}{2g}+\frac{p_2}{\rho g}+z_2 \tag{3-31}$$

式（3-31）即为重力场中理想流体的伯努力积分方程，表示重力场中理想流体的元流（或在流线上）做恒定流动时，流速大小 U、动压强 p 与位置高度 z 三者之间的关系。

实际上，伯努利方程是能量守恒定律的一种表达形式。z 是相对于某一基准面的位置水头，它代表了单位质量流体相对于基准面的位置势能（位能）；$\frac{p}{\rho g}$ 是测管高度或压力水头，代表了单位质量流体相对于大气压强的压力水头（压能）。位置水头和压力水头均为流体的势能，二者之和称为测压管水头（测管水头），即

$$h_p=\frac{p}{\rho g}+z \tag{3-32}$$

式（3-31）中，第一项 $\frac{U^2}{2g}$ 的物理意义为单位质量流体的流速为 U 时的动能，$\frac{U^2}{2g}$ 被称为速度水头。

因此，单位质量所具有的总机械能 H_0 为

$$H_0=\frac{U^2}{2g}+\frac{p}{\rho g}+z \tag{3-33}$$

式中　H_0——工程上被称为总水头。

3.5　动量方程

动量方程是理论力学中的动量定理在流体力学中的具体体现，它反映了流体运动的动量变化与作用力之间的关系，其特殊优点在于不必知道流动范围内部的流动过程，只需知道其边界面上的流动情况即可，因此它可用来方便地解决急变流动中流体与边界面之间的相互作用问题。

从理论力学中知道，质点系的动量定理可表述为：在 dt 时间内，作用于质点系的合外力等于同一时间间隔内该质点系在外力作用方向上的动量变化率，即

$$\sum F=\frac{\mathrm{d}\,(mv)}{\mathrm{d}t} \tag{3-34}$$

式（3-34）是针对流体系统（质点系）而言的，通常称为拉格朗日动量方程，由于流体运动的复杂性，在流体力学中一般采用欧拉法研究流体流动问题。因此，需引入控制体及控制面的概念，将拉格朗日动量方程转换成欧拉型动量方程。下面

来推导适用于流体运动特点的动量定理的表达式。

在稳定流动的总流中，任意取一流体段 1-1～2-2（图 3-5），以这个流段的侧面，即总流边界流线所构成的流面为控制面。设 Q_1、A_1、v_1 各为断面 1-1 的流量、断面积和平均流速；Q_2、A_2、v_2 各为断面 2-2 的流量、断面积和平均流速。经过 dt 时间后，流体段 1-1～2-2 移到 $1'-1'～2'-2'$，其动量的变化应等于 $1'-1'～2-2$ 段流体的动量与 1-1～2-2 段流体动量之差。由于 $1'-1'～2-2$ 段为 $1'-1'～2'-2'$ 和 1-1～2-2 段所共有，而且在稳定流中，这段流体的动量在 dt 时间内并无变化，动量的增量等于 2-2～$2'-2'$ 段流体的动量与 1-1～$1'-1'$ 段流体的动量之差。

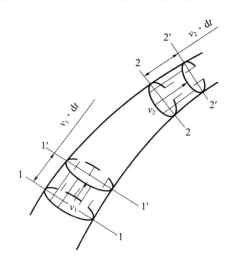

图 3-5 动量方程的推导示意

故在 dt 时间内动量增量为

$$d\sum m_k \bar{v}_k = \rho Q_2 dt \bar{v}_2 - \rho Q_1 dt \bar{v}_1 \tag{3-35}$$

由此得

$$\frac{d\sum m_k \bar{v}_k}{dt} = \rho Q_2 \bar{v}_2 - \rho Q_1 \bar{v}_1 \tag{3-36}$$

设在 dt 时间内作用于总流控制表面上的表面力的总向量为 $\sum F_a$，作用于控制表面内的质量力的总向量为 $\sum F_b$，流体运动的动量方程为

$$\sum \bar{F}_a + \sum \bar{F}_b = \rho Q_2 \bar{v}_2 - \rho Q_1 \bar{v}_1 \tag{3-37}$$

考虑 $Q_1 = Q_2 = Q$，式（3-37）可以改写为

$$\sum \bar{F}_a + \sum \bar{F}_b = \rho Q (\bar{v}_2 - \bar{v}_1) \tag{3-38}$$

式（3-38）表明，稳定流动时，作用在总流控制表面上的表面力总向量与控制表面内流体的质量力总向量的向量和等于单位时间内通过总流控制面流出与流入流体的动量的向量差。

第四章　流体阻力与能量损失

4.1　概　　述

在工程的设计计算中，根据流体接触的边壁沿程是否变化，把能量损失分为两类：沿程能量损失 h_f 和局部能量损失 h_m。它们的计算方法和损失机理不同。本章简单介绍流体阻力和能量损失的相关概念和计算，以及层流、湍流和雷诺数的概念。

4.2　流动阻力和能量损失的分类

流体流动的边壁沿程不变（如均匀流）或者变化微小（如缓变流）时，流动阻力沿程也基本不变，称这类阻力为沿程阻力。由沿程阻力引起的机械能损失称为沿程能量损失，简称沿程损失。由于沿程损失沿管段均匀分布，即与管段的长度成正比，沿程损失也称长度损失。

当固体边界急剧变化时，流体内部的速度分布发生急剧的变化，如流道的转弯、收缩、扩大，或流体流经闸阀等局部障碍之处。在很短的距离内，流体为了克服由边界发生剧变而引起的阻力称局部阻力，克服局部阻力的能量损失称为局部损失。

整个管道的能量损失等于各管段的沿程损失和各局部损失的总和。

$$h = \sum h_f + \sum h_m \tag{4-1}$$

式（4-1）为能量损失的叠加原理。

4.3 能量损失的计算公式

4.3.1 沿程水头损失

能量损失计算公式是长期工程实践的经验总结，用水头损失表达时可表达为

$$P_f = \lambda \frac{l}{d} \cdot \frac{v^2}{2g} \tag{4-2}$$

式（4-2）是法国工程师亨利·达西（Henry Darcy）根据自己 1852—1855 年的实验结论，在 1857 年归结的公式。

4.3.2 局部水头损失

局部水头损失的表达式为

$$h_m = \zeta \frac{v^2}{2g} \tag{4-3}$$

用压强的损失表达，则为

$$P_f = \lambda \frac{l}{d} \cdot \frac{pv^2}{2} \tag{4-4}$$

$$P_m = \zeta \frac{pv^2}{2} \tag{4-5}$$

式中　　l——管长；

　　　　d——管径；

　　　　v——断面平均流速；

　　　　g——重力加速度；

　　　　λ——沿程阻力系数；

　　　　ζ——局部阻力系数。

4.4 层流、湍流与雷诺数

从 19 世纪初期起，通过实验研究和工程实践，人们注意到流体流动的能量损失的规律与流动状态密切相关。直到 1883 年，英国物理学家雷诺（Osbore Reynolds）

所进行的著名圆管流实验才进一步证明了实际流体存在两种不同的流动状态和能量
损失与流速之间的关系。

雷诺实验装置如图 4-1 所示，水箱 A 内水位保持不变，阀门 C 用于调节流量，
容器 D 内盛有容重与水相近的颜色水，容器 E 水位也保持不变，经细管 E 流入玻
璃管 B，用以演示水流流态，阀门 F 用于控制颜色水流量。

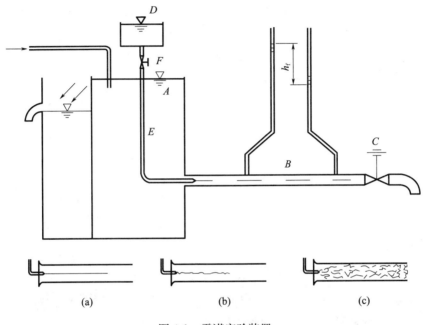

图 4-1 雷诺实验装置

能量损失在不同的流动状态下的规律如何，雷诺在上述装置的管道 B 的两个相
距为 L 的断面处加设两根测压管，定量测定不同流速时两根测压管液面之差。根据
伯努利方程，测压管液面之差就是两断面管道的沿程损失，实验结果如图 4-2 所示。

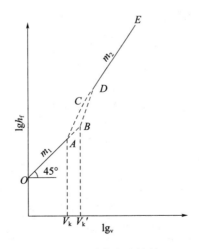

图 4-2 雷诺实验结果

31

实验表明：若实验时的流速由大变小，则上述观察到的流动现象以相反程序重演，但由湍流转变为层流的临界流速 V_k 小于由层流转变为湍流的临界流速 V_k'，称 V_k' 为上临界流速，V_k 为下临界流速。

实验进一步表明：对于特定的流动装置，临界流速 V_k' 是不固定的，由于流动的起始条件和实验条件的扰动不同，V_k' 值可以有很大的差异；但是下临界流速 V_k 是不变的。在实际工程中，扰动普遍存在，上临界流速没有实际意义。以后所指的临界流速即下临界流速。

实验曲线 $OABDE$ 在流速由小变大时获得，而流速由大变小时的实验曲线是 $EDCAO$。其中 AD 部分不重合。图 4-2 中 B 点对应的流速即上临界流速，A 点对应的流速即下临界流速。AC 段和 BD 段实验点分布比较散乱，是流态不稳定的过渡区域。

此外，分析图 4-2 可得：

$$h = Kv^m \tag{4-6}$$

流速小时，即在 OA 段，$m=1$，$h_f=Kv$，沿程损失和流速的一次方成正比。流速较大时，即在 CDE 段，$m=1.75 \sim 2.0$，$h_f=Kv^{1.75 \sim 2.0}$。线段 AC 或 BD 的斜率均大于 2。

上述实验观察到了两种不同的流态，在管 B 管径和流动介质——清水不变的条件下得到流态与流速有关的结论。雷诺等人进一步通过实验表明：流动状态不仅和流速 v 有关，还和管径 d、流体的动力黏滞系数和密度 ρ 有关。以上 4 个参数可组合成一个无因次数，叫雷诺数，用 Re 表示。

$$Re = \frac{vd\rho}{\mu} = \frac{vd}{\nu} \tag{4-7}$$

对应于临界流速的雷诺数称为临界雷诺数，用 Re_k 表示。实验表明：尽管当管径或流动介质不同时，临界流速 v_k 不同，但对于任何管径和任何牛顿流体，判别流态的临界雷诺数却是相同的，其值约为 2000。即

$$Re_k = \frac{v_k d}{\nu} = 2000 \tag{4-8}$$

Re 在 $2000 \sim 4000$ 是由层流向湍流转变的过渡区，相当于图 $4-2$ 上的 AC 段。工程上为简便起见，假设当 $Re > Re_k$，时，流动处于湍流状态，这样流态的判别条件如下：

层流

$$R_e = \frac{vd}{\nu} < 2000 \tag{4-9}$$

湍流

$$R_e = \frac{\upsilon d}{\nu} > 2000 \tag{4-10}$$

在不可压缩的连续流体介质中，做稳定运动的颗粒必然受到流体阻力的作用。这种阻力是由两种现象引起的，一是由于颗粒具有一定的形状，运动时必须排开周围的流体，导致其前面的流体压力比后面大，产生了所谓形状阻力；二是由于流体具有一定的黏性，与运动颗粒之间存在着摩擦力，导致了所谓摩擦阻力。两种阻力在一起，统称为流体阻力。流体阻力的大小决定于颗粒的形状、粒径、表面特性、运动速度及流体的种类和性质。流体阻力的方向总是与速度向量的方向相反，其大小可按如下标量方程计算：

$$F_D = C_D A_P \frac{\rho \upsilon^2}{2} \tag{4-11}$$

式中　　A_P——颗粒在其运动方向上的投影面积（m^2）；

　　　　C_D——由实验确定的阻力系数。

由相似理论知道，C_D 是颗粒雷诺数 Re_p 的函数，即 $F_D = C_D = f(Re_p)$。尽管 Re_p 值很大时的阻力系数已研究出结果，但在颗粒捕集研究中很少出现 $Re_p > 800$ 的条件。因此，进一步的讨论将主要限于低 Re_p 值的范围内。

在 $Re_p < 0.1$ 的范围内，颗粒运动处于层流状况，C_D 与 Re_p 呈直线关系，由理论和实验得

$$C_D = \frac{24}{Re_p} \tag{4-12}$$

这一关系式通称为斯托克斯定律。

第五章　空气动力学基础

5.1　概　　述

在前几章的讨论中，没有考虑流体的压缩性，即视流体的密度为常数。当气体高速运动时，流场中压力变化很大，气体的压缩性明显表现出来，气体的密度也随之发生显著的变化。此时必须建立可压缩流体模型来研究其运动规律，即必须考虑气体的可压缩性。气体动力学研究的主要是可压缩流体的运动规律及这些规律在工程实际中的应用。由于气体密度的变化会引起其他热力学参数发生相应的变化，研究这部分内容必须借助热力学知识，本章的压强应采用绝对压强，温度应采用绝对温度。

5.2　理想可压缩气体一元恒定流动的运动方程

如图 5-1 所示，在微元流束中沿轴线 s 任取等截面流段 ds。对理想流体，不考虑黏滞性，不存在切应力，故表面力只有动压强。用 S 表示气体单位质量力在 s 方向上的分力。

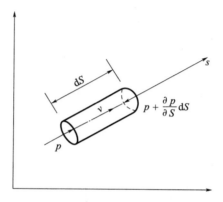

图 5-1　气体微元流动运动方程推导

根据理想流体欧拉运动微分方程可得出 s 方向上单位质量流体的运动方程，即

$$S-\frac{1}{\rho}\cdot\frac{\partial p}{\partial s}=\frac{\mathrm{d}v_s}{\mathrm{d}t}=\frac{\partial v_s}{\partial t}+\frac{\partial v_s}{\partial s}\cdot\frac{\mathrm{d}s}{\mathrm{d}t}$$

对一元恒定流动，有

$$\frac{\partial p}{\partial s}=\frac{\mathrm{d}p}{\mathrm{d}s};\ \frac{\partial v_s}{\partial s}=\frac{\mathrm{d}v_s}{\mathrm{d}s};\ \frac{\partial v_s}{\partial t}=0$$

当质量力仅为重力，且气体在同介质中流动时，浮力与重力平衡，可不计 S，并去掉脚标 s，可得

$$\frac{1}{\rho}\cdot\frac{\mathrm{d}p}{\mathrm{d}s}+v\frac{\mathrm{d}v}{\mathrm{d}s}=0$$

于是有

$$\frac{\mathrm{d}p}{\rho}+v\mathrm{d}v=0 \tag{5-1}$$

或

$$\frac{\mathrm{d}p}{\rho}+\mathrm{d}\left(\frac{v^2}{2}\right)=0 \tag{5-2}$$

式（5-1）、式（5-2）称为欧拉运动微分方程，又称为微分形式的伯努利方程，它确定了理想气体一元恒定流动中 p、v、ρ 三者间的关系。

理想气体在流动过程中，一般存在等容、等温、可逆绝热及多变等热力过程。将这些过程中 p、ρ 间的函数关系代入式（5-1）或式（5-2），即可得相应热力过程的积分解。

5.3　气体一元等容流动

等容流动是指在流动过程中气体容积保持不变的流动。容积不变，则密度 ρ 保持不变，即 ρ 为常量。将式（5-2）积分并在两边除以 g，有

$$\frac{p}{\gamma}+\frac{v^2}{2\mathrm{g}}=常量 \tag{5-3}$$

式（5-3）就是前述章节讨论得到的忽略质量力条件下不可压缩流体元流伯努利方程，其物理意义是：沿流各断面上单位质量理想气体的压能与动能之和保持恒定并互相转换。

对任意两断面有

$$\frac{p_1}{\rho}+\frac{v_1^2}{2}=\frac{p_2}{\rho}+\frac{v_2^2}{2} \tag{5-4}$$

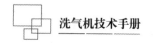

5.4 气体一元等温流动

等温流动是指在流动过程中气体温度 T 保持不变的流动，即 T 为常量。将 $\dfrac{p}{\rho}=RT=$ 常量 $=C$ 代入式（5-2）积分得 $C\ln p+\dfrac{v^2}{2}=$ 常量

即

$$RT\ln p+\frac{v^2}{2}=\text{常量} \tag{5-5}$$

对任意两断面有

$$RT\ln p_1+\frac{v_1^2}{2}=RT\ln p_2+\frac{v_2^2}{2} \tag{5-6}$$

5.5 气体一元绝热流动

由热力学知识可知：和外界无热交换的流动为绝热流动，可逆的（无黏性的）绝热流动为等熵流动。理想气体的绝热流动即为等熵流动，其参数服从等熵过程方程，即

$$\frac{p}{\rho^k}=\text{常量}=C$$

于是有

$$p=\left(\frac{p}{C}\right)^{\frac{1}{k}} \tag{5-7}$$

式中，k 为气体的绝热指数，$k=c_p/c_v$，即定压比热与定容比热之比。由热力学可知，k 值决定于气体分子结构。例如，对于空气，$k=1.4$；对于干饱和蒸汽，$k=1.135$；对于过热蒸汽，$k=1.33$。

将式（5-7）代入式（5-2）中的第一项 $\dfrac{\mathrm{d}p}{\rho}$ 并积分可得

$$\int\frac{\mathrm{d}p}{\rho}=\frac{k}{k-1}\cdot\frac{p}{\rho}$$

将上式代入式（5-2）可得

$$\frac{k}{k-1}\cdot\frac{p}{\rho}+\frac{v^2}{2}=\text{常量} \tag{5-8}$$

变换形式得

$$\frac{k}{k-1} \cdot \frac{p}{\rho} + \frac{p}{\rho} + \frac{v^2}{2} = 常量$$

与不可压缩理想气体伯努利方程比较，上式多出 $\frac{k}{k-1} \cdot \frac{p}{\rho}$ 一项。由热力学可知，此多出项正是绝热过程中单位质量气体所具有的内能 u。

于是有

$$u + \frac{p}{\rho} + \frac{v^2}{2} = 常量 \tag{5-9}$$

式（5-8）和式（5-9）是一元等熵流动的伯努利方程，又称为可压缩流体的伯努利方程。该方程表明等熵流动中任一截面上单位质量气体所具有的内能、压能和动能之和为一常数。也就是说，三种能量间可以相互转化，但总和不变。

单位质量气体的内能和压能的总和在热力学中称为焓（i），其表达式为

$$i = u + \frac{p}{\rho}$$

将其代入式（5-9）得

$$i + \frac{v^2}{2} = 常量 \tag{5-10}$$

式（5-10）为用焓 i 表示的伯努利方程。

已知 $i = c_p T$，则有

$$c_p T + \frac{v^2}{2} = 常量 \tag{5-11}$$

对任意两断面，有

$$i_1 + \frac{v_1^2}{2} = i_2 + \frac{v_2^2}{2} \tag{5-12}$$

在实际流动中，不存在绝对的等容、等温或绝热流动，而是通常处在多变流动过程中。类似绝热流动，可得出多变流动的运动方程，即

$$\frac{n}{n-1} \cdot \frac{p}{\rho} + \frac{v^2}{2} = 常量 \tag{5-13}$$

式中，n 为多变指数。由热力学可知特殊流动有：等温过程，$n=1$；绝热过程，$n=k$；等容过程，$n=\pm\infty$。通常情况下 n 在上述过程值的左右变化。

在实际工程中，根据具体流动条件和效果，对流体过程采用不同的近似处理方法。例如在喷管中的流动，流速高、行程短，气流与管壁接触时间短，来不及进行热交换，管壁的摩擦损失可忽略，此时流动可按等熵流动处理。而对于有保温层的管路，一般不可忽略摩擦作用，其流动须按有摩擦绝热流动处理。

5.6 声　　速

压力变化在连续介质中的传播称为压力波。流场中的任何微小扰动都将以压力波的形式传到各处。微小扰动在流体中的传播速度就是声音在流体中的传播速度，称为声速，以符号 c 表示。c 是气体动力学的重要参数。

下面通过微小扰动波传播的过程，来推导声速 c 的计算公式（图 5-2）。

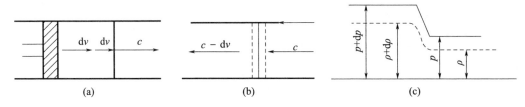

图 5-2　微小扰动波传播过程

在图 5-2 中，取等截面直管，管左端带有一活塞，管中充满静止的可压缩气体。若推动活塞以微小速度 $\mathrm{d}v$ 向右运动，紧靠活塞的一层流体受压缩，该层气体所产生的微小扰动向前一层层传递，在管中产生了一个微小扰动的平面压缩波。定义扰动与未扰动流体的边界面为压缩波的波峰，则波峰将以声速 c 向右传播。波峰未到之处的流体仍处于静止状态，压力为 p，密度为 ρ；波峰通过，流体的速度变化为 $\mathrm{d}v$，压力为 $p+\mathrm{d}p$，密度为 $\rho+\mathrm{d}\rho$。

为分析方便，将坐标系固定在波峰上（因波以等速直线运动，故该坐标系为惯性系），则波峰相对于坐标系静止不动，波峰前后的状态也不再随时间而变化。在这一相对坐标系中，波峰右侧原来静止的流体将以速度 c 向左运动，压力为 p，密度为 ρ；左侧流体将以 $c-\mathrm{d}v$ 向左运动，其压强为 $p+\mathrm{d}p$，密度为 $\rho+\mathrm{d}\rho$。取图 5-2 中虚线所示包含波峰在内的控制体，且使波峰两侧的控制面无限接近，则控制体体积趋于零。

设管道断面积为 A，列出控制体连续方程，即

$$c\rho A = (c-\mathrm{d}v)(\rho+\mathrm{d}\rho)A \tag{5-14}$$

展开式（5-14）且略去二阶微量整理得

$$\frac{\mathrm{d}\rho}{\rho} = \frac{\mathrm{d}v}{c} \tag{5-15}$$

对上述控制体建立动量方程。由于控制体的体积趋于零，其质量力可忽略不计，并且忽略摩擦切应力作用。于是有

$$pA-（p+\mathrm{d}p）A=\rho cA\left[（c-\mathrm{d}v）-c\right]（在非惯性系下，该式不成立）$$

$$(5\text{-}16)$$

由式（5-15）及式（5-16）可得声速公式，即

$$c^2=\frac{\mathrm{d}p}{\mathrm{d}\rho}$$

则

$$c=\sqrt{\frac{\mathrm{d}p}{\mathrm{d}\rho}} \tag{5-17}$$

式（5-17）虽是由微小扰动平面波推导出的，但同样适用于球面波。

式（5-17）对气体、液体中的声速计算均适用。由第一章已分析得出流体弹性模量 E 与压缩系数 β 间的关系，即 $E=\dfrac{1}{\beta}=\rho\dfrac{\mathrm{d}p}{\mathrm{d}\rho}$，代入式（5-17）可得

$$c=\sqrt{\frac{E}{\rho}} \tag{5-18}$$

式（5-18）表明声速与流体的弹性有密切关系。声速可以作为表征流体压缩性的指标。

由于声波传播速度很快，在传播过程中与外界来不及进行热量交换，同时由于扰动十分微弱，所引起的气体状态变化也十分微弱，使气体的内摩擦极小，可以忽略不计，所以声波的整个传播过程可视为等熵过程。

应用气体等熵过程方程式 $\dfrac{p}{\rho^k}=$ 常量，对该式求微分得

$$\frac{\mathrm{d}p}{\mathrm{d}\rho}=k\frac{p}{\rho}$$

将理想气体状态方程式 $\dfrac{p}{\rho}=RT$ 代入上式得

$$\frac{\mathrm{d}p}{\mathrm{d}\rho}=kRT \tag{5-19}$$

将式（5-19）代入式（5-17）得

$$c=\sqrt{\frac{\mathrm{d}p}{\mathrm{d}\rho}}=\sqrt{k\frac{p}{\rho}}=\sqrt{kRT} \tag{5-20}$$

式（5-20）即为理想气体中声速的计算公式。可见声速与流体性质及其热力状态有关。不同的气体有不同的 R、k 值，所以不同种类的气体有不同的声速，同一气体中声速又随其热力状态的不同而变化。由式（5-20）可知 c 与气体的热力学温度 T 的平方根 $\sqrt{T}$ 成正比。因此，将某一状态（p、v、T）下的音速称为当地声速。

5.7 滞止参数

具有一定初始速度的气流，设想在等熵条件下，使其流速降到零的状态称为滞止状态。滞止状态的参数称为定熵滞止参数，简称滞止参数，其参数加下标"0"。如 p_0、T_0、ρ_0、i_0 和 c_0，分别表示滞止压强、滞止温度、滞止密度、滞止焓和滞止声速。

由于滞止状态的气流速度为零，应用绝热过程伯努利方程可得到该状态的滞止参数值，应用式（5-8）和式（5-12）得

$$\frac{k}{k-1} \cdot \frac{p_0}{\rho_0} + 0 = \frac{k}{k-1} \cdot \frac{p}{\rho} + \frac{v^2}{2}$$

有

$$\frac{k}{k-1}RT_0 = \frac{k}{k-1}RT + \frac{v^2}{2} \tag{5-21}$$

$$i_0 = i + \frac{v^2}{2} \tag{5-22}$$

由滞止温度 T_0 计算的声速为滞止声速，即

$$c_0 = \sqrt{kRT_0}$$

代入式（5-21）得

$$\frac{c_0^2}{k-1} = \frac{c^2}{k-1} + \frac{v^2}{2} \tag{5-23}$$

式（5-21）和式（5-23）表明：

（1）对于一元等熵流动，滞止参数在整个流动过程中保持不变，其中 T_0、i_0 和 c_0 反映了包括热能在内的气流全部能量，而 p_0 仅反映气流的机械能。

（2）一元等熵流动中，气流速度若沿程增大，则气流温度 T、焓 i、声速 c 则沿程降低。

（3）同一气流中各截面上的当地声速永远小于滞止声速，即滞止声速是气流中的最大声速。

在实际应用中，具有一定速度的气流通过扩压管增压减速为零的过程，就是定熵滞止过程。或者具有一定速度的气流，被一绝热的固体壁面所阻止，那么紧贴壁面处气体状态即为滞止状态。

引入滞止状态及滞止参数后，简化流动过程的初始条件，使任何初速度不为零的流动都可看作从滞止状态（初速度为零的状态）开始流动的一部分。

5.8　马　赫　数

气流截面上的当地流速 v 与当地声速 c 之比，称为马赫数，它是由马赫首先提出的，用 M 表示，即

$$M = \frac{v}{c} \tag{5-24}$$

如前述，声速大小在一定程度上反映压缩性大小。当地速度越大，对应的当地声速越小，压缩性越大。因此，马赫数 M 可衡量气体压缩性大小。M 值越大，则压缩性越大，反之则越小。当 M 值很小时，流体的压缩性可忽略不计。

马赫数反映了惯性力与弹性力的相对比值，是气体动力学中一个重要的无因次量，和雷诺数一样，马赫数也是确定流动状态的相似准则数。

根据马赫数的大小，将流动分为三种状态：

当 $M<1$，$v<c$ 时，为亚声速流动；

当 $M>1$，$v>c$ 时，为超声速流动；

当 $M=1$，$v=c$ 时，为声速流动或临界流动。

以上三种流动有着截然不同的性质，将在后面的章节中进行讨论。

用马赫数 M 可以表示流截面上滞止参数与断面参数之比的关系式。由式（5-21）可得

$$\frac{T_0}{T} = 1 + \frac{k-1}{2} \cdot \frac{v^2}{kRT} = 1 + \frac{k-1}{2} M^2 \tag{5-25}$$

根据绝热过程及气体状态方程可推出

$$\frac{p_0}{p} = \left(\frac{T_0}{T}\right)^{\frac{k}{k-1}} = \left(1 + \frac{k-1}{2} M^2\right)^{\frac{k}{k-1}} \tag{5-26}$$

$$\frac{\rho_0}{\rho} = \left(\frac{T_0}{T}\right)^{\frac{k}{k-1}} = \left(1 + \frac{k-1}{2} M^2\right)^{\frac{k}{k-1}} \tag{5-27}$$

$$\frac{c_0}{c} = \left(\frac{T_0}{T}\right)^{\frac{1}{2}} = \left(1 + \frac{k-1}{2} M^2\right)^{\frac{1}{2}} \tag{5-28}$$

显然，只要已知滞止参数及该截面上的 M 值，就可求出该截面上的压强、密度和温度值。

5.9 可压缩气体一元恒定流动的连续方程

5.9.1 连续性微分方程

前面已讨论得到一元恒定流连续方程，即

$$\rho v A = 常量$$

对上式微分整理得

$$\frac{\mathrm{d}\rho}{\rho} + \frac{\mathrm{d}v}{v} + \frac{\mathrm{d}A}{A} = 0 \tag{5-29}$$

式（5-31）即为可压缩流体一元恒定流动连续方程的微分形式，该式表明流管内流体的速度、密度及断面积的相对变化量之代数和恒等于零。

根据式（5-1） $\frac{\mathrm{d}p}{\rho} + v\mathrm{d}v = 0$

有

$$v\mathrm{d}v = -\frac{\mathrm{d}p}{\rho} = -\frac{\mathrm{d}p}{\mathrm{d}\rho} \cdot \frac{\mathrm{d}\rho}{\rho} = -c^2 - \frac{\mathrm{d}\rho}{\rho}$$

则

$$\frac{\mathrm{d}\rho}{\rho} = M^2 - \frac{\mathrm{d}v}{v} \tag{5-30}$$

将式（5-30）代入式（5-29），整理得

$$\frac{\mathrm{d}A}{A} = (M^2 - 1)\frac{\mathrm{d}v}{v} \tag{5-31}$$

式（5-31）为理想可压缩流体连续微分方程。

5.9.2 管道流动中超声速与亚声速流动特性

由式（5-31）可得以下重要结论：

（1）当 $M < 1$ 时，为亚声速流动，$M^2 - 1 < 0$，则 $\mathrm{d}v$ 与 $\mathrm{d}A$ 正负号相反。这说明速度随断面的增大而减慢，随断面的减小而加快，与不可压缩流体运动规律相同。

由式（5-30）可知，$\mathrm{d}\rho$ 与 $\mathrm{d}v$ 正负号相反。这表明若速度增加，则密度减小。当 $M < 1$ 时，$M^2 \ll 1$，有 $\frac{\mathrm{d}\rho}{\rho} \ll \frac{\mathrm{d}v}{v}$，表明亚声速流动中，速度的增加率远远大于密度

的减小率，因此乘积 ρv 随 v 的增加而增加。若 1、2 两断面上，$v_1 < v_2$，则 $\rho_1 v_1 < \rho_2 v_2$。若连续方程 $\rho_1 v_1 A_1 < \rho_2 v_2 A_2$，则必有 $A_1 > A_2$，反之亦然。

由式（5-1）可知，$\mathrm{d}v$ 与 $\mathrm{d}p$ 的正负号相同，于是 $\mathrm{d}p$ 与 $\mathrm{d}A$ 的正负号相同，即压强随截面面积的增大而增大，这也与不可压缩流体的规律相同。

（2）当 $M > 1$ 时，为超声速流动，$M^2 - 1 > 0$。$\mathrm{d}v$ 与 $\mathrm{d}A$ 的正负号相同。这说明速度随断面的增大而加快，随断面的减小而减慢，与亚声速流动的规律截然相反。

表 5-1 归纳了上述分析得到的 A、v、p、ρ、ρv 与马赫数 M 之间的关系。

表 5-1　亚声速与超声速流动中各参数与马赫数 M 的关系

类别	流向	面积 A	流速 v	压力 p	密度 ρ	单位面积质量流量 ρv
亚声速流动（$M<1$）		增大	减小	增大	增大	减小
		减小	增大	减小	减小	增大
超声速流动（$M>1$）		增大	增大	减小	减小	减小
		减小	减小	增大	增大	增大

（3）当 $M = 1$ 时，为声速流动。此时气体处于临界状态，气体达到临界状态的断面，称为临界断面。临界断面上的参数称为临界参数，用下标"cr"表示。例如临界断面 A_{cr}、临界速度 v_{cr}、临界声速 c_{cr}，且 $c_{cr} = v_{cr}$；除此之外还有 p_{cr}、ρ_{cr}、T_{cr} 等。

当 $M = 1$ 时，由式（5-31）得 $\mathrm{d}A = 0$。这表明对于变截面流管，此处的截面为该流管的极值截面。从数学的角度分析，可以是最小截面，也可以是最大截面。通过分析可知，声速不可能在最大截面上出现，临界截面 A_{cr} 只能是管道中的最小截面。

如图 5-3（a）所示，假设气流以超声速（$v > c$）流入管道的扩张段。由表 5-1 可知，v 随着断面的扩大而增大，到最大截面处达到最大值，所以流速不可能在最大截面处由超声速降为声速。反之，如图 5-3（b）所示，如气流以亚声速流入扩张

43

管，v 随着截面的扩大而减小，速度只能在亚声速状态，不可能增大到声速。因此，结果证明声速只能出现在最小截面 A_{cr} 处。

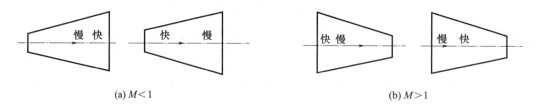

(a) $M < 1$　　　　　　　　　　　　　(b) $M > 1$

图 5-3　气流速度与断面关系

由以上讨论可得出如下结论：对于初始断面为亚声速流动的收缩形气流，不可能得到超声速流动。要想获得超声速气流，必须使亚声速收缩形气流先在最小截面上达到声速，然后在扩张管中继续加速，达到超声速。这种先收缩后扩张的喷管称为拉瓦尔喷管，如图 5-4 所示。

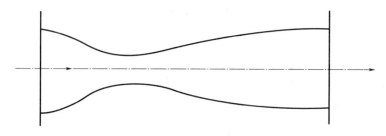

图 5-4　拉瓦尔喷管

第六章 风机及其系统

6.1 概　　述

风机是气相流体的输送设备，从能量的观点看，风机是传递和转换能量的机械装置，从外部输送机械能，通过风机传递给气相流体，转化为气体内能和动能。风机用于国民生产的各个领域，由于工作场所的不同，其形式也有较大的区别，输送的气体介质也是天差地别，输送量更是从几十到上百万立方米每小时。因此，从专业的角度有针对性地进行研究是十分必要的。

6.2　空气的概念

（1）大气压 p_b 是由大气的质量产生的压力，其单位为 Pa。

（2）温度是表征物体冷热程度的物理量。与空气密度有关的温度通常指风机进口的温度。

（3）干球温度 t_d 是指在规定观测点上的温度，其单位为℃。

（4）湿球温度 t_w 是指在同一观测点上的温度。如果使用的是用水润湿棉纱包裹的温度计球，应在保证通过湿球的气流速度为 3.5～10m/s 的情况下，且只能在达到蒸发平衡有足够的时间之后才能测取读数。

（5）干湿球温差是指干球和湿球温度之差（t_d-t_w）。

（6）标准空气密度 ρ 为 1.2kg/m³，近似等于 20℃下 101kPa 的干空气。

（7）气流某一点的静压是指根据空气密度和压缩程度得出的与空气的运动速度无关的压力。

（8）某个平面的静压 p_{ax} 是指在平面横向的某些点测定的表压算术平均值。

（9）空气的速度是指用 m/s 表示的气流运动的速度。

（10）某一平面速度 v_x 是指通过整个平面面积的平均速度。

（11）某个平面的体（容）积流量 q_{vs} 是用 m^3/s 表示，即为该平面速度与其平面面积之积。

（12）气流某一点的动压是根据空气密度和运动速度而定的压力。

（13）某个平面的动压 p_{dx} 是指在平面横向位置的某些点测定的动压的平方根的算术平均值的平方。

（14）气流某一点的总压是根据空气密度、压缩程度和空气的运动速度而定的压力。气流某一点的总压是指该点静压和动压的代数和。

（15）某一平面的总压 p_{tx} 是指该平面静压和动压的代数和。

6.3 风　　机

风机是指将旋转的机械能转换成流动空气总压增加而使空气连续流动的动力驱动机械，其能量的转换是通过改变流体动量实现的。传统风机按结构分为离心式风机、轴流式风机两种，这两种结构分别如图 6-1 和图 6-2 所示。

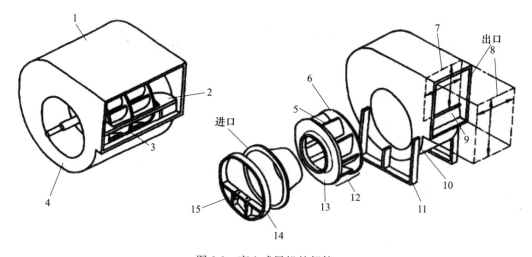

图 6-1　离心式风机的部件

1—蜗壳；2—蜗流缓冲器；3—分流板；4—侧板；5—叶轮；

6—后盘；7—通风面积；8—出口面积；9—蜗舌；10—蜗壳板；

11—支架；12—叶片；13—盖盘；14—进口环；15—轴承支座

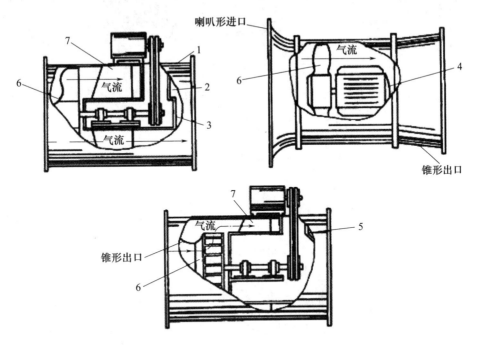

图 6-2 轴流式风机部件

1—机壳；2—带式炉管；3、5—轴承套；4—电动机；6—叶轮；7—导叶

（1）风机的体积流量 q_{vs} 是指在风机进口处的流量，用 m^3/s 表示。

（2）风机总压 p_{tF} 是指风机进口至出口的总压升，即 $p_{tF}=p_{t2}-p_{t1}$（代数运算）。

图 6-3、图 6-4 和图 6-5 中某个横向平面位置与风机之间的总压损失忽略不计，表示出三种基本布置的机壳与外部系统相接的风机的总压。

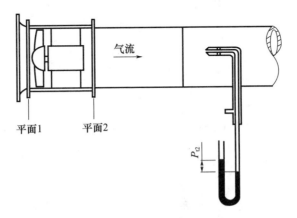

图 6-3 进口接大气和有出口风筒布置的风机总压

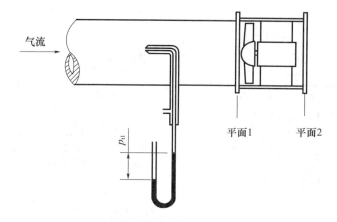

图 6-4 进口接风筒和出口接大气的风机总压

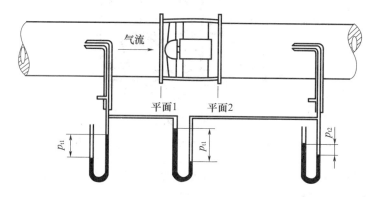

图 6-5 进口与出口均有风筒布置的风机总压

如果风机的进口与大气相通，或以图 6-3 所示的喇叭形进口来模拟进口风筒，那么进口的总压应视为与进口附近区域的总压 p_t 相同。这个区域是"静止空气"的位置，即

$$p_{t1} = p_a = 0$$

$$p_{tF} = p_{t2} - p_{t1}$$

$$p_{tF} = p_{t2}$$

如果风机进口与大气相通，或用长度为 3 倍直径（或小于 3 倍直径）的出口风筒模拟带有出口风筒的风机，出口风筒通向大气，那么风机出口的总压就等于风机的动压（p_{dF}），即

$$p_{tF} = p_{t2} - p_{t1}$$

$$p_{t2} = p_{dF}$$

$$p_{t1} = 0$$

$$p_{tF} = p_{dF}$$

（3）风机的动压 p_{dF} 是指与风机出口处的平均空气速度相对应的压力。

从图 6-6 可以看出风机的动压，假定空气密度或测定平面与风机出口之间的面积保持不变。

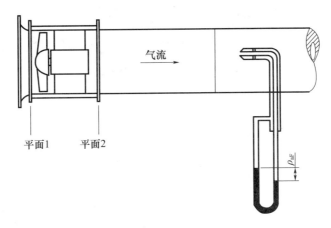

气流

平面1　平面2

p_{aF}

图 6-6　风机动压

（4）风机的静压 p_{aF} 是指风机的总压 p_{tF} 减去风机的动压 p_{dF}。

（5）风机的进口面积是指风机进口的内面积。

（6）风机的出口面积是指风机出口的内面积。

（7）通风面积是指风机的出口面积减去蜗舌的投影面积。

（8）风机的叶轮直径是指通过叶轮叶片所测得的最大直径。

6.4　风机的流量

6.4.1　排气量与送风量

风机主要的作用，在民用中就是通风与换气，因此在不同的用途中调节合适的换气量是十分重要的。换气量虽说是越多越好，但是它所要求的设备也更大，特别是既要处理外部大气，又要进行采暖或制冷时，在经济上会造成很大的负担。所以，其换气量应限定在最低需求上。

6.4.2　管道内的风速

在通风及空调用空气配管中，将风速低于 15m/s 的管道称为低速管道，将风速

在此以上或静压超过 490Pa 的管道称为高速管道。

空气运输固体时，空气速度要留有充分的余量，这是由不同的固体所确定的下降速度所决定的。如果加大空气速度，则会相应增加动力费用和能耗，然而若以低速运输，又会有阻塞管道的危险。

6.5　压力与功率

6.5.1　压力

为进行正常通风，需要有克服管道阻力的压力，风机则必须产生这种压力。风机的压力分为静压、动压、全压三种形式。其中，克服前述送风阻力的压力为静压；把气体流动中所需动能转换成压力的形式为动压。实际中，为实现送风目的，就需有静压和动压。

6.5.2　全压、静压、动压、风机的全压及静压

1. 静压、动压、全压

静压 p_s 为气体对平行于气流的物体表面作用的压力，它是通过垂直于其表面的孔测量出来的。

动压 p_d 以式（6-1）表示，即

$$p_d = \frac{\rho v^2}{2} \tag{6-1}$$

式中　p_d——动压（Pa）；

　　　ρ——气体的密度（kg/m³）；

　　　v——气体的速度（m/s）。

全压 p_t 为动压和静压的代数和，即

$$p_t = p_s + p_d \tag{6-2}$$

2. 风机的全压、静压

所谓风机的全压，是指由风机所给定的全压增加量，即风机的出口和进口之间的全压之差。若注脚 2 表示出口，1 表示进口，则

$$p_{tF} = p_{t2} - p_{t1} = (p_{s2} + p_{d2}) - (p_{s1} + p_{d1}) = (p_{s2} - p_{s1}) + (p_{d2} - p_{d1}) \tag{6-3}$$

所谓风机的静压，是指由风机的全压减去风机出口处的动压，即

$$p_{sF} = (p_{t2} - p_{t1}) - p_{d2} = (p_{s2} - p_{s1}) + (p_{d2} - p_{d1}) - p_{d2}$$
$$= (p_{s2} - p_{s1}) - p_{d1} \tag{6-4}$$

式中 p_{tF}——风机的全压（Pa）；

p_{sF}——风机的静压（Pa）；

p_{t1}——风机进口全压（Pa）；

p_{t2}——风机出口全压（Pa）；

p_{d1}——风机进口处动压（Pa）；

p_{d2}——风机出口处动压（Pa）；

p_{s1}——风机进口处静压（Pa）；

p_{s2}——风机出口处静压（Pa）。

如果风机的进口和出口的面积相等，则动压也可看作大致相等（$p_{d2} = p_{d1}$），对于全压及静压可归纳如下：

（1）在使用状态下，在同时带有进气管和出气管的风机中，出口静压与进口静压之差，再减去进口动压，根据式（8-4），$p_{d2} = p_{d1}$，则风机的全压为

$$p_{tF} = p_{s2} - p_{s1}$$

此外，风机的静压由式（6-4）可知。

（2）在使用状态下，仅具有出气管，进口朝大气开放时的风机全压为出口静压与出口动压之和。此外，风机的静压可用出口静压表示，因 $p_{s1} = 0$、$p_{d1} = 0$，根据式（6-3）和式（6-4），

风机的全压为

$$p_{tF} = p_{s2} + p_{d2}$$

风机的静压为

$$p_{sF} = p_{s2}$$

（3）在使用状态下，仅具有进气管，出口朝大气开放时的风机全压可用进口静压表示，风机的静压可以用进口静压（负压）加上进口动压表示。

风机的全压为

$$p_{tF} = - p_{s1}$$

风机的静压为

$$p_{sF} = - p_{s1} + p_{d1}$$

在通风机中，压力单位可用 Pa 表示；在鼓风机中，压力单位可用 kPa 或 MPa 表示。

上述压力均是以表压表示出来的，需要更清楚地表示时，应写成 p（表压）。绝对压力为表压加外界大气压力。通常绝对压力以 p_b 表示，表压以 p 表示，用 p 表

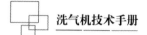

示绝对压力时，应特殊注明。

6.5.3 压力损失

流过某一风量时的压力损失取决于管道长度、表面粗糙度、弯度、截面面积变化程度、管道本身所具有的性质和通过其内部的空气速度，将其用公式表示为

$$p=\frac{\xi\rho v^2}{2} \tag{6-5}$$

式中　p——压力损失（Pa）；

　　　v——流速（m/s）；

　　　ρ——气体的密度（kg/m³）（标准大气压下 20℃的空气密度 $\rho=1.2$）；

　　　ξ——管道固有的阻力系数。

由式（6-5）可知，压力损失与风量的二次方成正比。也就是说，为使同一管道中流动的风量达到 2 倍，则必须加给 4 倍的压力。

如果知道管道的阻力系数 ξ，则可计算压力损失，即可计算输送所需风量需要达到的静压。

6.5.4 湿度的影响

湿空气的全压 p 等于空气中水蒸气的分压 p_w 与空气的分压 p_a 之和。当 p_w 等于空气湿度对应的水蒸气饱和压力 p_m 时，空气即为饱和状态；当 $p_w < p_s$ 时，空气未达到饱和状态，所以可进一步含有水蒸气。将含有 1kg 湿空气的水蒸气量 x（kg）称为绝对湿度，并将每 1m³ 湿空气中的水蒸气量 ρ_w 与饱和空气中的水蒸气量 ρ_s 之比称为相对湿度 φ，即

$$\varphi=\frac{\rho_w}{\rho_s} \tag{6-6}$$

此外，将 1kg 湿空气中的水蒸气量 x（kg）与对应于其温度的 1kg 湿空气中可含的饱和水蒸气量 x_s（kg）之比称为饱和度 ψ，它们之间的关系为

$$\psi=\frac{\varphi(p-p_s)}{(p-\varphi p_s)} \tag{6-7}$$

$$x_s=\frac{0.622 p_s}{p-p_s} \tag{6-8}$$

温度为 t（℃），绝对湿度 X 的湿空气的气体常数 R_w 为

$$R_w=\frac{29\times 27}{1-0.378\dfrac{p_w}{p}}=\frac{47.05(0.622+x)}{1+x} \tag{6-9}$$

该湿空气每平方米的质量（kg）为

$$\rho = \rho_w + \rho_a = \frac{2.168 \ (1+x) \ p}{(273+t) \ (0.622+x)} = 3.49 \ \frac{p - 0.378\varphi p_s}{T} \tag{6-10}$$

式中　p——湿空气的全压（kPa）；

　　　ρ_a——每立方米干空气的质量（kg/m^3）。

风机试验及检查方法中所规定的标准进气状态的空气（$t = 20℃$，$p = 101.3kPa$，$\varphi = 65\%$）的密度 $\rho = 1.20kg/m^3$，此时的气体常数 $R = 287J/$（$kg \cdot K$）。

6.5.5　压力和能量头

风机所取得的压力与气体的密度成正比，所以当叶轮以相同转速运转时，若气体密度小，则所得的压力低；若气体密度大，则所得的压力高。在计算叶轮圆周速度（u_2）、比转数（n_s）等时，则采用以 $p/$（$\rho \cdot g$）代替压力 p 的能量头 h（气柱 m）。例如，若取 $\rho = 1.2kg/m^3$，则 9806Pa 的能量头 $h = 9806/$（1.2×9.8）$= 834m$。

在压力比为 1.1 以下的风机中，无论是进气压力为 p_1 的气体密度还是出气压力为 p_2 的气体密度均视为不变，由风机所给出的能量头（m）以式（6-11）表示，即

$$h = \frac{p_2 - p_1}{\rho g} \tag{6-11}$$

在压力比为 1.1～1.2 的范围内，进气和出气口处的气体密度平均值用 ρ_m 表示，即

$$h = \frac{p_2 - p_1}{\rho_m g} \tag{6-12}$$

从 p_1 向 p_2 进行绝热压缩时的能量头以式（6-13）表示，即

$$h = \frac{K}{K-1} \cdot \frac{p_1}{\rho_1 g} \left[\left(\frac{p_2}{p_1} \right)^{\frac{\lambda-1}{\lambda}} - 1 \right] \tag{6-13}$$

式中　K——绝热指数、空气时 1.40；

　　　p_1——进气绝对全压（Pa）；

6.6　风机系统

风机系统是指为从一处或多处向另一处或多处输送空气、气体或蒸汽而设计的一系列风筒、管路、弯管和支管的总称。风机提供克服系统气流阻力必要的能量，并使空气或气流通过系统。

（1）典型系统由通风窗、格栅、扩散器、过滤器、加热和冷却盘管、空气污染控制装置、燃烧装置、体（容）积流量控制调节风门、混流箱、消声器、管网和有关配件组成。

（2）系统曲线是某个系统的压力对体（容）积流量特性的图解。

（3）系统附加阻力系数表示安装在系统内的风机进口限制、风机出口限制或影响风机性能的其他工况的效应的压力损失系数。

（4）风机性能是指给定进口密度条件下的空气体（容）积流量、静压或总压、转速和功率输入的说明，也可包括机械效率和静效率。

（5）风机性能曲线有多种形式，一般根据资料足以确定风机性能。本书所说的风机性能曲线是指恒定转速下的性能曲线。这是在一定进口密度和转速下的空气容积流量范围内的静压或总压以及输入功率的图解，也可包括静效率和机械效率曲线。体（容）积流量的范围通常是从全闭（容积流量为零）到自由排气（风机静压为零）所示的压力曲线，即压力-流量曲线，如图 6-7 所示。

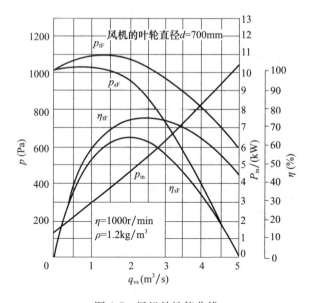

图 6-7　风机的性能曲线

（6）标准风机曲线是用百分比表示风机性能值的恒定转速曲线，自由排气时体（容）积流量为 100%，关闭时风机静压为 100%，最大输入功率点的功率为 100%，如图 6-8 所示。

（7）额定点表示与风机压力-流量曲线上的某个特定点相对应的风机性能值。

（8）工作点表示一定密度下的空气体（容）积流量和静压或总压，它是用来规定风机运行的系统曲线上的点位。

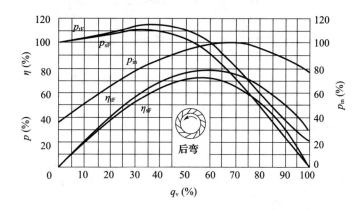

图 6-8　离心式风机的性能曲线（后弯叶片）

（9）操作点用来表示与系统曲线和风机压力-流量曲线的交点相对应的一组风机的性能值。

（10）边长为 a 和 b 的矩形管路的当量管路直径是 $\sqrt{\dfrac{4ab}{\pi}}$。

6.7　风机定律

风机的相似关系式为

$$\frac{q_{vc}}{q_v} = \frac{n_c}{n} \left(\frac{D_c}{D}\right)^3 \tag{6-14}$$

$$\frac{p_{tFC}}{p_{tF}} = \frac{p_{dFC}}{P_{dF}} = \frac{p_{aFC}}{P_{aF}} = \left(\frac{n_c}{n}\right)^2 \left(\frac{D_c}{D}\right)^2 \frac{\rho_c}{\rho} \tag{6-15}$$

$$\frac{p_{inC}}{p_{in}} = \left(\frac{n_c}{n}\right)^3 \left(\frac{D_c}{D}\right)^5 \frac{\rho_c}{\rho} \tag{6-16}$$

这些方程起源于流体力学的经典理论，所得结果的精确度对于大多数应用是足够的，对于鼓风机、压缩机，则需要考虑雷诺数、马赫数、运动黏度、表面粗糙度、叶轮叶片厚度以及相对间隙等的影响。

6.7.1　不同转速的效应

当风机尺寸和气体密度保持不变时，对于相同尺寸的风机，$D_c = D$，所以 $D_c/D = 1$，风机方程只是简单的关系式，若气体密度不变，则 $\rho_c = \rho$，密度比（ρ_c/ρ）＝1。

$$q_{VC} = q_V \frac{n_c}{n} p_{sFC} = p_{aF} \left(\frac{n_c}{n} \right)^2 \qquad (6-17)$$

$$p_{tFC} = p_{tF} \left(\frac{n_c}{n} \right)^2 p_{dFC} = p_{dF} \left(\frac{n_c}{n} \right)^2 \qquad (6-18)$$

$$p_{inC} = p_{in} \left(\frac{n_c}{n} \right)^3 \qquad (6-19)$$

6.7.2 密度变化的效应

如果风机的转速不变，则可按 $n_c = n$ 和 $n_c/n = 1$ 来计算性能。当 $D_c/D = 1$ 时，风机尺寸也固定不变，则有

$$q_{VC} = q_V p_{aFC} = p_{aF} \frac{\rho_c}{\rho} \qquad (6-20)$$

$$p_{tFC} = p_{tF} \frac{\rho_c}{\rho} p_{dFC} = p_{dF} \frac{\rho_c}{\rho} p_{inC} = p_{in} \frac{\rho_c}{\rho} \qquad (6-21)$$

6.7.3 尺寸增加的效应

在风机转速和气体密度都不变的情况下，计算尺寸可以较大，但几何形状相似的风机性能，或者令 $n_c/n = 1$ 和 $\rho_c/\rho = 1$ 时，由此确定这些变量，并产生下列方程式：

$$q_{VC} = q_V \left(\frac{D_c}{D} \right)^3 \qquad (6-22)$$

$$p_{tFC} = p_{tF} \left(\frac{D_c}{D} \right)^2 \qquad (6-23)$$

$$p_{aFC} = p_{aF} \left(\frac{D_c}{D} \right)^2 \qquad (6-24)$$

$$p_{dFC} = p_{dF} \left(\frac{D_c}{D} \right)^2 \qquad (6-25)$$

$$p_{inC} = p_{in} \left(\frac{D_c}{D} \right)^5 \qquad (6-26)$$

式（6-26）中下标"C"表示指定状态或换算值。式（6-25）中下标"F"指风机。

6.8　风机的强度计算

6.8.1　通风机的强度计算

1. 离心式通风机叶轮的强度计算

（1）离心式通风机叶轮的结构。

离心式通风机的叶轮主要由叶片、前盘、后（中）盘、轴盘等零件组成，其中，除轴盘用铸铁或铸钢制成外，其他件一般都是用钢板制成的。叶片的形状有平板、圆弧、中空机翼形等；前盘有平的、圆的、圆弧等形状；后（中）盘则是平的圆盘。

前、后（中）盘与叶片的连接一般采用焊接，或者由铆钉铆接，而后（中）盘与轴盘一般都采用铆钉铆接。

在叶轮强度计算中，叶轮的结构形式可按图6-9分类。

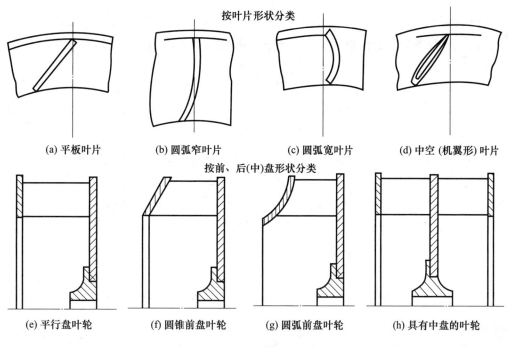

图 6-9　各种不同结构形式的叶轮

（2）叶片的强度计算。

在计算叶片强度时，叶片与前、后（中）盘的连接如为铆钉结构，则假定叶片为一简支梁；如为焊接结构，则假定叶片为一固定梁。叶片因自身质量产生的离心力，则假定为均布在梁上的载荷。

根据假定条件，简支梁承受均布载荷［图 6-10（a）］时，最大弯矩产生在梁的中央。设均布载荷在梁的单位长度上的质量为 q，梁的长度为 l，则最大弯矩为

$$M_{max}=\frac{ql^2}{8}$$

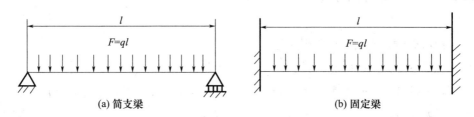

图 6-10　均布载荷的简支梁与固定梁

固定梁承受均布载荷［图 6-10（b）］时，最大弯矩产生在梁的两端，其最大弯矩为

$$M_{max}=\frac{ql^2}{12} \tag{6-27}$$

ql 为梁承受的总载荷。在叶片强度计算中，单个叶片的离心力 F 就是 ql。

根据叶片不同的截面形状，计算出抗弯截面系数 W，则叶片的最大弯曲应力为

$$\sigma_{max}=\frac{M_{max}}{W} \tag{6-28}$$

①平板叶片的强度计算：平板叶片在强度计算时，把整个叶片看作承受均布载荷的梁。

当叶轮以角速度 ω 旋转时，单个叶片因自身质量产生的离心力 F 为

$$F=\rho\omega^2 bl\delta R=Cbl\delta R \tag{6-29}$$

式中　ρ——叶片材料的密度（kg/m³），钢的密度 $\rho=7.85\times10^3 kg/m^3$；

　　　ω——叶轮角速度（1/s）；

　　　b——叶片长度（m）；

　　　l——叶片平均宽度（m）；

　　　δ——叶片厚度（m）；

　　　R——叶轮中心至叶片重心的半径（m）；

　　　C——补助计算系数，$C=\rho\omega^2$；钢的补助计算系数 $C=86.08n^2$，n 为叶轮转速（r/min）。

如图 6-11 所示，叶片重心近似假定在叶片工作面的 O 点上，将 F 分解成沿叶片的法向力 F_1 和切向力 F_2。

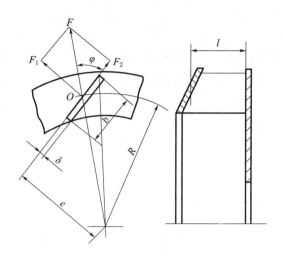

图 6-11　平板叶片的离心力及其分力

叶片在 F_1 和 F_2 的作用下，在相应的方向发生弯曲。因叶片的抗弯截面系数较大，由 F_2 产生的弯曲应力实际上可以忽略不计，而只计算由 F_1 产生的弯曲应力，即

$$F_1 = F\sin\varphi = Cbl\delta R\sin\varphi = Cbl\delta e \qquad (6\text{-}30)$$

式中　F_1——弯曲应力（N）；

　　　e——叶轮中心至叶片工作面的垂直距离（m），$e = R\sin\varphi$；

　　　φ——F 方向与 F_2 方向的夹角（°）。

叶片的抗弯截面系数为

$$W = \frac{b\delta^2}{6}$$

按简支梁计算时：

叶片最大弯曲应力 σ_{max} 为

$$\sigma_{max} = \frac{M_{max}}{W} = \frac{3}{4\delta}Cl^2 e \qquad (6\text{-}31)$$

其中叶片最大弯矩为

$$M_{max} = \frac{F_1 l}{8}$$

按固定梁计算时：

叶片最大弯曲应力为

$$\sigma_{max} = \frac{M_{max}}{W} = \frac{1}{2\delta}Cl^2 e \qquad (6\text{-}32)$$

其中叶片的最大弯矩为

$$M_{\max}=\frac{F_1 l}{12}$$

②圆弧窄叶片的强度计算：这种叶片的特点是叶片的径向尺寸大于轴向尺寸。计算叶片最大弯曲应力的方法是，假设在叶片上沿轴向截取一长度为 l，宽度 b 为一单位长度的一个小窄条（取 $b=1\text{mm}$），将这个小窄条看作承受均布载荷的梁，叶片重心近似假定在叶片工作面的 O 点上，如图 6-12 所示。

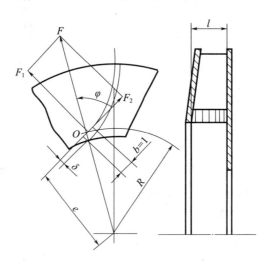

图 6-12　圆弧窄叶片的离心力及其分力

很明显，这个小窄条就相当于一个平板叶片。因而其最大弯曲应力可根据叶片与前、后盘的连接是铆接结构还是焊接结构，按简支梁或固定梁采用式（6-31）或式（6-32）计算。

由式（6-31）、式（6-32）可知，最大弯曲应力 $\sigma_{\max}$ 与 el^2 成正比，而 el^2 值随着截取小窄条的位置不同而改变。因此，在强度计算时，应视具体情况选定小窄条的位置，使计算出的弯曲应力为最大值，或取几个不同位置进行验算，而取其较大者（一般情况下，叶轮进口处叶片受弯曲应力最大）。

③圆弧宽叶片的强度计算：这种叶片的特点是叶片的径向尺寸小于轴向尺寸，在计算强度时，把整个叶片看作承受均布载荷的梁。

当叶轮以角速度 ω 旋转时，单个叶片因自身质量产生的离心力 F 为

$$F=Clr\delta2\alpha R \tag{6-33}$$

式中　l——叶片宽度（m）；

r——叶片圆弧半径（m）；

δ——叶片厚度（m）；

2α——叶片圆弧中心角（rad）；

R——叶轮中心至叶片重心的半径（m）；

C——补助计算系数，$C=86.08n^2$，n 为叶轮转速（r/min）。

如图 6-13 所示，圆弧叶片的重心近似假定在叶片工作面的 O 点上，通过 O 点将 F 分解成沿叶片的法向力 F_1 和切向力 F_2。

$$F_1 = F\sin\varphi = Clr\delta 2\alpha R\sin\varphi$$
$$F_2 = F\cos\varphi = Clr\delta 2\alpha R\cos\varphi$$

(6-34)

式中　φ——F 方向与 F_2 方向的夹角（°）。

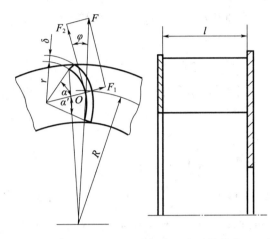

图 6-13　圆弧宽叶片的离心力及其分力

当将叶片看作承受均布载荷的简支梁时，因 F_1 和 F_2 的作用，叶片产生的最大弯矩 M 分别为

$$M_1 = \frac{F_1 l}{8}$$

$$M_2 = \frac{F_2 l}{8}$$

当将叶片看作承受均布载荷的固定梁时，因 F_1 和 F_2 的作用，叶片产生的最大弯矩 M 分别为

$$M_1 = \frac{F_1 l}{8}$$

$$M_2 = \frac{F_2 l}{8}$$

由于 F_1 和 F_2 的作用，叶片产生的最大弯曲应力分别为

$$\sigma_1 = \frac{M_1}{W_1}$$

$$\sigma_2 = \frac{M_2}{W_2}$$

总的叶片最大弯曲应力 $\sigma_{\max}$ 为

$$\sigma_{max}=\sigma_1+\sigma_2=\frac{M_1}{W_1}+\frac{M_2}{W_2}=\frac{Cl^2 2\alpha R}{8\gamma}\left(\frac{\sin\varphi}{k_1}+\frac{\cos\varphi}{k_2}\right) \tag{6-35}$$

当按固定梁计算时，有

$$\sigma_{max}=\sigma_1+\sigma_2=\frac{M_1}{W_1}+\frac{M_2}{W_2}=\frac{Cl^2 2\alpha R}{12\gamma}\left(\frac{\sin\varphi}{k_1}+\frac{\cos\varphi}{k_2}\right) \tag{6-36}$$

④机翼形叶片的强度计算：离心式通风机的机翼形叶片，常用弧形作为压力面，除小型叶片以外，一般用钢板做成中空。为了增加叶片刚度，经常在叶片内部增加肋板，这对于大型通风机的叶片尤为必要，但在强度计算时可不考虑肋板的有利影响。

机翼叶片在强度计算时，可把整个叶片看作承受均布载荷的梁。

当叶轮以角速度 ω 旋转时，单个叶片因自身质量产生的离心力为

$$F=mR\omega^2 \tag{6-37}$$

式中　m——单个叶片的质量（kg）；

　　　R——叶轮中心至叶片重心的半径（m）；

　　　ω——叶轮角速度（1/s），$\omega=\frac{\pi n}{30}$，其中 n 为叶轮转速（r/min）。

如图 6-14 所示，将叶片形状近似按椭圆形考虑，叶片的重心就是椭圆形的形心 O，通过 O 点将叶片离心力 F 分解为沿叶片的法向力 F_1 和切向力 F_2。

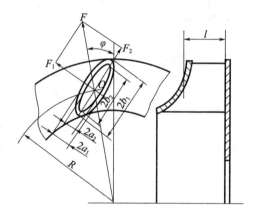

图 6-14　机翼型叶片的离心力及其分力图

由图 6-14 可知

$$F_1=F\sin\varphi \tag{6-38}$$

式中　φ——F 方向与 F_2 方向的夹角（°）。

叶片的抗弯截面系数为

$$W_1=\frac{\pi\ (a_1^3 b_1-a_2^3 b_2)}{4a_1} \tag{6-39}$$

按简支梁计算时，叶片的最大弯矩为

$$M_1 = \frac{F_1 l}{8} = \frac{Fl\sin\varphi}{8} \tag{6-40}$$

按固定梁计算时，叶片的最大弯矩为

$$M_1 = \frac{F_1 l}{12} = \frac{Fl\sin\varphi}{12} \tag{6-41}$$

叶片最大弯曲应力为

$$\sigma_{\max} = \frac{M_1}{W_1}$$

如果在圆周半径 R 上有 2 个直径为 d 的铆钉，则铆钉所承受的平均切应力为

$$r = \frac{F}{\frac{\pi}{4}d^2 Z} = \frac{\frac{M_n}{R}}{\frac{\pi}{4}d^2 Z} = \frac{9551\frac{P}{n}}{\frac{\pi}{4}d^2 ZR} = \frac{12161P}{d^2 ZnR} \tag{6-42}$$

式中　P——通风机所需功率（kW）；

　　　n——通风机转速（r/min）；

　　　d——铆钉直径（m）；

　　　Z——铆钉数量（个）；

　　　R——固定后（中）盘与轴盘的铆钉所在的圆周半径（m）。

当通风机所需功率最大，即 $N = N_{\max}$ 时，铆钉承受最大切应力。

2. 轴流式通风机叶轮叶片强度计算

本部分主要介绍轴流式通风机叶轮叶片的强度计算及强度检验。

轴流式通风机的叶轮在旋转时，叶片上受到离心力和气流流动压力；前者造成拉伸，后者导致弯曲。在扭曲叶片中，离心力也会造成弯曲。离心力和由它所引起的应力在叶片顶端为零，向叶片根部逐步增大，到叶片根部时达到最大值。如图 6-15 所示，作用在叶片上的总离心力 F_e 为

$$F_e = m\omega^2 r_c \tag{6-43}$$

式中　m——叶片质量（kg）；

　　　r_c——叶片重心至叶轮中心的距离（m）；

　　　ω——叶轮角速度（l/s），$\omega = \frac{\pi n}{30}$。

叶片根部的拉应力为

$$\sigma_e = \frac{F_e}{A} \tag{6-44}$$

式中　A——对于叶片焊接在轮毂上的叶轮，为焊缝面积（m²）；对于叶片通过叶柄固定在轮毂上的叶轮，指叶柄的横截面积（m²）。

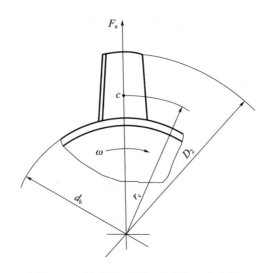

图 6-15 轴流式通风机叶片的强度计算

气流流动压力引起的载荷力 F_h 可以分解为切向力 F_u 和轴向力 F_z （图 6-16），计算中假设荷载力作用在叶片平均半径的位置上。

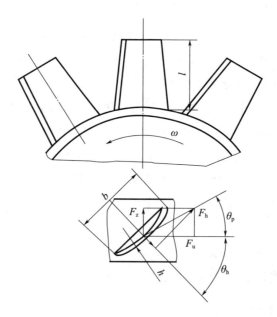

图 6-16 轴流通风机叶片上的气流流动压力

切向力 F_u 决定于传动功率、叶片数和叶片平均半径处的圆周速度，有

$$F_u = \frac{1000 P_{sh}}{Z u_m} \tag{6-45}$$

式中 P_{sh}——轴功率（kW）；

Z——叶片数（个）；

u_m——叶片平均半径上的圆周速度（m/s）。

轴向力 F_z 决定于叶轮产生的静压差、叶片长度和叶片平均半径圆周上的截距，有

$$F_z = \Delta p_{at} l t \tag{6-46}$$

式中 Δp_{at}——叶轮产生的静压差（N/m² 或 Pa）；

l——叶片全长（m）；

t——叶片平均半径圆周上的截距。

载荷力 F_h 就等于切向力 F_u 和轴向力 F_z 的合力，即

$$F_h = \sqrt{F_u^2 + F_z^2} \tag{6-47}$$

为了求得气流载荷力 F_h 引起的弯矩，先要根据叶轮图确定叶片根部截面的法线与圆周切线之间的夹角 θ_h，以及载荷力 F_h 与圆周切线的夹角 θ_p，如图 6-16 所示。在叶片长度 l 方向上受到的弯矩为

$$M_h = F_h \frac{1}{2} \cos (\theta_h + \theta_p) \tag{6-48}$$

最大弯曲应力 σ_h 出现在叶片根部，即

$$\sigma_h = \frac{M_h}{W} \tag{6-49}$$

式中 W——叶片根部断面的抗弯截面系数（m³）。

于是，叶片根部总的应力为拉应力 σ_c 和弯曲应力 σ_h 之和，即

$$\sigma_y = \sigma_c + \sigma_h \tag{6-50}$$

强度校验是根据安全系数（n）来判定安全系数，即

$$n = \frac{\sigma_a}{\sigma_y} \geqslant [n] \tag{6-51}$$

当安全系数 n 满足式（6-44）时，满足强度要求。

式中 σ_a——屈服强度（N/m² 或 Pa）；

σ_y——叶片所受总应力（N/m² 或 Pa）；

$[n]$——许用安全系数，取 $[n] = 5$。

6.8.2 鼓风机、压缩机的强度计算

1. 叶轮的强度计算

（1）求解叶轮强度的计算模型的简化过程如图 6-17 所示。

（2）松动转速 n_0 为叶轮内孔和轴表面的径向压力等于零时的转子旋转速度。

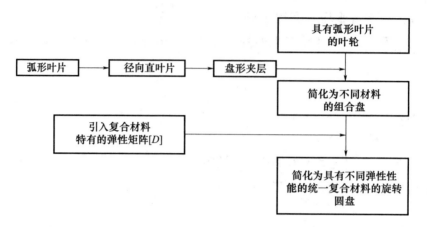

图 6-17 叶轮强度计算模型的简化过程

$$n_0 = \sqrt[n]{\frac{\delta}{y_1 - v_s}} \tag{6-52}$$

式中　n_0——松动转速（r/min）；

　　　　n——工作转速（r/min）；

　　　　δ——半径过盈量（mm）；

　　　　y_1——运行时轮毂的径向位移（mm）；

　　　　v_s——运行时主轴表面的径向位移（mm）。

（3）摩擦力矩为轮毂与主轴过盈产生的摩擦力所能传递的转矩 M_t。

$$M_t = \sum_{i=1}^{n} \overline{F}_i c f r \tag{6-53}$$

式中　$\overline{F}_i$——紧配合边界上各节点的紧配合压力（N）；

　　　　M_t——转矩（N·m）；

　　　　cf——摩擦系数，取 0.13～0.15；

　　　　r——轴配合边界的半径（m）。

2. 主轴的强度计算

进行主轴的强度计算时，只要轴的刚度满足要求，其强度就是足够的。但通常还要进行验算，转矩（M_t）为

$$M_t = 9550 \frac{P}{n} \tag{6-54}$$

式中　P——原动机额定功率（kW）；

　　　　n——压缩机转速（r/min）；

　　　　M_t——转矩（N·m）。

由转矩引起的切应力 τ 为

$$\tau = 100\frac{M_\tau}{W_P} \tag{6-55}$$

$$W_P = \frac{\pi d^3}{16}$$

式中　W_P——轴的抗扭截面系数（cm³）；

　　　τ——切应力（N/cm² 或 10⁴Pa）。

由于转子自身质量产生的弯矩不计转子轴向拉伸引起的法向应力，产生的弯曲应力 σ 为

$$\sigma = 100\frac{M_u}{W} \tag{6-56}$$

$$W = \frac{\pi d^3}{32}$$

式中　M_u——某截面的弯矩（N·m）；

　　　W——轴的抗弯截面系数（cm³）；

　　　σ——弯曲应力（N/cm³ 或 10⁴Pa）。

按照第三强度理论，轴的最大合成应力为

$$\sigma_{max} = \sqrt{\sigma^2 + 4\tau^2} \tag{6-57}$$

3. 转子的临界转速计算

第一阶临界转速 n_{cr1} 为

$$n_{cr1} = 299\sqrt{\frac{\sum F_i f_i}{\sum F_i f_i^2}} \tag{6-58}$$

式中　F_i——各集中载荷（N）；

　　　f_i——各集中载荷作用点挠度（cm）；

　　　n_{cr1}——转子第一阶临界转速（r/min）。

在实际计算时，用静弹性线代替真实弹性线。静弹性线利用材料力学的虚梁法求取。

在第二阶临界转速下，转子振型有一个节点。节点将转子分成两段，每段都按照计算第一阶临界转速的方法计算。

转子的第二阶临界转速（n_{cr2}）为

$$n_{cr2} = n_{01}\left(\frac{l_1}{l_2}\right)^{3/2} \tag{6-59}$$

式中　n_{01}——假设的节点至其左侧支点间转子轴段的第一阶临界转速（r/min）；

　　　l_1、l_2——计算的节点位置至左、右两侧支点轴段的长度（cm）；

　　　n_{cr2}——转子第二阶临界转速（r/min）。

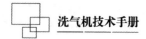

此外，必要时应进行转子的弯振、扭振临界转速、动力学、轴向推力与平衡盘的计算。

6.9 风机性能参数之间的关系——无因次

6.9.1 无因次

因次是物理量纲，无因次即无物理单位的量纲。

风机工作时，其各项性能指标均为变量，而且各变量间的相互影响很大，除此之外还有其他非定量，如温度、湿度、形状等的影响。为了排除或避免这些不确定因素的影响，应把诸多无因次变成有因次，从而有助于性能计算及使用。因此当计算压力时，就有压力系数（ψ）或全压系数，计算流量时有流量系数（φ），计算功率时有功率系数（λ），这些系数都是不确定的，是根据不同的几何形状而变化的，最终这些系数是通过大量的试验积累而得的。

我国目前生产的风机系列产品是利用一台研制好的模型样机，按几何相似原理放大或缩小尺寸而生产出的各种不同机号的风机。因此，某一系列的风机，各种机号的性能均可用下面所述的无因次性能参数表示。

1. 流量系数 φ

$$\varphi = \frac{q_v}{\dfrac{\pi D_2}{4} u_2} \tag{6-60}$$

式中　q_v——流量（m^3/s）；

　　　D_2——叶轮外径（m）；

　　　u_2——叶轮外缘圆周速度（m/s）。

2. 全压系数 ψ_t

$$\psi_t = \frac{p_{aF}}{\dfrac{1}{2} \rho u_2^2} \tag{6-61}$$

3. 静压系数 ψ_s

$$\psi_s = \frac{p_{aF}}{\dfrac{1}{2} \rho u_2^2} \tag{6-62}$$

4. 功率系数 λ

$$\lambda = \frac{\psi_t \varphi}{\eta_{tF}} = \frac{p_{tF} q_v}{\frac{\pi}{8} D_2^2 \rho u_2^3 \eta_{tF}} \tag{6-63}$$

无因次参数计算有因次参数的公式为

$$Q = 900 \pi D_2^2 u_2 \varphi \tag{6-64}$$

$$K_p = \frac{\rho_1 U_2^2 \psi}{101300} \bigg/ \left[\left(\frac{\rho_1 U_2^2 \psi}{354550} + 1 \right)^{3.5} - 1 \right] \tag{6-65}$$

$$P = \rho_1 U_2^2 \psi / K_p \tag{6-66}$$

$$p_{in} = \frac{\pi D_2^2}{4000} \rho_1 U_2^3 \lambda \tag{6-67}$$

$$p_{re} = \frac{N_{in}}{\eta_m} K \tag{6-68}$$

式中　Q——流量（m³/h）；

P——全压（Pa）；

K_p——全压压缩性系数；

p_{in}——内功率（kW）；

p_{re}——所需功率（kW）；

D_2——叶轮叶片外缘直径（m）；

U_2——叶轮叶片外缘线速度（m/s）；

ρ_1——进气密度（kg/m³）；

η_m——机械效率；

K——电动机储备系数。

6.9.2　风机性能参数之间的关系

风机性能一般指在标准状态下输送空气的性能。标准状态指大气压 $p_a =$ 101325Pa，大气温度 $t = 20$℃，相对湿度 50%，空气密度 $\rho = 1.2$kg/m³。当使用状态为非标准状态时，必须把非标准状态下的性能参数换算到标准状态的性能参数，然后根据换算性能参数选择风机，其换算公式为

$$Q_0 = Q \frac{n_0}{n} \tag{6-69}$$

$$P_0 = P \left(\frac{n_0}{n} \right)^2 \cdot \frac{\rho_0}{\rho} \cdot \frac{Kp}{Kp_n} \tag{6-70}$$

$$P_{in0} = P_{in} \left(\frac{n_0}{n} \right)^3 \frac{\rho_0}{\rho} \tag{6-71}$$

$$\eta_{in0} = \eta_{in} \qquad (6\text{-}72)$$

式中　η_{in}——内效率；其中物理量符号有注脚 0 的为标准状态，无注脚 0 的为使用状态。

风机的性能以风机的流量、全压、主轴的转速、轴功率和效率等参数表示，而各参数间又存在着一定的关系，这些关系均列入表 6-1。

表 6-1　风机性能参数之间的关系

改变叶轮外径时的换算式	改变密度 ρ 和转速 n 时的换算式	改变转速 n、大气压 p_a 和气体温度 t 时的换算式
$\dfrac{Q_1}{Q_2} = \left(\dfrac{D_1}{D_2}\right)^3$	$\dfrac{Q_1}{Q_2} = \dfrac{n_1}{n_2}$	$\dfrac{Q_1}{Q_2} = \dfrac{n_1}{n_2}$
$\dfrac{P_1}{P_2} = \left(\dfrac{D_1}{D_2}\right)^2$	$\dfrac{P_1}{P_2} = \left(\dfrac{n_1}{n_2}\right)^2 \dfrac{\rho_1}{\rho_2}$	$\dfrac{P_1}{P_2} = \left(\dfrac{n_1}{n_2}\right)^2 \left(\dfrac{p_{a1}}{p_{a2}}\right)\left(\dfrac{273+t_2}{273+t_1}\right)$
$\dfrac{p_1}{p_2} = \left(\dfrac{D_1}{D_2}\right)^5$	$\dfrac{p_1}{p_2} = \left(\dfrac{n_1}{n_2}\right)^3 \dfrac{\rho_1}{\rho_2}$	$\dfrac{p_1}{p_2} = \left(\dfrac{n_1}{n_2}\right)^3 \left(\dfrac{p_1}{p_2}\right)\left(\dfrac{273+t_2}{273+t_1}\right)$
$\eta_1 = \eta_2$	$\eta_1 = \eta_2$	$\eta_1 = \eta_2$

注：1. Q—流量（m^3/h）；p—全压（Pa）；P—轴功率（kW）；η—全压系数；ρ—密度（kg/m^3）；n—转速（r/min）；t—温度（℃）；p_a—大气压力（Pa）。
　　2. 注脚符号"2"表示已知的性能及其关系参数，注脚符号"1"表示所求的性能及关系参数。
　　3. 除技术文件或订货要求的性能外，风机性能均以标准状况为准。

功率可按式（6-73）求出，即

$$P = \frac{Q_s \times p}{1000 \eta \times \eta_m} K \qquad (6\text{-}73)$$

式中　Q_s——流量（m^3/h）；

　　　p——风机全压（Pa）；

　　　η——全压效率；

　　　η_m——机械效率；

　　　K——电动机容量安全系数（电动机储备系数）。

1. 无因次参数特性曲线

图 6-18 所示为 4-72 型离心式通风机的无因次特性曲线，横坐标为流量系数 φ，纵坐标为全压系数 ψ_t、静压系数 ψ_s、功率系数 λ。效率本身就是无因次参数，故图 6-18 中也画出了全压效率 η_{tF}。

2. 比转速 n_s

比转速的概念最早在研究水轮机时引入，以后又广泛应用于水泵与通风机。

比转速可以作为通风机分类、系列化和相似设计的依据，是通风机的一个非常重要的参数，用 n_s 表示。

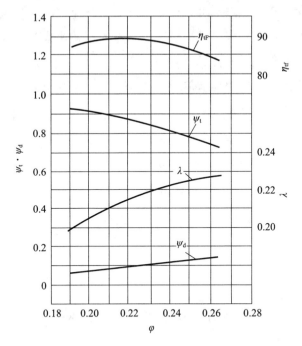

图 6-18　4-72 型离心式通风机的无因次特性曲线

φ—流量系数；ψ_d—动压系数；λ—功率系数；ψ_t—全压系数；η_{tF}—全压效率

通风机的比转速用式（6-74）确定，即

$$n_s = 5.54n \frac{\sqrt{q_v}}{\sqrt[4]{\left(\dfrac{1.2}{\rho} p_{tF}\right)}} \qquad (6\text{-}74)$$

式中　q_v——流量（m^3/s）；

　　　p_{tF}——全压（Pa）；

　　　n——转速（r/min）；

　　　ρ——通风机进口的气体密度（kg/m^3）。

当通风机进口处为标准进气状况，且气体介质为空气时，$\rho = 1.2 kg/m^3$，故式（6-74）可以写成

$$n_s = 5.54n \frac{\sqrt{q_v}}{\sqrt[4]{p_{tF}^3}} \qquad (6\text{-}75)$$

一般离心式通风机的比转速 $n_s = 15\sim80$，混流式通风机的比转速 $n_s = 80\sim120$；轴流式通风机的比转速 $n_s = 100\sim500$。

对于标准进气状态，$\rho = 1.2 kg/m^3$，式（6-75）还可写成

$$n_s = 138 \frac{\varphi^{1/2}}{\psi_t^{3/4}} \qquad (6\text{-}76)$$

对于某一风机，当工况变化时，流量和压力（或流量系数和压力系数）都在变化。因此，一般每一个工况点都可以计算出一个比转速，即一台风机有很多的比转速。但是，为了便于比较，规定风机最高效率点的比转速作为该风机的比转速，如4-72型离心式通风机最高效率点的比转速为72。

另外，通风机的比转速都是指单级单吸入时的比转速。故对单级双吸入通风机，式（6-75）初步计算时可写成

$$n_s = 5.54n \frac{\sqrt{\dfrac{q_v}{2}}}{p_{tF}^{3/4}} \tag{6-77}$$

对于双级单吸入风机，式（6-75）可写成

$$n_s = 5.54n \frac{\sqrt{q_v}}{\left(\dfrac{p_{tF}}{2}\right)^{3/4}} \tag{6-78}$$

6.10 风机的性能试验

风机的主要性能是在制造厂内进行试验，并将当时试验条件（试验时的进气温度、大气压、转速等）下的流量、风量、压力、轴功率和噪声等测量值换算成额定条件（指定温度、气体密度、进气压力、转速等）取得的。

1. 流量

（1）以节流孔或皮托管测量的方法。

（2）用测量管路，以集流器、节流孔板或皮托管测量的方法。

用分别确定的计算公式，计算求得以这些装置测得的值。

2. 风量

风机的风量是指进气风量，在出气侧测量时，应换算到进气侧。

3. 压力

压力仍用前述装置，用静压管（U形压力表）通过朝向垂直于气体流动方向的测量孔进行测量。风机中，U形压力表通常使用水或水银等液体。

4. 轴功率

用功率计测量电动机的输入功率，根据电动机效率曲线换算成电动机输出功率，并求出轴功率。

5. 噪声

用指示噪声计，按风机额定状态或与其接近的状态，测量进口中心的噪声。

这些测点是通过节流试验用节流装置取得的，一般测量 7 个点以上，其中有 2 个点位于测量规定点前后位置。

6.11　风机性能曲线

性能曲线是在图上表示性能试验所得的风量、压力、轴功率、效率等的曲线，可以表示该风机的性能。

1. 典型的性能曲线

图 6-19 列出了离心式通风机性能试验结果实例。

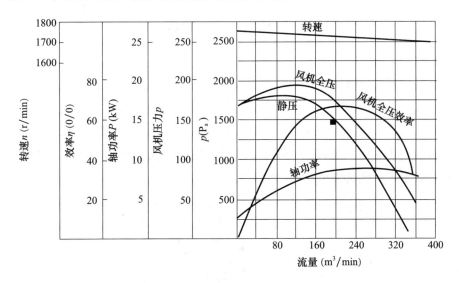

图 6-19　离心式通风机的性能曲线

该性能曲线是换算成额定状态的图线，如图 6-19 所示，取通风机的风量为横坐标，取通风机的全压及通风机的静压、轴功率、效率、转速等为纵坐标，并将额定点用带斜线的符号表示。

2. 进气气体密度对风机性能的影响

进气气体密度发生变化时，风机性能也发生变化，如夏季运转条件下的性能，到了冬季由于进气温度有所改变，气体密度发生变化，风机性能也发生变化。

变化后的性能，按下式换算：

$$变化后的风量 = 变化前的风量$$

$$变化后的压力 = \left(\frac{\rho_1}{\rho}\right) \times 变化前的压力 \tag{6-79}$$

$$变化后的轴功率 = \left(\frac{\rho_1}{\rho}\right) \times 变化前的轴功率 \qquad (6\text{-}80)$$

$$变化后的效率 = 变化前的效率$$

式中　ρ_1——变化后的气体密度（kg/m³）；

　　　ρ——变化前的气体密度（kg/m³）。

3. 改变转速时

在用变速电动机或 V 带轮驱动的风机中，改变转速时，可按下式换算：

$$变化后的风量 = \left(\frac{n_1}{n}\right) \times 变化前的风量 \qquad (6\text{-}81)$$

$$变化后的压力 = \left(\frac{n_1}{n}\right)^2 \times 变化前的压力 \qquad (6\text{-}82)$$

$$变化后的轴功率 = \left(\frac{n_1}{n}\right)^3 \times 变化前的轴功率 \qquad (6\text{-}83)$$

式中　n_1——变化后的转速（r/min）；

　　　n——变化前的转速（r/min）。

当压比超过 1.1 时，用能量头代替压力。

图 6-20 列出了改变转速时性能参数的变化。其中若转速变化范围在 +20% 以内，则认为上述比例关系成立；而当转速变化超出该范围时，因风机内部的气流紊乱、损失等影响，则会失掉这种比例关系。

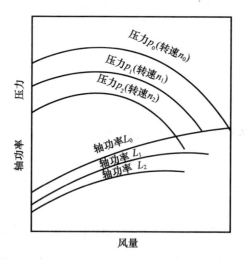

图 6-20　改变转速时风机性能参数的变化

4. 加工叶轮的外径时

对于不能改变转速的风机，为了有效地改变风机性能参数，有时采用加工叶轮外径的方法，则加工后的性能参数，按下式求得：

$$加工后的风量=\left(\frac{D_1}{D}\right)^{1.06}\times 加工前的风量 \tag{6-84}$$

$$加工后的压力=\left(\frac{D_1}{D}\right)^{2.6}\times 加工前的压力 \tag{6-85}$$

$$加工后的轴功率=\left(\frac{D_1}{D}\right)^{3.6}\times 加工前的轴功率 \tag{6-86}$$

式中 D_1——加工后的叶轮外径（mm）；

D——加工前的叶轮外径（mm）。

5. 去掉多级鼓风机叶轮时

在多级鼓风机中，有时采用去掉叶轮、减少级数的方法来有效降低性能。此时，去掉首级或末级，去掉一个叶轮时，压力、轴功率仅减少 $1/m$（m 为去掉前的级数）。但是，由于叶轮及机壳形状等的影响，有时未必按此规律变化。

6.12 风机的调节装置

（1）液力耦合器变转速调节：

液力耦合器是通过油在泵轮和油轮中的循环流动，泵轮将输入的机械能转换为油的动能和增高压力的势能，而涡轮则将油的动能和势能转换为输出的机械能，从而实现功率的传递。对于液力耦合器，如果涡轮轴不强制输入外转矩，则涡轮转向将始终与泵轮相一致。

（2）通风机的变频调速：当需要小风量时，用变频调速器降低风机转速，其电动机的输入功率也相应地减少。如风量减少到 80%，转速 n 也下降到 80%，其轴功率则下降到额定功率的 51%；若风量下降到 50%，轴功率将下降到额定功率的 13%，其节能潜力非常大，因此对风量调节范围较大的风机，采用变频调速来代替风门调节是实现节能的有效途径。

风机的驱动大多数为三相交流异步电动机，也有三相交流同步电动机。变频调速是通过改变电动机定子绕组供电的频率来达到调速目的的。常用三相交流异步电动机的定子由铁芯及绕组构成，转子绕组做成笼型，俗称鼠笼型电动机。当在定子绕组上接入三相交流电时，在定子与转子之间的空气隙内产生一个旋转磁场，它与转子绕组产生相对运动，使转子绕组产生感应电势，出现感应电流，此电流与旋转磁场相互作用，产生电磁转矩，使电动机转动起来。电动机磁场的转速称为同步转速，用 N 表示

$$N=60f/p \tag{6-87}$$

式中　N——同步转速（r/min）；

　　　f——三相交流电源频率（Hz），一般 $f=50$Hz；

　　　p——磁极对数。当 $p=1$ 时，$N=3000$r/min；当 $p=2$ 时，$N=1500$r/min。

　　　可见磁极对数 p 越大，转速 N 越慢。

转子的实际转速 n 比磁场的同步转速 N 要慢一点，所以称为异步电动机，这个差别用转差率 s 表示，即

$$s=\left[(N-n)/N\right]\times100\% \tag{6-88}$$

在加上电源转子尚未转动的瞬间，$n=0$，这时 $s=1$；起动后的极端情况下 $n=N$，则 $s=0$，即 s 在 0 和 1 之间变化。一般异步电动机在额定负载下的 $s=1\%\sim6\%$。

综合式（6-87）和式（6-88）可得

$$n=60f(1-s)/p \tag{6-89}$$

由式（6-89）可以看出，对于成品电动机，其磁极对数 p 已经确定，转差率 s 变化不大，则电动机的实际转速 n 与电源频率 f 成正比，因此，改变输入电源的频率就可以改变电动机的同步转速，进而达到异步电动机调速的目的。

变频器的工作原理是先把市电（380V、50Hz）通过整流器变成平滑直流，然后利用半导体器件门极可关断晶闸管（GTO）、电力晶体管（GTR）或绝缘栅双极型晶体管（IGBT）组成的三相逆变器，将直流电变成可变电压和可变频率的交流电，由于采用微处理器编程的正弦脉宽调制（SPWM）方法，使输出波形近似正弦波，用于驱动异步电动机，实现无级调速。上述的两次变换可简化为交-直-交（AC-DC-AC）变频方式。

利用变频器可以根据电动机负荷的变化实现自动、平滑的增速或减速，基本保持异步电动机固有特性转差率小的特点，具有效率高、范围宽、精度高且能无级变速的优点。

综上所述，风机采用变频调速的特点是效率高，没有因调速带来的附加转差损耗，很容易实现协调控制和闭环控制。笼型异步电动机特别适合对旧设备的技术改造，而鼠笼型电动机既保持了原电动机结构简单、可靠耐用、维修方便的优点，又达到了节电的显著效果，这是风机交流调速节能的理想方法。

第七章　风机的分类和用途

7.1　概　　述

风机按工作原理分类，可分为透平式风机和容积式风机，其中透平式风机可分为离心式风机、轴流式风机、混流式风机；容积式风机可分为回转式（罗茨式、叶氏式、螺杆式）风机和往复式（活塞式、柱塞式、隔膜式）风机。

风机按出口压力风分类，可分为通风机，即在标准状态下，出口全压低于 0.115MPa；鼓风机，出口压力为 0.115～0.35MPa；压缩机，出口压力大于 0.35MPa。

根据用途的不同选用不同类型的风机，本章详细介绍风机的分类和用途。

7.2　离心式风机

离心式风机是一种叶片旋转式风机。在离心式风机中，高速旋转的叶轮给予气体的离心力作用，以及在扩压通道中给予气体的扩压作用，使气体压力得到提高。早期，由于这种风机只适于低、中压力和大流量的场合，而不为人们所注意。由于化学工业的发展，各种大型化工厂、炼油厂建立，离心式风机就成为压缩和输送化工生产中各种气体的关键机器，占有极其重要的地位。随着气体动力学研究的深入，离心式风机的效率不断提高，又由于高压密封、小流量窄叶轮的加工、多油楔轴承等关键技术的突破，解决了离心式风机向高压力、宽流量范围发展等一系列问题，离心式风机的应用范围大为扩展，使其在很多场合可取代往复式风机，从而大大地扩展了应用范围。有些化工基础原料，如丙烯、乙烯、丁二烯、苯等，可加工成塑料、纤维、橡胶等重要化工产品。在生产这种基础原料的石油化工厂中，离心式风机也占有重要地位，是关键设备之一。

离心式风机之所以能获得这样广泛的应用，主要是相比活塞式风机有以下优点：

（1）离心式风机的气量大，结构简单紧凑，质量轻，机组尺寸小，占地面积小。

（2）运转平衡，操作可靠，运转率高，摩擦件少，因此备件需用量少，维护费用及人员少。

（3）在化工流程中，离心式风机对化工介质可以做到绝对无油的压缩过程。

（4）离心式风机为一种回转运动的机器，它适宜于工业汽轮机或燃汽轮机直接拖动。对一般大型化工厂，常用副产蒸汽驱动工业汽轮机做动力，离心式风机的使用为热能综合利用提供了可能。

但是，离心式风机还存在一些缺点：

（1）离心式风机还不适用于气量太小及压比过高的场合。

（2）离心式风机的稳定工况区较窄，其气量调节虽较方便，但经济性较差。

7.3 轴流式风机

轴流式风机属于一种大型的空气风机，最大功率可以达到 150000kW，排气量是 $20000m^3/min$，它的风机能效比可以达到 90%左右，比离心式风机要节能一些。它由三大部分组成，一是以转轴为主体的可以旋转的部分（称作转子），二是以机壳和装在机壳上的静止部件为主体的部分［称作定子（静了）］，三是壳体、密封体、轴承箱、调节机构、联轴器、底座和控制保护等组成的部分。轴流式风机属于透平式，炼油厂多选用作催化裂化装置的主风机。

轴流式风机效率较高，单机效率可达 86%～92%，比离心式风机高 5%～10%，单位面积流通能力大，径向尺寸小，适于流量大于 $1500m^3/min$ 的场合，单级压力比较低，单缸多级压力比可达 11。与离心式风机相比，静叶不可调试轴流式风机的稳定工况区较窄，在恒定转速下，流量变化相对较少，压力变化较大。此外，结构较为简单，维护方便。因此，轴流式风机对于中低压、大流量且载荷基本不变的情况较为理想。全静叶可调轴流式风机可以扩大风机的稳定工况区，弥补了静叶不可调轴流式风机的不足，而且提高了风机的效率，降低了起动功率。目前，炼油厂主要用全静叶可调轴流式风机。

7.4 混流式风机

三大类中混流式风机应为轴混式，与轴混式相对应的则是径混式，它与轴混式有明显区别。

轴混式风机的风机叶片的旋转面为平面，与转动轴垂直，气流沿轴向进入叶片。径混式风机的风机叶片的旋转面是一个圆柱面，与叶轮盘组成一个圆柱体，此圆柱体的轴线与转动轴平行，气流沿径向进入叶片。具体特征：进口尺寸大，后盘为斜锥形；叶轮为单板；机壳为立体蜗形，具备隔振功能；立式安装，全部 A 式传动；集风器的间隙，由径向改为轴向；双级隔振，配备新式隔振器，不用软接头。径混式风机具体内容将在第九章详细介绍。

7.5　风机的用途

风机的用途遍及国民经济各个领域。因而，按照各自的用途和所处理气体的种类、风量的不同，其应用形式各有所异。在此，对主要风机的种类、风量及其特点进行了汇总。

7.5.1　炼钢用风机

（1）烧结炉鼓风机，离心式，风量 $10000\sim40000\mathrm{m^3/min}$。

由于所处环境灰尘较多，应对叶轮、机壳采取耐磨措施。在不断提高集尘风机性能的今天，均采用高效后向叶片、机翼形叶片。

（2）烧结炉冷却通风机，离心式，风量 $6500\sim16000\mathrm{m^3/min}$。

在强制式通风中，以采用效率高的轴流式为好，但噪声较大；在排气式通风中，由于磨损严重，可采用具有耐磨结构的离心式风机。

（3）高炉气体升压鼓风机，离心式，风量 $300\sim8000\mathrm{m^3/min}$。

为防止轴封部分的气体泄漏，采用水封；因叶轮附着灰尘会引起不平衡，为洗净灰尘，可装设喷水装置。

（4）转炉气体鼓风机，离心式，风量 $3000\sim7000\mathrm{m^3/min}$。

叶片使用有耐蚀性的材料，会附着灰尘，可用水喷射予以清洗，并有手动盘车装置。

7.5.2　矿山、地下用风机

（1）矿山主排风机，离心式、轴流式，风量 $2400\sim13000\mathrm{m^3/min}$。

对于大风量，轴流式较好，以动叶可调进口导叶调节风量，提高运行效率。

（2）道给排气风机，轴流式，风量 4800～13000m³/min。

根据隧道内烟尘的浓度可自动运转，动叶可调式可提高运行效率，并能够在发生火灾时逆转，使之排烟。

（3）地下隧道用给排气通风机，离心式、轴流式，风量 1200～3500m³/min。

因设于地下隧道内，最好为小型，并根据装入口的大小分成几部分。由于给排气口处于市内的地上，规定严格的地方按特殊要求，应使用低噪声通风机。

7.5.3 城市煤气用风机

（1）焦炉煤气鼓风机，离心式，风量 150～2000m³/min。

由于气体密度小，需要齿轮增速，因此，要求叶轮具有较高的强度。为防止停机时焦油凝结，需不断地盘车，并进一步吹入蒸汽进行清扫。

（2）回气式鼓风机，离心式，风量 100～2000m³/min。

为使液化天然气储存罐内保持一定的压力，可采用这种风机；为保持超低温，可选用特殊材料。

7.5.4 空调用风机

（1）冷却塔用通风机，离心式、轴流式，风量 100～10000m³/min。

压力低、风量大，由于装于冷却塔的顶部或侧面，适于使用轻量的轴流式通风机。抽吸式中，因吸入湿空气，应注意耐腐蚀性。

（2）屋顶通风机，轴流式，风量 100～180m³/min。

装于建筑物的屋顶上，采用量轻且不受雨水浸袭的结构。

（3）一般空调用通风机，离心式、轴流式，风量 400～450m³/min。

在通风及空调用途中，各种风机可单独或组装于其他机器之上使用。一般为低压式，多采用多翼式或横流式的紧凑结构。

7.5.5 垃圾焚烧用风机

（1）引风用通风机，离心式，风量 1000～3500m³/min。

此类风机往往会因焚烧物而使腐蚀性加大，且附着灰尘。

（2）鼓风机通风机，离心式，风量 400～1500m³/min。

抽吸空气往往有污染或磨损，其风量多采用进口导叶调节。

7.5.6 输送物体用风机

（1）抽吸通风机，离心式，风量 $100\sim500m^3/min$。

输送物体直接通过通风机内，因附着物体磨损严重，可选用径向型，叶片要求为可更换的叶轮结构。

（2）压送通风机，离心式，风量 $200\sim800m^3/min$。

输送物体不直接通过通风机内，因此无磨损。输送距离长时，需用高压机种。

7.5.7 化工用风机

（1）通用风机，离心式、轴流式，风量 $100\sim700m^3/min$。

在化工装置中，强制流动用及冷却、集尘等各种领域内，广泛采用这种通风机，应选用能耐各自气体性质的材料制造叶轮。

（2）亚硫酸气鼓风机，离心式，风量 $600\sim3000m^3/min$。

叶轮采用耐腐蚀材料。

（3）氯气鼓风机，离心式，风量 $25\sim60m^3/min$。

由于采用干燥气体，可用碳素钢制造，又因温升受到限制，应装设中间冷却器。

第八章　风机的安装、运转和维护

8.1　概　　述

通过前面章节的介绍，我们知道风机依靠输入的机械能，提高气体压力并排送气体，是一种从动的流体机械。风机广泛用于工厂、矿井、隧道、冷却塔、车辆、船舶和建筑物的通风、排尘和冷却，锅炉和工业炉窑的通风和引风以及空气调节设备和家用电器设备中的冷却和通风。我国对于风机的安装、运转和维护有着详细的标准规定，本章将详细介绍风机的安装、运转和维护方面的知识。

8.2　风机的安装

8.2.1　安装地点

风机一般分为建筑物用通风机及工业用通风机，两种用途风机的设置环境和设置条件有所不同，故在前期规划时必须充分考虑其特殊性，选定的安装地点及周围环境必须满足今后维护的需要。

（1）风机设置时应避开多灰、有腐蚀性气体、湿度大、太阳直射及风吹雨淋的环境，风机周围地面应保持整洁。风机配套电动机对周围环境要求较高，往往会因为上述原因而降低性能，故应特别注意。

（2）风机设置在室内时，房屋的结构应较为宽散，且留有足够宽、高的门，便于风机的移动和运输。

（3）风机周围须留有足够的空间，以便在风机运转时，人员能自由走动，并且能满足日常维护保养的需要。

（4）大型风机的安装地点，应考虑留有可放置上机壳、转子、进气箱、调节门等配件以及能进行装配、拆卸、维修等作业的空间。风机采用带传动，还需考虑电动机找正及更换带轮的空间。

（5）在确定风机的布局时，不仅要考虑风机本身的安装空间，还需预留进出口管路、阀类、原动机的布线、供油装置、冷却装置以及油和水的连接管路的布置空间。

（6）在同一地点设置多台风机时，应充分考虑风机的相互间隔、布局等，避免风机运行时产生相互影响。

（7）大型、较重的风机应装备有吊车、电葫芦等起吊装置；中小型风机根据其用途，如叶轮需要经常更换等，亦需配备一般的起吊装置。

8.2.2　基础

风机需牢固地安装在坚实的基础上，才能保证运行时稳定可靠。

（1）基础应有足够的强度、刚度、稳定性和耐久性，起到保证机械精度、吸收振动等作用，保证风机在规定的位置及状态下长时间连续、稳定地运转。

（2）安装风机的基础形式大致有两类：将混凝土置于大地上安装；在建筑物内放置钢筋基础进行安装。无论采用哪种安装形式，都须注意保证地基的稳定性，避免因地基沉降造成基础面水平的变化、产生裂缝及共振等缺陷。

（3）在一个基础上同时安装多台风机时，应断绝风机之间的联系，以防止振动相互传播。

（4）地基松软时，应采取打夯等方法加强其承载能力。

（5）一般来说，基础的质量应为风机质量的两倍，作用于基础底面上的总载荷应在地基的承载能力以内，具体可按《通风机振动检测及其限值》（JB/T 8689—2014）的规定实施。

（6）基础应有足够的高度，保证螺栓埋设件底部有足够的混凝土保护层，在保证强度的条件下，对混凝土保护层要求尽可能薄一些，以减少力矩、降低水平摇摆耦合振动产生的振幅。

（7）在我国北方较冷的地区，冬季地基表面结冰会降低基础的承载能力，故基础的深度应深于冻结层的深度。

（8）电动机与风机最好安装在同一基础上，否则两者的变形差异会导致两轴偏心或歪斜，恶化轴承工作或引起振动。有时为了减少风机基础的振动影响，可以在风机与基础之间增设减振装置（如弹簧或橡胶减振器等）。

（9）对于带驱动的风机的基础，可以不采用整体结构，但是必须保证基础不因带的张力而导致自身滑动或倾斜。

（10）基础上应按地基图样要求，预设地脚螺栓用孔，以便安装时保证风机的地脚螺栓孔与地脚螺栓位置完全吻合。

（11）在厂房等建筑物中安装风机时，有时必须在楼层地面上打基础，此时应使基础与梁的位置保持一致，且尽量接近墙壁，必要时可采取一定的加固措施。

8.2.3 安装

风机的安装找正作业，根据各种风机不同的精度要求、驱动方式、转速、功率等，在其内容和程度上有不同的要求。因此，根据风机的不同要求进行安装与找正是很重要的事项。

（1）清扫基础混凝土表面，检查其水平度，如不合规定，可以铲平不平的部分。

（2）将风机底座放到基础上，在基础面与底座面之间插入垫铁，其间隙仅须保证灰浆流入即可。用该垫铁调整水平度，使风机底座处于绝对水平状态。

（3）安装一般风机时，可准备厚度不同的数种矩形垫铁（钢板），以数块重选进行调整，其示例如图 8-1（a）所示。重要的风机安装时，因其对水平度的要求较高，应使用上下两块为一组的斜垫铁进行调节，其示例如图 8-1（b）所示。采用联轴器传动的风机可利用联轴器进行检查，调整水平后，再焊接固定。垫铁插进地脚螺栓的两侧，在调整水平的过程中，也有同时调整螺栓进行调整的。

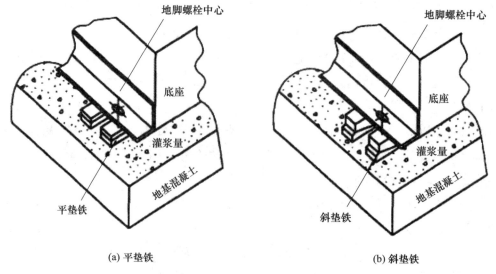

(a) 平垫铁　　　　　　　　　　　　　(b) 斜垫铁

图 8-1　垫铁水平找正

（4）地脚螺栓穿过底座的地脚螺栓孔应垂直于地脚螺栓用方孔。

（5）地脚螺栓用孔及底座与地基混凝土之间的间隙内，须灌入足够的灰浆，以保证混凝土结构件的强度。安装重要或精度要求较高的风机时，应先把灰浆灌入埋设地脚螺栓孔内，待其充分硬化后，重新找正、调整为水平，在达到安装精度要求后，再将灰浆灌入底座与地基混凝土之间的间隙。

（6）等到灰浆充分硬化后，紧固地脚螺栓的螺母。

（7）灌浆工序对于整个风机安装过程相当重要。它不仅对底座与地基混凝土间的空间起作用，而且对风机负载的传递、机械刚度的辅助也有较大影响。故在施工时，应特别注意泥浆的收缩性和断裂性，采取合理的施工方法。

（8）一般的大型风机，机壳与底座是分开的。对于剖分式风机，其机壳是分为几部分的。安装时，首先按照上述方法安装好风机底座和轴承底座，再按照下机壳、转子、上机壳的顺序，边调整定子与转子之间的间隙，边进行组装。组装前，应先检查各研合面是否有毛刺、卷边、变形等问题。组装时，应注意保持研合面的清洁及防止碰伤研合面。在组装上机壳时，既不能使机壳碰到转子，也不能在转子上附加载荷。

（9）有些情况下，因无法设置足够的地基，常常将风机安装在减振器上，以减轻振动的传递力，减振器应以风机的重心为中心进行布置，保证各减振器的压缩量一致。采用此种安装方式虽能减少振动向地基的传播，但风机本身的振动会增加，故风机进出口连接管路时，须采用帆布或橡胶挠性接头。

（10）在建筑物内，有时也采用天棚悬挂等形式安装风机。除极小型的风机可以采用吊挂螺栓式框架来安装外，其他应尽量采用焊接框架组合天棚式基础，其示例如图 8-2 所示。

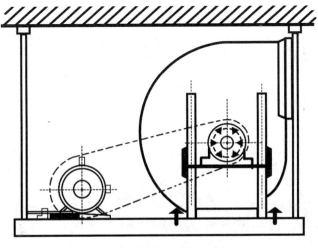

图 8-2 天棚调挂式安装示意

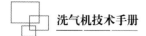
8.2.4 找正

在风机出厂前,制造厂对风机及原动机一般都已进行过找正,但在运输等过程中,难免会遭到破坏。因此,在风机安装到基础上之后,应再次进行找正。

(1) 安装联轴器驱动式风机时,可用联轴器进行找正。首先卸掉联轴器的螺栓,再用手转动两侧的法兰盘,同时按图 8-3 所示要求检查轴心与端面摆动的偏差,将上下左右的偏差调整到图示范围内。

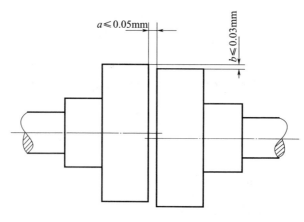

图 8-3 联轴器的找正

(2) 对具有滑动轴承的电动机,应以电动机磁性指示标记为基准,确定联轴器的轴向间隙。

(3) 安装一般通风机时,可按上述方法进行找正,如图 8-4 (a) 所示。

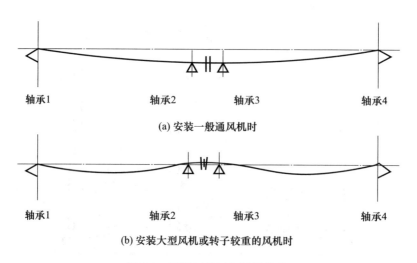

图 8-4 联轴器找正与轴的挠曲

（4）安装大型风机或转子较重的风机时，因轴较长、挠度大，故不采用联轴器找正，具体方法如图 8-4（b）所示，将水平仪放在 2、3 轴承部分各自的轴颈上，以其相同的轴心高度、倾斜度为基准找正或者使全部轴承均安装到同一水平面上。

（5）采用上述何种方法进行安装找正，虽然取决于风机的类型、联轴器的种类、轴承支撑方式、转速、挠度等条件，但更需依据风机制造商的安装指导说明或相关技术文件来施行。

（6）对于输送高温气体或压缩热较高的风机，在运转过程中原动机的轴心与风机轴心有时会产生偏差。对此需事先进行充分考虑，预测出因温差引起的轴心变化量，然后在电动机侧进行精确的找正作业。

（7）对 V 带驱动的风机，需进行风机侧和原动机侧 V 带轮之间的找正，如图 8-5 所示。具体方法是将钢丝或金属直尺置于两个 V 带轮的外侧端面上，将两轮端面调整到同一平面上。

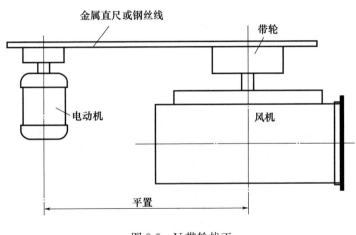

金属直尺或钢丝线

带轮

电动机

风机

平置

图 8-5　V 带轮找正

（8）注意 V 带旋转的合理方向，V 带的紧边在下，松边在上，这样可以增大松动 V 带与槽轮的接触面，保证其接触面有足够的摩擦力，从而获得较高的传动效率，延长 V 带使用寿命。

（9）风机一般选用 V 带转动，V 带的张紧程度应以风机运转时 V 带不打滑为宜，在两个轴心距离为 1m 左右的间距中，以指压下凹程度约为 V 带厚度比较合适。即使是相同的 V 带，其长度也有差异，因此，选择时也应注意选用的 V 带长度差异，以保证风机运转时不至于因某个 V 带承载过大而影响其寿命。另外，V 带达到跑合状态需要一定的时间，在此之前，要及时调整 V 带的张紧程度。

（10）虽然进行了上述的找正作业，但在长期的运转中轴心仍然可能产生偏移。因此，需有安装记录，且每隔一定的时间都得进行一次检查调整并做好记录。

8.2.5 附件

这里所指的附件包括风机的联机管路、阀门、消声器等。

(1) 将管路及配管的法兰盘连接并紧固于风机出风口或进风口时，应使法兰面自然对合，不得用螺栓强行紧固。

(2) 管路或配管、消声器等负荷不得作用于风机的出风口或进风口的法兰上，应使用适当的支柱、吊钩予以支撑。支撑位置要从其自身的稳定性、管子的伸缩性、输送介质的反作用力等方面综合考虑。

(3) 有时，考虑到管路或配管的伸缩、偏心、地基下沉以及安装维护时的拆卸等因素，在风机进出风口的连接部位应装设挠性接头或伸缩接头。另外，有些采用悬挂式安装或安置减振器等型式的风机，为了避免振动及噪声通过管路传播，一般均应装设帆布挠性接头。

(4) 部分挠性接头及伸缩接头的典型种类如图 8-6 所示，具体接入方式及支撑方式根据实际要求各不相同，选择时应注意。例如当输送高温气体或气体压缩热较高时，一般应配置伸缩接头。

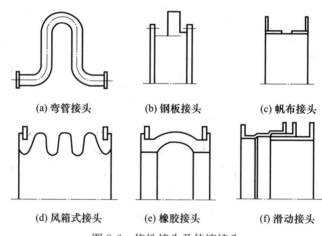

| (a) 弯管接头 | (b) 钢板接头 | (c) 帆布接头 |

| (d) 风箱式接头 | (e) 橡胶接头 | (f) 滑动接头 |

图 8-6　挠性接头及伸缩接头

(5) 风机进出风口管路的连接方式对风机的性能有较大影响。多数情况下，风机与管路是用不同直径的管连接起来的。通常情况下，风机的进风口端为收敛管、出风口端为扩散管，不同直径的管与轴线间形成的角度以小于 15° 为宜。进出口管应尽量避免急拐、突扩、突缩等情况。

(6) 另外，对于方形的连接管路，为防止部分管路振动、因静压而产生变形，需加装适当的加强肋。

(7) 在管路内，某些部位有可能产生冷凝水的沉积，需要在适当地方安装排泄装置，并且要考虑其排泄倾斜度。输送有害气体时，应注意防止泄漏，如需排泄，应采取适当有效的措施（如将排泄管插入密封罐中），以免对周围环境产生不良影响。输送含尘量大的气体时，应在适当的位置设置清扫孔。

（8）风机所用的阀类，主要有流量调节阀、仅用于全开与全闭的阀、逆止阀、放风阀等，应根据使用的目的与场合选择适合的阀门。

（9）安装调节门时，应使流体沿叶轮旋转方向偏流进行安装。如果装反，则会导致气体流动状态恶化，风机效率降低，造成动力浪费。具体安装方法如图 8-7 所示。

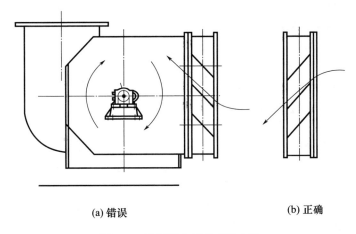

(a) 错误　　　　　　　　　　　　　　(b) 正确

图 8-7　进气调节门的安装方法

（10）当风机从大气直接进气时，应在进风口安装防止吸入杂物的金属网。如果风机安装在室外，需设置防雨雪装置，需吸入洁净空气时，进风口前应装设过滤器。

（11）对于带有进气室的风机，应注意进气室的形状和大小，尽量与气体流动型线一致，不一致会严重恶化风机的进气性能。在安装轴流式风机时，进气室内的支撑装置不得给风机带来不良影响。

（12）风机的安装地点应符合图 8-8 中的规定。

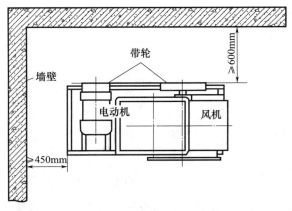

图 8-8　风机的安装地点示意

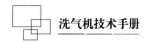

（13）安装基础应符合表 8-1 中的规定。

表 8-1　地基安全承载能力

土壤的种类	安全承载能力 F（10kN/m²）
天然的硬质岩石	500
相当于硬质石块的硬质岩石	300～400
相当于优质砖硬度的中等硬质岩石	180～210
相当于普通砖硬度的软质岩石	60～120
粘结的碎石及粗砂	60～80
硬质黏土及粘结的粗砂	40～60
干燥的黏土	30～40
清洁干燥砂层	20～40
水分少的黏土砂泥及砂质黏土	10～20
水分多的黏土砂泥及黏土	5～10

8.3　风机的运转

8.3.1　起动准备及起动前的注意事项

起动前，必须进行下述检查和确认，在安装、找正之后进行试运行时，应注意下述事项并慎重处理。

（1）确认风机、原动机的规格是否符合订货要求，各附件是否备齐。

（2）检查电源（电压、开关等）、线路是否合乎电气要求，接线是否准确。

（3）检查风机及管路内是否留有冷凝水、尘土及其他杂物，如有则需清理干净，避免风机起动时出现重大故障。

（4）确认地脚螺栓、风机主体、各附件及附属装置、连接管路的连接部分等是否按要求紧固。

（5）确认各部件是否找正。对于联轴器或带传动的风机，要检查联轴器或带轮、V带安装是否可靠，风机轴与电动机轴的同轴度是否合乎要求。

（6）检查轴承润滑油（脂）是否充足、完好，如有供油装置，先试运转 2h，测量油温和油压是否正常。

（7）对于水冷却轴承的风机，要检查冷却水管路的供水状况是否正常。

（8）手工转动风机轴、原动机轴，检查转动是否平滑，确认无异常。

（9）单独转动原动机，确认原动机的旋转方向与风机旋转方向一致，同时确认原动机侧无异常情况。

（10）对于带驱动的风机，检查各 V 带的张紧程度是否一致。

（11）使用需要润滑油润滑的联轴器时，确认注入的润滑油是否合格。

（12）确认调节门或阀类是否完全开启或闭合、有无异常动作。风机的进出口调节门，当离心式为全闭、轴流式为全开时，起动负荷为最小。

（13）对于带轴承强制供油装置的风机，应确认油箱的油量、油箱及输油管路是否清洁畅通，油泵的旋转方向、油冷却器的给排水结构以及连锁结构是否正常。

（14）事先应对有关操作人员进行必要的培训，使其能够在风机开始运转出现突发事件时，能根据运转指挥人员的指示，迅速做出相应正确的动作。

8.3.2　起动时的注意事项

（1）对于用冷却水冷却轴承的风机，应确认冷却水进出管路顺畅，且流量符合要求。

（2）带强制供油装置时，应确认油泵运转、供油正常，且流量适宜，同时应确认油压、油温及油泵用电动机的电流、电压正常。

（3）电动原动机开关进行盘车，注意观察风机的旋转方向、风机内部、轴承及电动机是否有异常情况。

（4）为保证正常进入试运转阶段，在开始起动直至达到全速运转为止，应密切地注意风机各部件的状态，确认声音、振动、电流等无异常情况。

（5）如果长时间进行全封闭运转，往往会因风机内部气体温度上升、热膨胀而导致运行异常，所以，应将阀门逐渐打开，调整到某一合适的流量。在 20～30min 内，为搞清楚各部分的状态，应以小负荷运转。如果逐步打开出气阀，在小流量范围内引起喘振时，就应在该范围内迅速打开阀门，避免喘振运转出现。

（6）对于起动时介质温度低于额定工作温度的风机，应增大风机的轴功率，并在认定原动机未超过负荷后，方能起动，在逐渐打开调节门的过程中需密切注意电流情况。

8.3.3　运转中的注意事项

1. 听声音

当风机运转中产生异常响声时，很难迅速、正确地判断其起因，须经充分调查。

常见起因有：进气管吸入固体杂质，风机的定子与转子摩擦，轴承有异常。此时往往在产生异响时伴有振动。同时，原动机及强制供油装置产生的异响也需要注意。

2. 检查振动

与异响情况一样，风机产生剧烈振动的原因也很难直观地判断，须密切注意并充分地检查。产生振动的原因很多：因喘报等导致流体力学振动；风机与原动机找正不好产生振动；风机安装不合理、轴承出现异常情况；叶轮经长期运行，平衡破坏造成振动的加剧；转子与定子间的间隙有点或面的接触等情况造成机械振动。轴承部位振动状态的判定见《通风机振动检测及其限值》（JB/T 8689—1998）。

3. 轴承的检查

轴承温度的测量对于了解轴承的工作情况是非常重要的，一般规定轴承温升不得高于环境温度40℃。另外，还应注意润滑油量及其污染状况、是否漏油、不同场合下的油温及油压等。对于使用冷却水冷却的风机，还应注意冷却水的水量、水温等。对于采用油环式油润滑轴承的风机，还应确认油环工作是否正常。

4. 轴封部分的检查

应经常检查轴封部分泄漏的状况、静止部分与轴间的间隙或接触情况，注意是否有一端接触、发热、振动异常、产生异响等情况。

5. 其他部分的检查

注意出气压力、进气压力、风量、电流等是否有异常变动，及时发现异常情况，做到防患于未然。

8.3.4　停机时的注意事项

（1）通常，风机应在进入小负荷后停机，停机后，关闭进出气阀。

（2）采用强制供油轴承时，应继续向轴承供油，直到主轴完全停止转动。

（3）对于使用冷却水冷却轴承的风机，停机后，应关闭冷却水阀门。

（4）对于输送有害气体的风机，应注意轴封部分的漏气，采取措施防止气体对环境产生的危害。

（5）对于输送高温气体的风机，应继续运转至机壳内气体温度低于100℃为止。

8.3.5　长时间停机时的注意事项

（1）风机长期停止运转时，应在各机械部分容易生锈的部位，涂上适量的润滑脂或其他防锈剂，防止锈蚀。

（2）对于采用冷却水冷却轴承的风机，应放空轴承箱及管路内的冷却水，防止冬季结冰，胀裂管路。

（3）对于电动机及其他电器装置，应采用防潮措施。

（4）对风机应定期进行维修保养。

8.4 风机的维护

8.4.1 叶轮的事故及其处理措施

1. 腐蚀

风机的腐蚀较为普遍，不仅产生于输送腐蚀气体的风机中，就连处理含有各种排气的大气的风机中，也会随时产生难以预料的腐蚀。叶轮产生腐蚀时应采取的处理措施如下：

（1）重新分析气体介质的成分和使用的材料。

（2）CO_2 及氯气除了干燥状态外，几乎没有能耐其腐蚀的材料，因而应检查混入水分等的不良运转情况，并采取处理措施。

（3）检查防腐蚀用覆层材料的脱落情况。覆层材料有薄不锈钢板、液态金属喷涂、金属喷涂所构成的金属覆层材料，以及由涂料、橡胶、乙烯树脂等构成的非金属覆层材料。因腐蚀而造成转子不平衡、引起过大振动时，往往为了应急而采用普通钢材贴补，但因风机的叶轮是旋转体，故需尽快更换为耐磨耐腐蚀的金属材料作为覆层材料。

2. 磨损

输送粉末用风机的叶轮磨损严重时应被看成易损件，如钢铁厂燃烧炉用排风机、水泥厂用各种排风机以及输送各种粉末用风机。另外，锅炉排气用风机也逐渐属于需要采取防磨损措施的机种。

为了减少磨损，需要采取减少灰尘量或优选叶轮形式等措施，其中降低叶轮圆周速度的方法最为有效。为延长磨损部件使用寿命，可采取如下耐磨措施：

（1）制成带有一段鱼鳞状部分的叶片。

（2）镀硬质铬或喷镀硬质金属层。

（3）用硬质焊条进行堆焊。

（4）安装衬板（磨损后可换掉）。

以上措施均是延长叶轮使用寿命的方法。定期检修时,最好经常检查其磨损情况,以便提前做好修复的准备。

3. 灰尘的附着

由于气体中的灰尘会附着于叶片上,势必会使气流受到阻碍,从而使风量降低、效率下降或者因附着物以及附着物脱落不均匀而造成过大的振动,其处理措施有:

(1) 选择难以附着灰尘的叶片形式,如采用后向叶片。

(2) 采取除掉附着物的处理措施。

8.4.2　风机振动的原因及其处理措施

风机的振动允许值,根据风机的安装及基础的状态、用途、机种的不同各有所异。造成风机振动的原因多半是转子的不平衡,而转子的不平衡,是由于转子材质不均,加工、装配过程中产生的偏差,机件构造的不对称以及在组装或搬运中的碰伤变形等因素的影响,使转子的质心与旋转几何轴线不重合。当转子旋转时,会产生不平衡的离心惯性力,惯性力越大,引起轴承的动反力就越大,通风机振动就越强烈,这样会加速轴承的磨损,降低其使用寿命,增大风机噪声,甚至造成安全事故,风机振动原因及其处理措施见表 8-2。

表 8-2　风机振动原因及其处理措施

原因	处理措施
随着附着灰尘质量的增加,轴的固有振动频率接近于转速	除掉附着的灰尘
因附着物形成不平衡所致的振动	除掉附着的灰尘
转子因腐蚀、磨损而产生不平衡	修补后,做平衡检查(现场配重)
因地脚螺栓、轴承箱紧固螺栓等松动或紧固不好所引起的振动	紧固螺栓
基础及房舍的强度不够	补强基础及房舍
静止部件和旋转部件间的接触或由此所造成的轴的弯曲	在允许间隙内修正或修正轴的弯曲
电动机的振动	修理电动机
叶轮与轴的配合变松	在嵌合轴等时增加过盈量
轴瓦间隙增大	更换轴承
轴心偏差	修正找正
因机壳等的加强肋脱落造成静止部件振动增加	修补、补强
管道中附着的灰尘大量或部分脱落	改造管道,设置清扫管道收集器
因进气气体温度异常所造成的叶轮变形	修正或换新

续表

原因	处理措施
电动机中转矩变动值加大	重新变换运行点
气柱振动	改造部分配管系统
增速齿轮折齿、轮齿接触不良、齿面点蚀、齿咬缝	修正轮齿的接触或更换齿轮

注：为确保不使较大的振动传递给房舍，往往使用防振橡胶。

依据《通风机振动检测及其限值》（JB/T 8689—2014），风机振动的有效值（方均根速度）应小于 4.6mm/s。

依据《一般用途的离心式鼓风机》（JB/T 7258—2006），风机振动的有效值（方均根速度）不得已时应小于 4mm/s。

依据《一般用途罗茨鼓风机 第 1 部分：技术条件》（JB/T 8941.1—2014），风机振动的有效值（方均根速度）不得已时小于 11.2mm/s。

8.5　风机噪声的测量

噪声是一种公害，本节中引用《风机和罗茨鼓风机噪声测量方法》（GB/T 2888—2008）进行噪声级测量。噪声的噪声级是指噪声的变动范围在 8dB 以内、持续 5min 以上，并在测试中可以将其平均值视为一定的噪声级。

8.5.1　适用范围

该方法适用于所有形式风机所发出的正常噪声的噪声级的测量。

所谓声压级是指用下式表示的分贝数：

$$SPL = 20\lg \frac{p}{p_0} \tag{8-1}$$

式中　SPL——声压级（dB）；

　　　p——声压有效值（Pa）；

　　　p_0——基准声压有效值（Pa），$p_0 = 2 \times 10^{-5} \text{Pa}$。

8.5.2　名词术语

本书中所用的主要名词术语的定义如下：

（1）噪声级是用普通噪声计或规定的噪声计或者性能相同乃至更好的测量仪测

得的值 [dB (A)]。

(2) 噪声频谱是以声压级表示某一频率范围内的噪声分量的值。

(3) 环境噪声是指没有测量对象时，其测点周围的噪声。

(4) 声源是指风机进气口、出气口、机壳等处发出的噪声之源。

(5) 置换噪声是指在测量对象声源之外的小型且发出频率范围宽的声源，它用于确定声场。

(6) 标准距离是指声源与噪声测点距离的量，测量进气口、出气口发出的噪声时，取等于叶轮直径的距离，或者叶轮直径小于1m时其1m的距离，测量机壳发出的噪声时，取值为1m的距离。

(7) 测量值是对噪声计的读数做了环境噪声修正后的值。

8.5.3 测量项目

在额定运转条件下，测量风机周围的噪声级 [dB (A)]。

8.5.4 测量条件

(1) 测量环境应符合《风机和罗茨鼓风机噪声测量方法》（GB/T 2888—2008）的规定。

(2) 测量地点应尽量避免有从地面以外的物体的反射声，并且必须满足下列各项条件：

①试验用通风机、鼓风机或压缩机在运转状态下，从下列位置到标准距离处的噪声级和2倍于标准距离处的噪声级之差大于5dB (A)。

a. 在进气口中心线上应对着进气口中心（测量进气口的噪声时）。

b. 在与出气口中心线成45°的方向上对着出气口中心（测量机壳的噪声时）。

c. 在安装电动机相对应另一侧的方向对着机壳表面（测量机壳的噪声时）。

②将置换声源放在试验用通风机、鼓风机或压缩机的安装位置上，由置换声源至测量位置距离的1倍和2倍处噪声级之差，或者这一距离的1/2和1倍处噪声级之差应大于5dB (A)。

如不能满足上述条件，则须特殊注明测量地点的状况（如室内尺寸、装置尺寸、安装情况、声场测量结果等）。

a. 环境噪声最好比测量对象噪声的读数低10dB (A)，如果出现噪声值之差在3~9dB (A)，则按表8-3进行修正。

表 8-3　环境噪声修正值

有无被测噪声时的指示差值 [dB (A)]	3	4，5	6，7，8，9
修正值 [dB (A)]	3	2	−1

　　b. 运转条件噪声的测量，原则上应在额定转速和额定风量下进行，如果不能按额定条件测量，则应按与用户双方的协议进行，并注明其运转条件。

8.5.5　测量仪表及试验装置

　　(1) 测量仪表使用普通噪声计或性能相同乃至更好的仪表。

　　(2) 通风机的试验装置，应注意按下列各项进行布置：

　　①注意尽量减少因试验用通风机的振动所引起的地面及其他地方的辐射声音。必要时，应采取加防振支撑、隔声罩等措施。

　　②电动机产生的噪声很大时，原则上要做消声处理。但在小型装置中，若电动机被视为装置的一部分时，则不在此限。然而，当电动机产生的噪声过大不易采取隔声措施时，应与用户协商确定。

　　③调压阀、流量计等附属装置的安装，应尽量消除它们所产生的噪声的影响。

　　④以图表列出试验装置的状况，并在记入周围装置有无消声措施及其状况的同时，特别注意对测量结果可能造成影响的噪声源，最好注明其附近的噪声级。

8.5.6　测量方法和位置

　　1. 测量方法

　　(1) 噪声计的计数使用 A 特性。

　　(2) 噪声单位取 dB (A)。

　　(3) 噪声试验之前，应首先测量测点的环境噪声。

　　(4) 噪声计的传声器应面向声源。

　　(5) 噪声计的动态特性，原则上使用"慢挡"。

　　(6) 噪声计的读数取离指示值最近的整数值。当指示值有变动时，取其指针摆动的平均值。测量时应注意如下两点：测量的前后，均应对噪声计进行校正。测量时，应注意尽量减少除地面以外，包括测量者本身在内的所有物体表面所产生反射声的影响。

　　2. 测量位置

　　通风机的测量位置如下：

（1）进气口直接朝大气开口时，应在进气口中心线上离进气口中心标准距离的位置上测量从进气口辐射的噪声。

（2）出气口朝大气开口时，应在与出气口中心线成45°角的方向上离出气口中心标准距离的位置上测量从出气口辐射的噪声。但当测量受排气气流影响时，应沿其上述方向挪至不受气流影响的适当位置上，并标明其位置。

（3）进气口和出气口都连接到管道上时，在主轴水平面内，朝着叶轮几何中心的直线上在离机壳表面1m的位置测量机壳辐射的噪声。

测量位置应符合《风机和罗茨鼓风机噪声测量方法》（GB/T 2888—2008）的规定。

其中，距离管道开口部分较近时，在难以忽略由管道开口部分辐射的噪声的情况下，应在上述（1）（2）中规定的测量位置上，附加测量由管道开口部分辐射的噪声。此时，应注意开口部分的尺寸与叶轮位置的关系以及测量位置等。

（4）进气口和出气口都朝大气开口时，应测量从进气口和出气口辐射的噪声。测量位置按上述（1）（2）确定。

另外，在上述所有测量位置中，其高度离地面不足1m时，都应在1m处测量。此时，应注意使离进气口、出气口中心或机壳表面的距离等于标准距离。

再有，进气口、出气口中心或者机壳表面中心的高度离地面不足1m时，最好取1m。

电动机和机壳测量位置应符合《风机和罗茨鼓风机噪声测量方法》（GB/T 2888—2008）的规定。

第二部分　洗气机的原理与设计

洗气机技术在过去二十多年的研究应用中成果卓著，已经达到了一个新的高度，可完全替代传统的塔体结构，从而完成传质过程中的净化，该技术在投资、能耗、效率等各项经济指标中也有非常突出的表现。

近年来，随着洗气机技术在市场的推广逐步扩大，生产企业逐步在推广实施中出台了自己的企业标准。洗气机的特征是由通风机演变而来的，但又包含自己独特的理论与设计。除了需要参照通风机国家相关标准和技术规范外，随着实用领域的不同，洗气机还有相应的设备参数指标。本书的第二部分将详细介绍洗气机相关理论和原创设计，以及洗气机企业标准中所规定的各项参数指标。

第二部分分为七章，分别为第九章径混式风机、第十章洗气机的结构与理论基础、第十一章洗气机的设计方法、第十二章洗气机的试验与测试、第十三章通风管道系统设计、第十四章洗气机噪声与振动控制、第十五章洗气机企业标准与标准化。

第九章　径混式风机

9.1　概　　述

风机是应用非常广泛的一种排送风设备，它广泛应用于各工业领域及人们的日常生活中。由于应用的领域场所不同，选择风机的形式种类也不同，主要有轴流式和离心式，还一个是应用较少的斜流式，或称混流式，因为它的性能参数介于轴流式和离心式之间，所以称为混流式。三种形式的风机如图 9-1 所示。

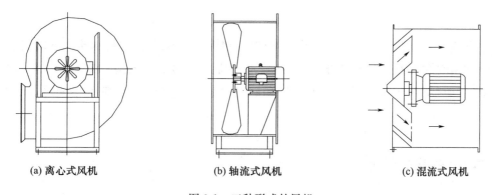

(a) 离心式风机　　　　　　(b) 轴流式风机　　　　　　(c) 混流式风机

图 9-1　三种形式的风机

在风机的发展过程中，它除了为空气或气相流体提供动力外，就没有其他功能了。在工业领域中，由于风机功能的局限性，只能在其系统中起到配套或辅助的作用。要解决功能的单一性问题，就要改变其结构特征，笔者发现将液相流体与气相流体同时注入风机中，液相流体极容易被雾化。被雾化的液相流体与气相流体可以发生剧烈的相相对运动，这种相对运动，在化工领域就是传质功能，在环保领域就是净化功能，这就是后面的洗气机。

为了让传统的风机完美地完成传质或净化功能，并能替代化工的传质设备、环保的净化设备就要对结构进行功能性设计，即在不损失原有风机功能的基础上，同时完成传质或净化功能。

根据上述三类风机的结构特点、性能参数特征及应用场所的差异性，通过大量的试验和理论探讨，最终推出了径混式结构，并派生出旋流式风机［图 9-2（a）］、离心式风机［图 9-2（b）］、离心式大型风机［间接传动，图 9-2（c）］，为洗气机的应用奠定了基础。

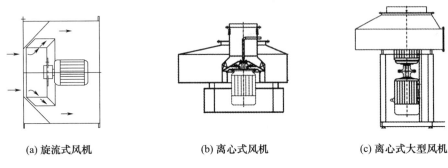

(a) 旋流式风机　　　　　(b) 离心式风机　　　　　(c) 离心式大型风机

图 9-2　三种径混式结构风机

9.2　混流式风机

试验研究发现，上述三类风机的原始结构均不能理想地完成除风机之外的功能，根据液相流体特征、气相流体特征、进入叶片后的运动轨迹及运动方向，推出了与目前的混流式发动机不同的一种混式风机，同时根据叶轮结构特征的不同进行了有区别的命名。

9.2.1　轴混式风机

现有的混流式风机的特征是叶轮转动时叶片的进风边是一个旋转的平面，叶片的出风边也是一个旋转的平面，这种结构不能完成对液相的雾化功能。它的进风和出风都是轴向或垂直于旋转平面的，所以称为轴混式风机。

9.2.2　径混式风机

为了让单一功能的风机兼有传质或净化功能，我们将斜流式风机的叶轮进行改造，使原轴向进风改为径向进风，轴向出风改为径向出风。同时，在叶片的上端有一个轮盘，这样就可以形成一个封闭的通道。因此称之为径混式结构，其与电机风筒组成径混式风机。

9.3　径混式风机叶轮、叶片设计

叶轮是风机的心脏，由于风机的种类不同，叶轮的结构也不尽相同。离心式风机叶轮由前盘叶片、后盘和轮毂组成，而轴流式风机只有叶片和轮毂。

叶轮设计科学与否，与风机各项性能指标的优劣有直接关系。在传统风机的叶轮设计基础上，运用金属切削原理和结构力学，设计出了一种新型叶轮——径混式叶轮。

9.3.1　径混式叶轮设计

叶轮后盘为锥形，其作用是：（1）使叶轮重心接近电机转子中心，这样可改变电机两轴承的受力状况；（2）减小后盘的厚度，结构强度增加，可以减轻叶轮质量；（3）离心式风机的叶轮使气流由轴向流动经过减速旋转，变为径向流动，这一变化耗能较大。而后盘为锥形的叶轮气流方向沿轴向及径向有所偏斜，耗能较小；（4）由于气流经过叶片时是一种合成运动，气流离开叶轮不是水平的径向运动，而是沿叶轮后盘 45°角方向的运动（图 9-3）。

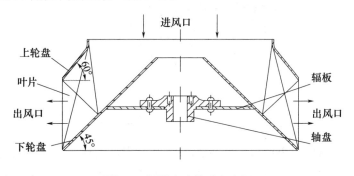

图 9-3　径混式叶轮后盘流场

9.3.2　进风口与出风口设计

叶轮的进风口直径与叶轮直径的比值较大，可达到 0.8D、0.9D 以上，这样可加大进风面积，而使阻力减小。

叶片的进风边 a 与出风边 b 的直线与进风边的圆 0.8D、0.9D 相切，这样更符合空气动力学原理，叶型的制造加工工艺简单，成本较低（图 9-4）。叶片 $a\text{-}b$ 的力

103

学特点是运动时产生两个分力（一个切向、一个径向）。切向力沿 a-b 方向逐渐加大，而径向力由无限大 a-b 方向逐渐变小。由此可分析出切向力很小，所以使气流旋转的力也很小，消耗的能量也就比较少。

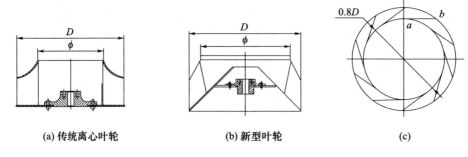

(a) 传统离心叶轮　　　　(b) 新型叶轮　　　　　(c)

图 9-4　传统风机叶轮与径混式风机叶轮

如图 9-5 所示，由于叶片进风口与进风口的回转的圆相切于 A 点，流体一方面随叶轮做圆周牵连运动，其圆周速为 U_1；另一方面又沿叶片方向做相对运动，其相对速度为 ω_1，因为它们大小相等、作用的方向相反并在同一条直线上，所以流体在进风口处的绝对速度 V_1 是 U_1 和 ω_1 的量和等于零。

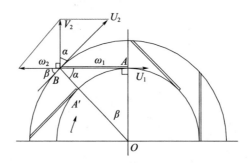

图 9-5　叶轮内流场

由于叶片出风口与出风口的回轮圆相交于 B 点，流体一方面随叶轮做圆周牵连运动，其圆周速度为 U_2，另一方面又沿叶片方向做相对运动，其相对速度为 ω_2，在出口处的绝对速度 V_2 应为 U_2 和 ω_2 两者之量和。

绝对速度可分解为与流量有关的径向分速度 U_r 和与压头有关的切向分速度 V_u，前者的方向与叶轮的半径方向相同，后者与圆周运动方向相同（图 9-6）。

为了深入分析叶片上任意点的速度状况，设叶轮进风口直径为 r，出风口直径为 R，叶片进风口端为 A 点，出风口端为 B 点，B 点与圆心 O 相连交于 A'、AO、BO 夹角为 β，由于角速度相同，质点由 A-A'、A'-B、B'-B、A-B 所用的

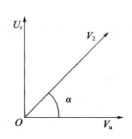

图 9-6　流场流速分解

时间相等，距离分别为 $R-r$、AB，径向距离等于 $R-r$，由于它们的时间相同，速度的大小就是距离的大小，另外由于径向速度是沿 AB 方向不断变化的，应导出的方程为

$$\mathrm{tg}\beta=\frac{AB}{r}; \quad r=\frac{AB}{\mathrm{tg}\beta}; \quad AB=\mathrm{tg}\beta \cdot r$$

$$\sin\beta=\frac{AB}{R}; \quad R=\frac{AB}{\sin\beta}$$

$$所以 \ R=\frac{\mathrm{tg}\beta \cdot r}{\sin\beta}$$

径向速度为

$$V_\mathrm{r}=\frac{\mathrm{tg}\beta \cdot r}{\sin\beta}-r=r\left(\frac{\mathrm{tg}\beta}{\sin\beta}-1\right)$$

径向速度与切向速度是绝对速度 V_2 的两个分速度 $\dfrac{V_\mathrm{r}}{V_\mathrm{u}}=\mathrm{tg}\alpha$，$\alpha=90°-\beta$，所以得

$$V_\mathrm{u}=\frac{V_r}{\mathrm{tg}\ (90°-\beta)}$$

$$V_\mathrm{u}=\frac{r\left(\dfrac{\mathrm{tg}\beta}{\sin\beta}-1\right)}{\mathrm{tg}\ (90°-\beta)}$$

绝对速度 V_2 为

$$V_2=\frac{V_\mathrm{r}}{\cos\beta}=\frac{r\left(\dfrac{\mathrm{tg}\beta}{\sin\beta}-1\right)}{\cos\beta}$$

9.3.3　风机进风口与出风口压力状态分析

在风机系统中，有进风口和出风口，进风口的作用是将所要移动的气体向风机内输送。在大气压力下，通过风机运转使气体在风机进风口处的压力小于外界大气压，即气流形成负压状态。在外界大气压的作用下，气体由高压区域移向低压区域，通过试验得知，在进风口位置，压力场形成时围绕着进风口呈圆弧状的等压曲线。

气流在出风口的状态与进风口不同，气流自出风口流出时的压力要大于此时的外界大气压，目的是将风机内的气体挤出风机进入外界，所以出风口的气流形成状态与进风口截然不同，由于出风口气流压力远大于外界大气压，气流运动状态呈射流状态，它的流场及压力曲线是在风机出风口的前方射流区域的等压曲线。

在风机系统中，有正压和负压两种参数。在传统理论中，风机进风口前的部分是负压，风机出风口后的部分是正压，但是正负压交界处的流体运动状态是怎样的呢？

空气在风机系统中运动，其动力来源于风机叶轮的转动，风机的进风口与出风口实际上是叶轮的进风口与出风口，而叶轮转动产生动力是靠叶片完成的。而叶片分为进口边和出口边，气流在叶片进口边为负压，在出口边为正压，因此可以确定叶片就是气流正负压形成的源头。从微观上看，风机系统中气流正负压的临界点就在风机叶轮叶片的中间位置。

9.3.4 叶片的设计

径混式风机的工作原理与金属切削理论相似。以车床的车削为例，车床工作时，要根据所加工工件的材料性质来选用刀具和刀刃的形状。如果材料硬度高，刀刃的角度就大一些，如果材料较软，刀刃的角度就小一些。刀具选定后，还要确定刀具与工件的相对角度或位置。如图 9-7 所示，图（a）位较好，车床比较省力，车出工件比较光滑；图（b）位不好，车床费力，且易毁刀。

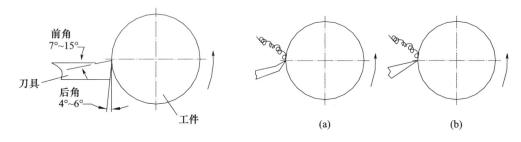

图 9-7　车床的车削

如果把空气看成可切削的刚体，经过叶片刃分离，风机性能的好坏与叶片形状、进风口、出风口的角度有着不可分割的关系。现在根据这一理论来进行设计，如图 9-8 所示，采用单板直边，将通风边加工成 $20°\sim30°$ 刀刃。

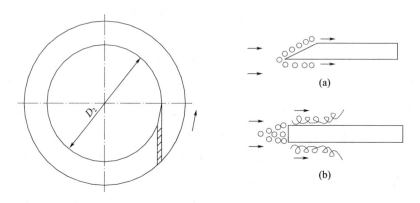

图 9-8　空气的切削

由进风边到外缘的位置是与 D_2 相切，这样在运转时，叶片对气流的作用力可用切向分力与径向分力表示。径向分力很大，切向分力很小，避免了由于气流强烈旋转而产生的能量消耗。另外，由于有了切削刃的作用，克服了粘滞阻力的影响，使叶轮中心的圆柱体降低了转速，节省了能量，提高了效率。

　　从实践中得知，刀刃的方向越接近旋转工件的切线方向，分离出的材料屑变形量越小，产生的热量也越少。所以，与切线方向夹角越大，分离出的料屑变形量越大，产生的热量也越大。金属切削过程中的出屑也和风机运转有相通之处。风机的径向叶轮和前倾式叶轮的效率之所以较低，就是因为径向叶轮和前倾式叶轮叶片使气流在离开叶片的瞬间产生较大摩擦力，产生的热量也较大。

　　根据金属切削原理，可以把叶片看作风刀，迎风的边叫刀刃，相反的边叫刀背，与动力相连的边叫刀把（或刀根），与之相反的边叫刀头（图 9-9）。

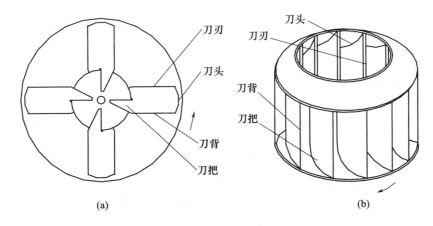

图 9-9　风刀示意

　　理论和实践证明，机翼形并不完全适合于风机叶片，把它设计成单板带刃的叶片，可以使叶片阻力很小。该方案采用平单板做叶片，这样做加工工艺简单、质量小，节省起动电能（图 9-10）。

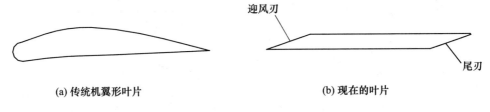

图 9-10　叶片示意

9.4 径混式（离心式）风机整体设计

9.4.1 蜗壳形状设计

离心式风机的机壳多少年来没有什么变化（图9-11），即由两块平板和一块围板组成。围板为渐开线形或螺线形等。它的变化只是为了适应压力和流量，而在薄厚和大小上变化。由于形状难以改变，对噪声控制的研究也难有进展。

为了研究方便，我们把常用的离心式风机蜗壳定为径向蜗壳。蜗壳的径向尺寸是不断变化的。与之对应的是轴向蜗壳，则向蜗壳的径向尺寸也是不变尺寸，则轴向尺寸也是不断变化的［图9-12（a）］。这两种蜗壳对风机的性能都有什么样的影响是我们即将讨论的问题。另外，还有轴向蜗壳和径向蜗壳相结合的一种蜗壳［图9-12（b）］。

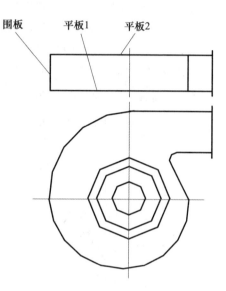

图 9-11 离心式风机机壳

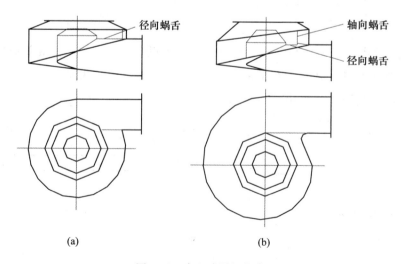

(a)　　　　　　　　　　　(b)

图 9-12 离心式风机蜗壳

9.4.2　不同的蜗壳对叶片作用力的影响

由于径向蜗壳的径向尺寸是不断变化的，围板与叶片的距离也是变量。当叶轮工作时，叶轮与蜗壳之间的空气受到压缩会产生一定的压力，由于空气的压缩弹性很大，加之在圆周分布的叶片与蜗壳的距离不同，叶片中流出的空气流体在叶片与围板之间的作用力也是不同的（主要是动压的影响），因此我们把径向蜗壳称为非等压蜗壳。由于轴向蜗壳的围板与叶片之间的距离为常数，动压和静压的变化很小，所以轴向蜗壳被称为等压蜗壳。

9.4.3　蜗舌对风机性能的影响

众所周知，蜗舌是离心式风机咽喉部位，在整个风机的性能中起着至关重要的作用。所谓蜗舌，顾名思义它的形状和所处位置像蜗壳中的舌头，起着气流分流和导向的作用。由于蜗舌的舌尖是一个平行于轴心的直边，我们称其为轴向蜗舌，它是径向蜗壳的必然产物。同理，轴向蜗壳就应有一个径向蜗舌，由于形状和位置的不同，它们的作用和影响也不同。

轴向蜗舌的作用是将径向蜗壳中的离心式叶轮旋转过程中流出的气体分离导向，使气流按人们的需要或要求移动，当蜗舌尖较为圆滑时，称为浅舌（图9-13）。风压略有减少，噪声同时也减少。压力和噪声有如此变化是因为蜗舌较尖或离叶轮较近（深舌）。高速的动压转化静压，导出气流量大，因此风压较大。所以，蜗舌尖较圆滑或离叶轮较远（浅舌）。动压转换为静压时，一部分变为热能，浅舌分离导出气流效率低，使空气在蜗壳内运动的量较大，产生一部分热能或使摩擦损失加大，因此风压和风量较深舌低一些。深舌产生的噪声较大，是因为离叶轮越近，气流速度

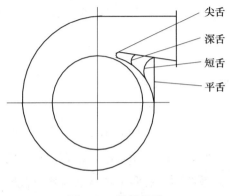

图 9-13　风机蜗舌

和密度越大,因此气流对蜗舌产生的撞击与摩擦就越大,噪声就大。反之,浅舌离叶轮远一些,气流的速度和密度也小一些,因此对蜗舌的撞击和摩擦也小一些,所以噪声也小。

径向蜗舌,是轴向蜗壳的产物。它的作用与轴向蜗舌的作用差不多,影响可略有差别。轴向蜗舌上的任意点和叶轮的距离都相等,径向蜗舌则不相等,因此所受压力、撞击等物理影响都是沿直径方向而变化的。另外,由于蜗舌的舌尖或组成蜗舌的两个面都与气流方向存在着不同的角度,可以分解压力和撞击的直接作用和影响。因此径向蜗舌对风机压力和噪声的影响都不是很大。

轴向和径向蜗舌相结合产生径向和轴向相结合的蜗壳,它的轴向边和径向边都比非结合的蜗舌边短。因此它们在起到分离和导向作用的同时,对压力和噪声的影响都不大,这样的蜗壳或蜗舌是比较好的选择。

9.4.4　扩压理论在蜗壳设计中的应用

蜗壳既有收集气流并导至排出口的作用又有扩压作用,在以往的蜗壳设计中人们往往忽略它的扩压作用,主要考虑造价低、制造方便等。随着社会的发展,风机蜗壳的设计也应有所改进。

传统机壳的特点是叶轮旋转面机壳由两块侧板(平板)组成,这就使机壳形成一个鼓面效应,另外,两平板与电机相连,这样电磁噪声、机械噪声和气流噪声均通过两侧板至围板,使机壳就像音箱一样,将噪声放大。鉴于这些原因,我们先将机壳的两平侧板制造成螺旋锥形,使之减小鼓面效应,再将电机座板做成筒状,进行隔振设计,切断电磁机械气流噪声利用机壳放大的途径,使噪声减小,最终起到隔声的作用。

对于蜗壳的第二作用,即扩压作用,是通过扩压或借助扩压器使气流流动减速,静压上升。关于扩压器的理论、性能的计算、扩压器形式等的论著很多,这些内容在风机设计中得到了广泛的应用。

9.4.5　风机的卧式与立式受力分析

风机大多是卧式安装,即风机的轴线与水平面平行,由于受重力影响,风机各部位都存在着力学问题,如图9-14所示,电机轴直接和叶轮连在一起属于直接传动(称之为A式传动),在此系统中,有两个轴承承担着电机转子及叶轮的质量,但前后两个轴承所受的力和力矩大小相差较大。

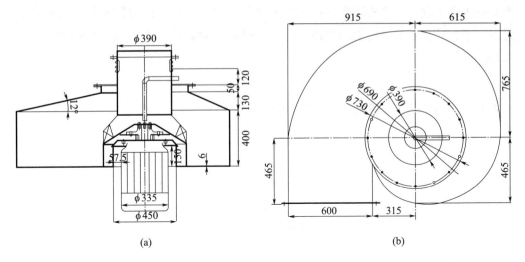

图 9-14　径混式风机

电机前轴承所受的力 $F_1=W_1+W_2-F_2$，电机后轴承所受力 $F_2=W_1-W_2-F_1$。如果 $W_1a>W_2b$，则 F_2 是向上的力，如果 $W_2b>W_1a$，则 F_2 是向下的力。由于力矩的作用，$W_1a=W_2b+F_2c$，则 $F_2=$（W_1a-W_2b）$/c$，$F_1=W_1+W_2-F_2$。由于受力不均衡，前后轴承的寿命也不均衡。另外，由于电机轴较细，强度不高，电机动力输出轴在叶轮重力作用下易形成弯矩。当叶轮较轻时，电机轴强度可满足需要，如果叶轮重力加大，电机轴就不能承受。因此，小号风机可以直连，大号风机必须间接传动。间接传动一般为皮带传动，会带来一些负面作用，如占地面积加大、原材料消耗加大、噪声与振动加大、能源消耗加大，还存在转速损失加大、维修量加大等问题。

为了改善风机的上述弊端，可采用以下解决办法：将风机改为立式安装，其力学分析如图 9-15 所示。从图中可看出，风机的轴线和水平面垂直，叶轮重心和电机

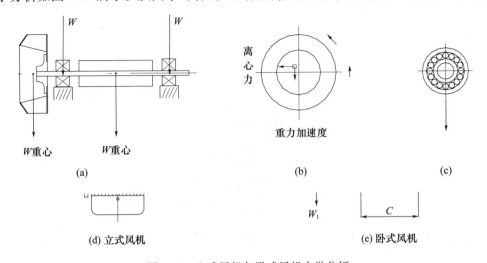

图 9-15　立式风机与卧式风机力学分析

重心轴线是重合的，与卧式相比，立式不产生力矩和弯矩，此时的轴承以受轴向力为主，还有叶轮不平衡所引起的径向力，此时的轴向载荷要比电机所配轴承的轴向推力小得多。

9.4.6 叶轮铅垂运转时的受力分析

1. 轴的受力分析

静止时轴的受力是叶轮与转子的向下重力和轴承向上的反作用力，同时由于叶轮的重心位于轴的前部，叶轮的重力会对轴形成力矩，运动时轴的受力除受电磁切力而形成扭矩外，还要承受离心力及重力。

2. 轴承的受力分析

静止时轴承受力是受轴及叶轮转子的压力及轴承的反作用力。当电磁场使轴转动时，介于轴承内套与外套之间的单个滚珠及内套承受交变荷载，即滚珠及内套的受力沿滚珠运动方向由零到最大（叶轮、转子、离心力、重力）。

改变叶轮运动方式，即由原铅垂运转变为水平运转，这样便从根本上改变了轴承的受力方式，使轴不再受径向的力，轴承由承受径向力变为承受轴向力，两个轴承由受力大小及方向不均衡变为受力大小及方向趋于均衡。滚珠由单个受交变荷载变为所有滚珠同时受力且荷载趋于恒定，这样就使大型号的风机采用 A 式传动成为可能。

9.5 径混式（旋流式）风机结构设计

径混式（旋流式）风机整体结构如图 9-16 所示。

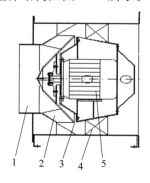

图 9-16 径混式（旋流式）风机整体结构

1—进风口；2—叶轮；3—整流圈；4—导流片；5—电机总成

叶轮为塔形叶轮，与电动机直接连接，安装在圆形外筒的中心处，电动机由一钢制锥形筒包裹，在叶轮前端有一进风口与叶轮的进风口配合。整流圈设计，在叶轮前盘的锥形延长线处有一个锥形圈与外筒相连，它的作用是防止此处产生涡流，有助于风压不损失。锥形电机筒除保护电机之外，还起到抒压作用，提高风机全压。导流片，或称旋流片，其作用是支撑电机筒，保证电机运行稳定，导引气流，减少压力损失。风机的进风口与叶轮进风口之间为轴向间隙，能有效防止内泄漏，保障风机效率。在外筒和电机筒之间有三根圆管，一根是散热冷风的进风管，一根是散热后的排风管，再一根是电机线的接出筒。

9.6　变频技术在径混式风机中的应用

　　风机是人们生产、生活离不开的动力设备，除了能耗大之外，它还产生噪声污染，可以说通风机的噪声是风机中除风压、风量外的一个重要参数。随着城市的建设与发展，和谐安静的环境是人们生活中所必需的。为此，我们利用变频技术，开发出了 LAT 径混式变频风机。

　　变频技术是 20 世纪 80 年代兴起的新技术，它通过将工频变为人们所需的频率，从而得到合适的转速。随着此项技术的发展，它被广泛应用于各种领域，如在风机中，不仅能够调节电动机的转速，还能使电动机具备软启动，过载、过热、缺相保护，故障判断等上百项功能，对设备的安全运行起到很好的保护作用。

　　由于变频技术的智能化发展，对于设备的运行可以做到按需求时间、风量要求自动调整，使整个运行系统达到节能的目的。另外，基于软启动和低转矩节能的原理，用大直径叶轮配低转速，在大幅度节能的情况下，同样可以得到所需的风压、风量。因此，大中型风机的结构特点、转速要求和力学特性，决定了它必须配有传动链，以获得不同的转速，解决电动机只能传递扭矩而不能承担弯矩的问题。变频技术的应用和 LAT 径混式风机的开发，实现了无级调速，取消了传动链，彻底解决了以上问题，同时降低了造价，减少了占地面积和因传动链而增加的维修量，更进一步减少了因传动链而造成的能耗。

9.6.1　风机节能原理

　　风机利用变频器实现调速节能运行，是变频器应用的一个最典型的领域，它比传送带、搅拌机等一类恒转矩负载的机械有更广泛、更显著的节能效果。另外，由于变频器本身具有搜索最佳工作点的功能，在同样工况点下，不改变其他参数同样有节能作用。

一般情况下，需要通风的领域或场所在设计时都按上限考虑，所以运行时的节能目的都是通过减小输入功率或缩短其运行时间实现的，而风门调节风量只是理论上可行，实际操作非常困难。大型号通风机受电网容量的限制，有时不允许频繁地起动，若利用变频器实现调频软启动，以减小起动电流，则间歇运转也就有可能了。由于变频器可操作性强，达到以上目的就变得轻而易举，并可实现自动化。风机是一种平方转矩负载，其转速 n 与流量 Q、风压 P 及风机的轴功率 N 的关系为

$$Q_1 = Q_2 \left(\frac{n_1}{n_2} \right)$$

$$P_1 = P_2 \left(\frac{n_1}{n_2} \right)^2$$

$$N_1 = N_2 \left(\frac{n_1}{n_2} \right)^3$$

上式表明，风机的流量与其转速成正比，风机的风压与其转速的平方成正比，风机的轴功率与其转速的立方成正比。当电动机驱动风机时，电动机的轴功率 N（kW）可按下式计算：

$$N = \frac{\rho Q P}{\eta_C \eta_F} \times 10^{-3} \tag{9-1}$$

式中　Q——流量（m^3/s）；

　　　　P——风压（Pa）；

　　　　ρ——空气密度（kg/m^3）；

　　　　η_C——传动装置效率；

　　　　η_F——风机的效率。

图 9-17 所示是风机的流量 Q 与风压 P 的关系曲线。图中，曲线①为风机在转速 n_1 下的风压-流量（P-Q）曲线；曲线⑤为风机在转速 n_2 下的风压-流量的曲线；曲线②为风机在转速 n_1 下的轴功率-流量（N-Q）曲线；曲线③④显示了管阻特性。假设风机在标准工作点 A 效率最高，输出流量 Q 为 100%，此时轴功率 N_1 与 Q_1、P_1 的乘积面积 AP_1OQ_1 成正比。根据生产工艺要求，当流量需从 Q_1 减小到 Q_2 时，如果采用调节阀门方法（相当于增加管网阻力），使管阻特性从曲线③变到曲线④，系统由原来的标准工作点 A 变到新的工作点 B 运行。此时，风机压力增加，轴功率 N_2 与面积 BP_2OQ_2 成正比。如果采用变频器控制方式，风机转速由 n_1 降到 n_2，在满足同样流量 Q_2 的情况下，风机风压 P_3 大幅降低，轴功率 N_3 与面积 CP_3OQ_2 成正比。轴功率 N_3 和 N_1、N_2 相比较，将显著减小，节省的功率损耗 ΔN 与面积 BP_2P_3C 成

正比，节能的效果十分明显。

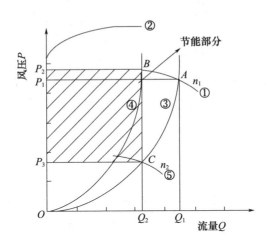

图 9-17　风机的风压-流量曲线

9.6.2　风机噪声的特性

　　风机的噪声是环境污染中的一个较大的污染源，无论是对风机行业，还是对使用者来说，风机的噪声都是一个很重要的参数。

　　风机的种类很多，应用的领域很广，但是它们的噪声特性基本相同，存在很大的共性，其中气动噪声（旋转噪声、涡流噪声）、机械噪声、电磁噪声均与转速有关，转速较低时，其噪声值较低，频谱以低频、中频为主；转速较高时，噪声值较大，频谱以中频、高频为主。另外，噪声值的大小与风量、风压等也有密不可分的关系。

　　A 声级：

$$L_A = L_{SA} + 10 \lg Q_v p_{tf}^2 - 19.8 \tag{9-2}$$

　　比 A 声级：

$$L_{SA} = L_A - 10 \lg Q_v p_{tf}^2 + 19.8 \tag{9-3}$$

式中　Q_v——风机额定工况下风量（m³/min）；

　　　p_{tf}——风机额定工况下全压（Pa）；

　　　L_{SA}——风机额定工况下运行时的比 A 声级（dB）；

　　　L_A——风机额定工况下运行时的 A 声级（dB）。

　　上式表明，风机噪声值 L_A（dB）与 p_{tf}^2 成正比，而风压 p 与转速的平方成正比，即

$$p_{tf1} = p_{tf2}\left(\frac{n_1}{n_2}\right)^2 \qquad\qquad (9\text{-}4)$$

所以

$$L_A = L_{SA} + 10\lg Q_v\, p_{tf2}^2 \left(\frac{n_1}{n_2}\right)^4 - 19.8$$

噪声值 L_A 与转速的 4 次方的对数成正比，降低风机的转速可大幅度地降低风机的噪声。为了使噪声按人们的需要或要求随时得到控制，只有采用变频技术。

9.6.3　变频技术在风机降噪中的运用

变频技术可以使风机按时间需要调控达到节能的目的，除此之外，还可以使噪声值满足国家昼间与夜间的不同标准。通过试验得知，如果风机在昼间能满足国家标准，通过变频器将负荷下降 15％～20％，即可满足夜间标准。这样不但节约降噪的成本，还能节能，同时噪声也能满足要求。

另外由于电机与叶轮全部为直连传动，避免了由传动链产生的机械噪声。

风机的降噪还可以通过变频技术，使用低转速配大直径的叶轮，得到所需的风压、风量，由于大直径叶轮的气动噪声小于同样风压、风量的高转速的小直径叶轮，通过变频技术使风机降噪的前景是十分广阔的。

变频器对电磁噪声有很强的抑制作用，传统的通用脉宽调制（PWM）式变频器、逆变器的主开关器件常采用双极性晶体管（BJT），最高载波频率在 2～3kHz，传动异步电动机时产生电磁噪声，引起刺耳的金属鸣响声，使噪声水平远高于运转时工频的噪声。最近，由于采用 IGBT［或金属-氧化物半导体场效应晶体管（MOS）、场效应晶体管（FET）等作为主开关器件，将载波频率提高到 10～15kHz，由于频率高，金属鸣响声人耳听不到，电动机的运行声音已经接近于接在工频电网上运行的情况，即变频器传动实现了"静音化"。

9.7　径混式风机参数及性能测试

9.7.1　径混式（离心式）风机的参数

基于前文的介绍，我们设计一系列径混式风机，根据工况需要调节各参数，见表 9-1。

表 9-1 风机性能试验测试结果

序号	Q_{co}	p_{co}	p_{sto}	L_{sa}
1	243.5	465.5	218.5	34.12
2	234.1	580.8	352.4	31.38
3	220.6	702.3	499.6	29.48
4	200.9	851.6	683.5	26.73
5	178.3	969.3	836.9	25.14
6	164.8	1051.1	938	24.25
7	148.1	1069.7	978.3	23.55
8	132.1	1101.8	1029.2	23.29
9	106.9	1129.1	1081.5	23.99

径混式（离心式）风机的性能曲线如图 9-18 所示。

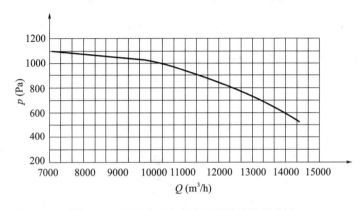

图 9-18 径混式（离心式）风机的性能曲线

9.7.2 径混式（旋流式）风机性能测试

风机的性能按照《通风机空气动力性能试验方法》（GB 1236—85），采用（进气）试验装置测定，流量测量采用圆锥形集流器，功率测量采用平衡电机法。空气动力性能试验数据见表 9-2。

表 9-2 风机空气动力性能试验数据（平均值）

次数	1	2	3	4	5	6
全压（Pa）	168.75	145	163.75	200	238.75	346.25
静压（Pa）	306.25	216.25	216.25	230	265	352.50
动压（Pa）	198.75	107.50	85	65	36.88	13.13
静压＋动压（Pa）	505	323.75	301.25	295	301.88	365.63
风量（m³/h）	17413	12808	11388	9959	7502	4475

117

径混式（旋流式）风机性能曲线如图 9-19 所示。

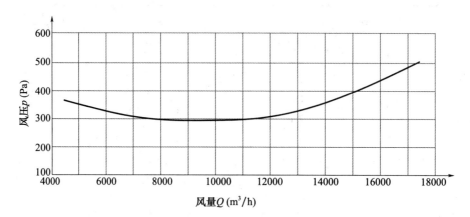

图 9-19　径混式（旋流式）风机性能曲线

　　径混式风机数十年的研究及应用证明，其风机性能各方面都明显高于传统风机。径混式风机的研究和开发为洗气机的研发奠定了基础，其本身也是通风机技术进步的体现。

第十章 洗气机的结构与理论基础

10.1 概 述

工业领域中的化工传质和污染净化是可以通过洗气机来实现的，洗气机创造了一个为自然重力加速度 1000～2000 倍的离心加速度场或传质场，利用高速度和高加速度使化工过程"三传一质"的效率极大提高，从而使产品质量、产量、能耗有了质的飞跃，在传质理论的构建上也有新的突破，树立了新的传质观念。在环保领域，极高的传质效率使强力传质洗气机技术在许多工艺领域和尾气排放领域均可成为替代技术，如在高湿、高温、高黏、阻燃、防爆环境下可完全替代袋式或静电技术及装备，对 SO_2、NO_x 及一些酸碱性尾气有很好的应用，使其在冶金、建材、制药、矿业、化工、能源等诸多领域不可或缺。本章主要介绍洗气机技术的理论与结构。

近年来，在众多种类的传质净化设备中，洗气机以其高效、低能耗的技术优势越来越受市场的重视。洗气机作为新型传质净化设备，其技术本质上属于湿法分离，为化工领域的传质技术革新开辟了一条新途径，经过理论和实践的检验，证明了这种新型传质工艺的可行性，也为化工传质技术迎来了一个新时代。洗气机的先进性主要体现在设备自带风机功能，径混式风机是洗气机的技术核心，其独特理论和设计也是通风机技术发展的重要体现。本章承上启下，介绍径混式风机的结构及相关理论。

洗气的起源是风机→干式除尘风机→湿式（水帘）风机→湿式除尘风机→洗气机（图 10-1）。

图 10-1 洗气机的由来

自 1980 年起，开始制造研究除尘器，发现任何一个场所都离不开空气动力设备——风机，能否让永远处于"配套"位置的风机兼有除尘的功能或实现风机除尘一体化，通过试验发现超细粉尘的不连续性总是随气流运动而运动，粉尘分离的效果较差，后来用水的连续性来解决粉尘的不连续性问题，效果很好，由于加水位置的变化发现了远超目标的现象，得到了超高的净化效率，后又经二十多年的反复试验、探讨、应用，得到了今天的洗气机。

洗气机之所以称洗气机，是因为气液两相接触的过程是反复多次的过程，同洗衣机、洗碗机、洗瓶机等一样，它完全改变了湿法净化和化工传质塔的传统概念，这些传统设备在完成气液传质过程时只是一次性的并不是反复的，因此其效率水平较低。

通过机械能使气、液、固各相得到为自然重力加速度（9.8m/s²）数千倍的离心加速度及近100m/s的运动速度，气、液、固各相在剧烈的运动中完成传质或换乘过程，并通过以上过程完成或达到净化或传质的目的的设备，称为强力传质洗气机。

洗气机具有广泛的适用性，同时具有传统设备不具备的体积小、质量轻、安全可靠、运行稳定、安装灵活、更能适应复杂的工况环境等优点，此技术在化工、环保、生物、医药、建材、冶金等领域有广泛的应用前景，几乎涵盖了"三传一反"的所有内容，在气-液、液-液、液-固等领域均可很好地应用。

10.2 洗气机的分类

洗气机根据应用的场所及工艺性质可分为两大类，第一大类为旋流式洗气机（图10-2），主要用于工业及餐饮业的油烟净化、矿业的物料转运、破碎、筛分等工艺过程（粉尘性质是机械性粉尘），还可用于高温及特殊场合的预处理，也可以单独用于通风领域，起到通风机的作用。

图 10-2 旋流式洗气机

第二大类是离心式洗气机（图 10-3），主要用于各种炉窑、化工传质、超洁净排放及挥发性粉尘场所，还可用于生产过程的动力源，在完成净化传质的同时满足工艺中的风压、风量等参数要求。

图 10-3　离心式洗气机

按照压力参数等的不同和使用条件的需要，洗气机主要分为离心式洗气机、旋流式洗气机和复合式洗气机，具体分类如表 10-1 所示。

表 10-1　洗气机分类

旋流式洗气机	低压：用于矿业机械性粉尘、餐饮及工业油烟净化。 高压：用于系统阻力大、管线或管网复杂环境，如井下的除尘。 零排：污染源尘量小，空气成分不发生变化。 其他：可用于通排风、可替代消防排烟及防火
离心式洗气机	低压：常规场所的炉窑、喷涂及工业粉尘。 中压：系统中对压力有要求，要满足工艺需要。 高压：多用于化工工艺系统
复合式洗气机	用于特殊环境：旋流式洗气机在上游，离心式洗气机在下游，串联，多用于高温和粉尘量大的场所。 湿电复合：用于 PM2.5 以下、烟尘的处理。 吸附剂复合：前端洗气机，后端静电，前端洗气机，后端吸附箱，价值回收。 双湿法复合：前端喷淋为预处理，后端洗气机净化

10.3　洗气机结构与工作原理

10.3.1　洗气机的结构

1. 离心式洗气机的结构

离心式洗气机由主机和脱水器两部分组成，之间采用直连式结构或间接式结构。

主机由叶轮、叶片、机壳、传动组等部件构成，具体如图 10-4 所示。

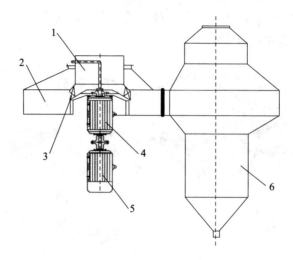

图 10-4 离心式洗气机结构

1—进风口；2—机壳；3—叶轮；4—传动箱；5—电动机；6—脱水器

2. 旋流式洗气机的结构

旋流式洗气机由叶轮、叶片、导流片、传动组、脱水环、排水口和排水槽等部件构成，具体如图 10-5 所示。

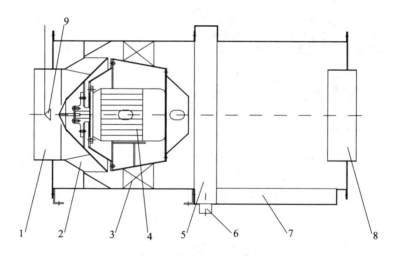

图 10-5 旋流式洗气机结构

1—进风口；2—叶轮；3—导流片；4—电机总成；5—脱水环；

6—排水口；7—排水槽；8—出风口；9—喷水口

（1）叶轮（图 10-6）。

叶轮设计的理论基础是流体力学中的三个相似理论，即几何相似、运动相似、动力相似，首先确定标准型母机，经实际测试得出各参数，然后根据换算公式推导出系列型号。

标准母机叶轮的确定：最大直径 $\phi600$，进风口直径为最大直径的 0.8 倍，上轮盘为与水平夹角为 60°的锥形体，下轮盘为与水平夹角为 45°的锥形体，叶片高度按出风边为最大直径的 27.5%，叶片形状为带刃直板，进风边 $\alpha=90°$，出风边 $\beta=30°$，叶片数量为 10 片。

（2）机壳（图 10-7）。

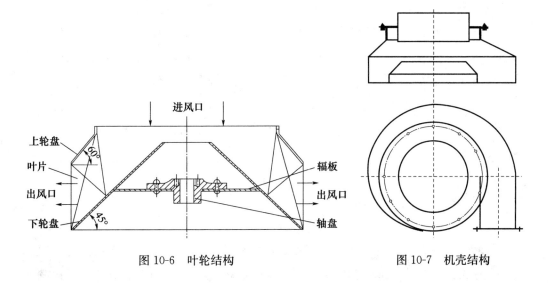

图 10-6　叶轮结构

图 10-7　机壳结构

（3）脱水器（图 10-8）。

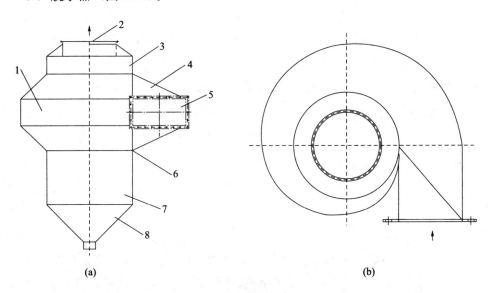

(a)

(b)

图 10-8　脱水器结构

1—蜗壳围板；2—出风口；3—上筒体；4—上斜板；5—进风口；6—下斜板；7—下筒体；8—下锥体

脱水器是洗气机的一个重要组成部分，它承担着污染物由空气转入洗涤液中后，使洗涤液与空气最大限度地分离的功能，分离的效果直接影响洗气机的性能。

根据液体在空气中的运动规律及特性，采用离心分离的方式进行气液分离。当气液混合物进入脱水器后，在离心力的作用下，液相流体被甩在器壁上，在重力的作用下向下流淌。气相流体向上运动并从排风口排出。上下斜板可增大气流流道的截面面积，使混合流体流速下降，有利于气液分离，同时增加分离后的液相流体下降速度，避免二次雾化。上斜板还可减少气相流体的阻力。脱水器的具体设计如下：

筒体直径的确定，以筒体截面为准，风量上升的速度不大于 4m/s。筒体的高度为进风口立面的高度的 4 倍。进风口与洗气机出口相连接，风速设定在 30m/s 左右，长宽比可定为 3∶2。进风口沿筒体外径切向逐步进入，经 3/4 圆周后与筒体相连。排污口在筒体下部，进风气流旋转方向切向开口，大小可据流量而定。排风口在筒体中心部，排出风速可确定为 15～18m/s，经变径与筒体相连，中心管可向下延长 100mm 左右。

10.3.2　洗气机的工作原理

旋转体水平旋转，洗涤液或液相介质自气相进口进入，在叶轮布水器的作用下以分散相进入由叶片组成的叶轮通道，在叶片高速的撞击作用下，液相被雾化成极细小微粒，同时与气相高度混合，在不同的速度、不同的加速度等物理作用下，气、液、固之间发生并完成接触传质的过程。混合相离开叶片进入机壳设计成的一个螺线形通道，混合相在向机壳出口运动的过程中，由于螺线形通道内的混合相的运行速度比叶轮的线速度低得多，要经液相数十次的洗涤，使混合体迅速膨胀，雾状洗涤液与介质粒子又一次充分结合，从而获得好的净化效果和高的传质效率。

需要特别指出的是，旋流式洗气机的特点是流体在洗气机内部运动符合旋流流体的流体力学特征，即流体在做直线运动的同时，围绕轴心做旋转运动，利用这种工作原理的洗气机被命名为旋流式洗气机。正是高速旋流的存在，使气液两相在旋流的作用下，可以在很短的时间和很小的空间内完成气液分离，从而达到净化和传质的目的。

1. 洗气机的传质过程

洗气机属于直接换热的工艺形式，即二相流（冷流和热流）直接接触，并根据热力学定律来完成热交换，在完成热交换的同时，也完成了传质过程。除此之外，在不需传质而只需热量的场所，强力传质洗气机同样可替代间接换热设备，而换热效率要比间接换热高得多。

在换热体系内，不论是气相流（热）还是液相流（热）换热，它们的物理状态都是流体，它们同时进入机器内部，液相流（不论冷热）在旋转体的高速作用下，形成微小液滴粒子，由于微粒子的比表面积非常大，可在极短的时间内完成与气相流的交换过程。

洗气机的传质过程和塔型设备的不同之处是利用为重力加速度 $1000 \sim 2000$ 倍的离心加速度，在设备内部形成一个强大的离心加速度场作用于气液两相流，通过伯努利方程 $\dfrac{U^2}{2g} + \dfrac{p}{\rho g} + z = C'$ 和流体动量方程 $\sum \overline{F}_a + \sum \overline{F}_b = \rho Q_2 \left(\overline{v}_2 - \overline{v}_1 \right)$ 可知（具体见本书 3.4 伯努利方程和 3.5 动量方程），由于气液两相物质单位质量的差异，它们在离心加速度场的作用下获得较大的相对速度，从而使液相在气相的作用下雾化（汽化），这样使气液两相在纳米级的条件下充分完成传质过程。因此，将洗气机技术应用于化工传质工艺将使化工产业形成质的飞跃。

2. 洗气机的净化过程

在洗气机的净化过程中，主要介质为洗涤液，其效率的高低与洗涤液的状态有着密切的关系，直接影响其传质过程。在诸多的因素中，洗涤液的雾化对净化效率有着至关重要的作用，而洗涤液的汽化冷凝过程对净化效率的影响的相关论述并不多。

在净化过程中，当液气比一定时，在一定的温度下，空气中的水含量或饱和水含量是一定的，这部分的水含量对净化效果影响很小，主要的净化效果取决于气液接触的效果。当空气温度或洗涤液温度较高时，洗涤液大量汽化，会产生大量的饱和水蒸气和过饱和水蒸气，随着温度的增高，加剧了洗涤液的雾化作用，在汽化和雾化的双重作用下，与空气进行大面积更有效的接触，在自然或人工及时间的作用下形成温度梯度，此时空气中的烟尘粒子经过包围、浸润、吸附、冷凝、凝聚、合并等一系列的物理过程，大量的细微粒子进入洗涤液，从而大幅度提高捕集效率。

当烟气中的水分或水蒸气达到饱和或过饱和，且温度低于露点温度时，烟气中的烟尘粒子在各种力的作用下，将以自己为核心吸附烟气中的水分或水蒸气，即形成空气中的雨滴，这样非常有助于细微粉尘的捕集，同时由于净化过程中各种成分运动的速度、方向、轨迹不同，相互碰撞的概率很高，尤其当有离心力存在时，烟气中的水分或水蒸气又起着筛网的作用，将烟尘粒子从空气中筛出，进入洗涤液中，达到净化的目的，如图 10-9 所示。

此外，洗气机还配有变频技术可调节功率、风量，完备的配套水系统可以进行水灰处

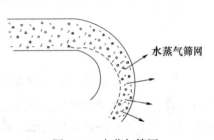

图 10-9　水蒸气筛网

水蒸气筛网

理等，适应面广、除尘效率高，同时能耗低、占地少。

综上所述，洗气机的特点是体积小，质量轻，对粉尘捕集效率高，除尘净化效率高，配备变刚度隔振器的特点，可制作成可移动的净化设备，且运行稳定。

10.4　洗气机内部流场分析

强力传质洗气机包括"三传一反"中的能量传递功能，所以传质洗气机本身就符合空气动力学的基本方程。通过运用空气动力学的基本方程——欧拉方程和对流体在叶轮中流动情况的分析，可以了解气液两相流体在旋转的叶轮中究竟如何运动，以及动力与二相流能量变化之间的关系。通过一系列的分析，进一步了解和掌握气液二相流在传质洗气机内的运动及能量消耗和净化机理。

10.4.1　单一流体在叶轮中的流动情况

1. 传统叶轮中流体流动情况

在研究空气动力学基本方程之前，首先应该认识流体在理论叶轮中的运动情况。图 10-10所示为风机的叶轮示意及流体流动情况。叶轮的进口直径为 D_1，叶轮的外径，即叶轮出口直径为 D_2，叶片入口宽度为 b_1，出口宽度为 b_2。

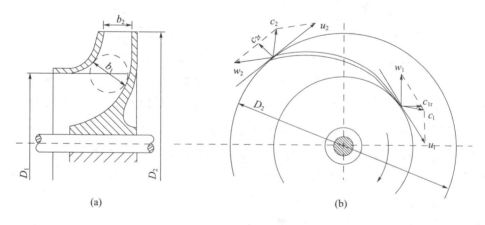

(a)　　　　　　　　　　　　　　　　(b)

图 10-10　传统叶轮中流体流动情况

当叶轮旋转时，流体沿轴向以绝对速度 c 自叶轮进口处流入，流体质点流入叶轮后，进行复杂的复合运动。因此，研究流体质点在叶轮中的流动时，首先应明确两个坐标系统：旋转叶轮是动坐标系统；固定的机壳（或机座）是静坐标系统。流动的流体在叶槽中以速度 w 沿叶片流动，这是流体质点对动坐标系统的运动，称为相对运动；与此同时，流体质点又具有一个随叶轮进行旋转运动的圆周速度 u，这是流体质点随旋转叶轮对静坐标系统的运动，称为牵连运动。两种速度的合成速度，就是流体质点对机壳的绝对速度 c。以上三种速度之间的关系是

$$c = w + u \tag{10-1}$$

该矢量关系式可以形象地用速度三角形来表示。图 10-11 所示为叶片出风口速度三角形。在速度三角形中，w 的方向与 u 的反方向之间的夹角 β 表明了叶片的弯曲方向，称为叶片的安装角。β_1 是叶片的进口安装角，β_2 是叶片的出口安装角。安装角是影响风机性能的重要几何参数。速度 c 与 u 之间的夹角称为叶片的工作角。α_1 是叶片的进口工作角，α_2 是叶片的出口工作角。

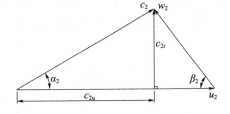

图 10-11　叶片出风口气流速度三角形图示

为了便于分析，通常将绝对速度 c 分解为与流量有关的径向分速度 c_r 和与压力有关的切向分速度 c_u。前者的方向与半径方向相同，后者的方向与叶轮的圆周运动方向相同，从图 10-11 中可以看出

$$c_{2u} = c_2 \cos\alpha_2 = u_2 - c_{2r} \mathrm{ctg}\beta_2 \tag{10-2}$$

$$c_{2r} = c_2 \sin\alpha_2 \tag{10-3}$$

速度三角形清楚地表达了流体在叶轮流槽中的流动情况。

2. 传质洗气机叶轮中流体流动情况

图 10-12 所示是传质洗气机叶轮示意，传质洗气机叶轮具备传统叶轮的全部特征和特点外，与传统叶轮的不同之处是：（1）叶轮的后盘为锥形；（2）进口直径与出口直径的比值较大；（3）叶片沿进口直径的切线方向，工作角和安装角全部为零。这样的目的一是叶片进口处不消耗能量；二是出口处绝对速度的切向分速度较小，径向分速度较大，能量消耗较小。

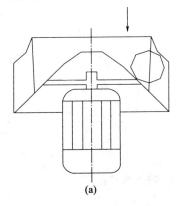

(a)

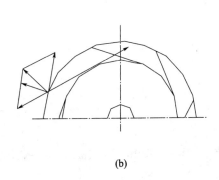

(b)

图 10-12　传质洗气机叶轮示意

10.4.2 气液二相流在旋转的传质洗气机叶轮中的流动情况

当叶轮旋转时，气液二相流便沿轴向以绝对速度 c 自叶轮进口处流入，气液二相流质点流入叶轮后，进行着较单一流更复杂的复合运动，除了分别符合以上的流动情况分析外，由于它们的介质密度不同，物理特性不同，还会导致动坐标系统和静坐标系统都有各自不同的运动。除此之外，它们之间还存在相互影响。

如图 10-13 所示，液相以分散相与气相混合进入叶轮流道，叶轮高速运动，叶片对于气液两相都在做相对运动，由于液相的质量比气相大得多，液相或液滴会冲向叶片，又由于气相的压力作用，液滴在叶片上形成层流液膜，流体的物理性质和流体的黏滞性，使气液两相产生相对速度，即速度差，层流液体受气相的压力作用，与叶片的摩擦力加大，反之，气相由于液膜的作用，摩擦力较单一流动时要小。为了更好地进行说明，图 10-13 以气液两相界面为基础，先画出相界面速度三角形，得出相界面绝对速度，再根据气液两相不同的相对速度画出不同的速度三角形，以求出气液两相的绝对速度，最后根据气液两相的绝对速度求出气液两相的切向分速度，由此得出液相的切向分速度要大于气相的切向分速度。

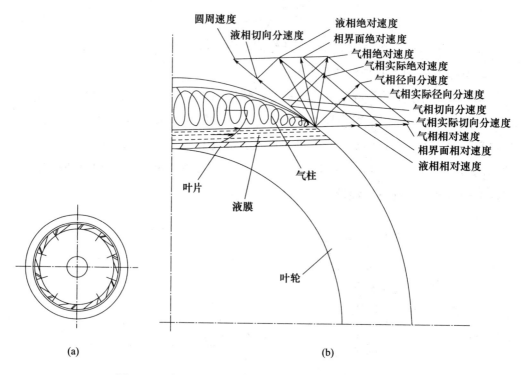

图 10-13　气液二相流在旋转的传质洗气机叶轮中的流动

另外，由于气相在叶轮流道中受到挤压，离开叶轮流道后，挤压解除、空间放大，实际的气相绝对速度要比理想的气相绝对速度小得多，所以气相的切向分速度比原分析的要小。

10.4.3 外加动力与二相流能量变化之间的关系

当分析了传统叶轮与传质机叶轮中流体的运动之后，就可以进一步利用动量矩定理来推导叶片式传质机的基本方程。为了简化分析推导，首先对叶轮的构造、流动性质做以下三个理想化假设，从而得出理论基本方程，然后再对理论方程做进一步的修正。

三个理想化假设为：（1）流体在叶轮中的流动是恒定流。（2）叶轮中的叶片数无限多、无限薄。根据这一假设，就可以认为流体在叶轮中运动时，各流线的形状与叶片形状相同。任一点的速度就代表了同半径圆周上所有点的速度。也就是说同半径圆周上流速的分布是均匀的。（3）将流体作为理想流体对待。这样，在流动过程中，没有能量损失。

根据动量矩定理，单位时间内流体动量矩的变化等于在同一时间内作用在该流体上所有外力合力的力矩。

图 10-14 所示为作用在离心式风机叶槽内流动流体的作用力。经过 dt 时间间隔，流段从位置 $abcd$ 移动到 $efgh$，流体薄层 $abef$ 流出了叶槽。根据连续性的定义，薄层 $abef$ 等于薄层 $cdgh$，设这个薄层的流体质量为 dm。根据上述恒定流的假

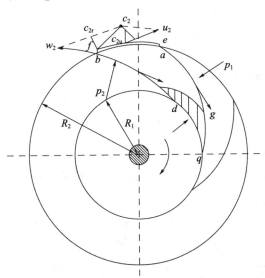

图 10-14 作用在离心式风机叶槽内流动流体的作用力

设，叶槽内 $abgh$ 部分的流体，在 dt 时间间隔，其动量矩没有产生变化，因此叶槽内整股流动流体经过 dt 时间其动量矩的变化等于质量 dm 的动量矩变化。

如上所述，在叶轮的入口和出口处，其绝对速度 c 可分解为径向分速度 c_r 和切向分速度 c_u。由于径向分速度通过叶轮的转轴中心，不存在动量矩，因此，在计算动量矩变化时只需要考虑切向分速度。应用动量矩定理可以写出

$$\frac{dm}{dt}(c_{2u}R_2-c_{1u}R_1)=dM \tag{10-4}$$

式中　dm——作用在某叶槽内流股上的外力矩；

R_1、R_2——叶轮进口和出口处的半径。

如图 10-14 所示，作用在某叶槽内流股的外力有：

（1）叶片迎水面和背水面作用于流体的压力 P_1 及 P_2；

（2）作用在过流断面 ab 和 cd 上的液体压力 P_3 及 P_4。P_3 及 P_4 均通过转轴中心，所以对转轴没有力矩；

（3）由于研究对象为理想流体，摩擦阻力 P_5 及 P_6 不考虑。将式（10-4）推广到流过叶轮全部叶槽的流体流动，关系式可相应写为

$$\frac{m}{dt}(c_{2u}R_2-c_{1\mu}R_1)=M \tag{10-5}$$

式中　m——经过 dt 时间间隔流入叶轮的流体质量，也等于流出叶轮的流体质量；

M——作用在叶轮内整个流股上的外力矩。

设通过叶轮的流量为 Q_T，流体的容重为 γ，则单位时间内通过叶轮的质量为 $\frac{m}{dt}=\frac{\gamma Q_T}{g}$，代入式（10-5）得

$$M=\frac{\gamma Q_T}{g}(c_{2u}R_2-c_{1u}R_1) \tag{10-6}$$

式中　Q_T——通过叶轮的理论流量。

根据理想流体的假设，叶轮上的轴功率全部传递给叶轮中的流体，所以理论轴功率 N_T 为

$$N_T=rQ_TH_T \tag{10-7}$$

N_T 可以用外力矩 M 和叶轮旋转角度 ω 的乘积来表示，即 $N_T=M\omega$，代入式（10-7）并整理后，可得

$$H_T=\frac{M\omega}{\gamma Q_T} \tag{10-8}$$

代入式（10-6）得

$$H_T=\frac{\omega}{g}(c_{2u}R_2-c_{1u}R_1) \tag{10-9}$$

又由于 $u_1 = R_1\omega$、$u_2 = R_2\omega$，代入式（10-9）可得

$$H_T = \frac{1}{g}(u_2 c_{2u} - u_1 c_{1u}) \tag{10-10}$$

式（10-10）就是离心式风机欧拉方程的基本方程。

从基本方程可以看出：

（1）流体从叶轮中所获得的压力，仅与流体在叶片进口及出口处的运动速度有关，与流体在流道中的流动过程无关。由于 $c_{1u} = c_1\cos\alpha_1$，当 $\alpha_1 = 90°$ 时，$c_{1u} = 0$，此时方程可写为

$$H_T = \frac{u_2 c_{2u}}{g} \tag{10-11}$$

为了获得正压力（$P_T > 0$），就必须使 $\alpha_2 < 90°$。α_2 越小，风机的理论压力就越大。

（2）理论压力 P_T 与 u_2 有关，而 $u_2 = \dfrac{n\pi D_2}{60}$。因此，增加转速 n 和加大叶轮直径 D_2，可以提高风机的理论压力 P_T。

（3）流体所获得的理论压力 P_T 与被输送的流体种类无关（与容重 γ 无关）。对于不同流体，只要叶片进、出口处流体的速度三角形相同，就可以得到相同的 P_T。但是，当输送不同容重的流体时，传质机所消耗的功率是不同的。γ 越大，传质机所消耗的功率就越大。因此，在被输送的流体 γ 不同而理论压力相同的情况下，原动机所需提供的功率消耗是完全不同的。

根据欧拉方程和气液二相流在旋转传质机叶轮中的流动分析，液相高的切向分速度有助于气相的压力提高，因此高速度雾化后的液滴在气相的后面，以分散相且高于气相的切向分速度推动气相沿切向前进，使之提高切向分速度，即搭桥效应，从而提高气相的压力，使能量得到充分利用。

根据欧拉方程得知，流体密度大，能耗就大。由于液相密度大，传质机能耗较气相大。但由以上分析得知，液相雾化后能提高气相的切向分速度，从而使能量得以回收。传质介质不同或液气比不同，所消耗的能量也不尽相同（由于气相在机壳中的运动速度较慢，要多次受到分散状的液相沿前进方向的冲击，使之能多次提速，有效利用能量）。

10.5　离心式洗气机内部流场分析

离心式洗气机与旋流式洗气机有相同之处，但在结构和机理上与其也有很多不同之处。离心式洗气机大部分都是立式运行的，这种方式有利于布水均匀，同时便

于液相的运行、运动，以及脱水器的运行及使用。

　　和旋流式洗气机相比，在同样的工况下，离心式洗气机的效率要高出许多，多用于烟尘及高温的工况及场所，对细微固相颗粒也有很好的效果，其机理分析如图 10-15 和图 10-16 所示，气液固混合相流从上方进入，随叶轮高速旋转，洗涤后进入脱水器，在脱水器的作用下，气相从上出风口排出。液固混合相（图中冷色部分越深，液滴越密集）在离心力的作用下，洗涤液与洗涤气体后延壳体壁受重力势能的作用汇集，在脱水器下方分离筛的作用下，最终从下出风口排出。旋流式洗气机中气固分离时液相只参与过一次，而离心式洗气机中气固分离时液相则要接触数十次以上，冲洗次数公式为：

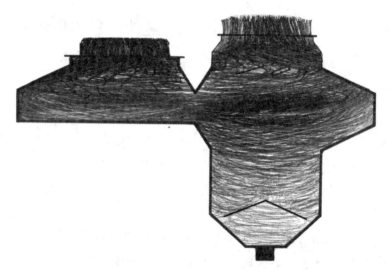

图 10-15　加入喷淋后离心式洗气机内部流场（侧视图）

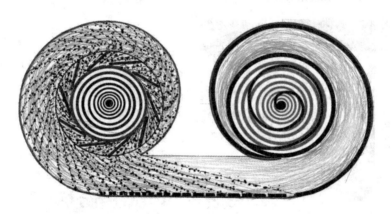

图 10-16　加入喷淋后离心式洗气机内部流场（俯视图）

$$N = \frac{\overline{V}}{V} \cdot Z \cdot tn \cdot \frac{6}{60} \tag{10-12}$$

式中　　N——质点到出风口的被冲洗次数；

　　　　$\overline{V}$——叶轮外缘的线速度；

　　　　V——质点的运动速度；

　　　　Z——叶片数量；

　　　　t——质点到出风口的时间，$t=\dfrac{v}{s}n$（s、距离）；

　　　　n——叶轮的转速（r/min）。

　　说明：当洗气机工作时，质点（A）在蜗形流道内运动，一般情况下可以按20m/s设计，而叶轮旋转产生的线速度一般要在3倍以上，通过试验发现，叶轮叶片的数量在16片时比较好。

　　下面分析离心式洗气机内部布水过程（图10-17）。在A区气体流动方向自轴向向径向改变，并顺叶轮转动方向旋转，旋转速度或线速度自圆心沿径向逐渐加大，洗涤液自圆心由布水器呈同心圆状运动，到布水器边缘时，洗涤液呈辐射状沿布水器切线方向运动，与气体混合进入B区。

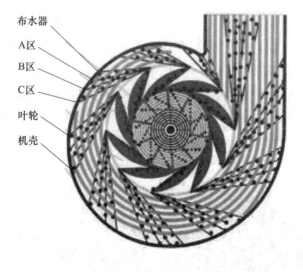

图10-17　布水过程

　　当混合体进入B区时，空气与质量较轻的气溶胶的速度较快，洗涤液由于比重较大，速度较慢，但是叶片的速度要比它们快得多，而当较慢的大颗粒洗涤液撞到叶片时，受到叶片的高速冲击，在叶片上形成液膜，液膜在极短的时间内，又被气流冲撞而破碎，变成极小的颗粒即雾状，并在此时得到了叶片的离心力及很高的线速度。

　　在叶片外缘雾状的洗涤液与空气中的气溶胶组成混合体，并以叶片外缘的线速度沿叶片旋转的切线方向射出进入C区，此时，混合体中由于比重（质量）大小不同，不但存在着相对运动，而且还存在着运动方向的不同，有着更独特的运动特性。

由于叶片的速度较气流的速度快得多，每个叶片流出的气体都要受到其他叶片甩出的洗涤液的多次拦截、冲击、凝聚，最后到机壳的内壁汇集，使洗涤液与气固混合相充分接触，反复洗涤，从而达到明显的除尘净化效果。

10.6　旋流洗气机内部流场分析

10.6.1　内部流场分析

旋流式洗气机的结构是线性结构，即进风排风在同一轴线上，它的分离过程的特点是气固混合体自进气口到出气口，除要完成固相换乘转移的过程外，还要完成气液的分离过程。

旋流式洗气机的特点是进口与出口在一条轴线上，这样占地少，管道容易布置。虽然如此，但在长度方向上仍然要越短越好。因此，如何在最小的空间、最短的距离内完成传质和交换，然后完成分离是非常重要的。

虽然分离是在传质过程完成之后，但是真正要使分离过程完成到位，还要从传质过程研究开始。此处值得强调的是，洗气机中的分离过程本质上属于湿法分离，是完成气体和含有固相颗粒的洗涤液的气液分离过程（图10-18）。

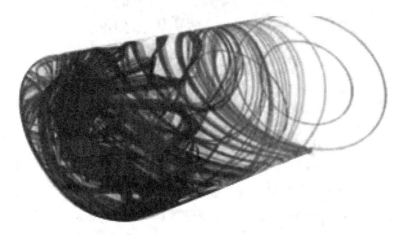

图 10-18　气固（液）分流示意

在旋流式洗气机工作时，气流与含有固相颗粒的洗涤液的运行轨迹是三维的，由于它们的相态不同，运行轨迹是不同的，也正是由于运行轨迹的不同，才有着很高的传质效率。

旋流式洗气机气流在离开叶片后至出口都是一个旋流运动的过程。

图 10-19 所示为加入喷淋后除尘洗气机内部粉尘固体颗粒轨迹。从图中可以看出，在加入喷淋之后粉尘固体颗粒轨迹发生明显的变化，轨迹线相较于未喷淋前变得光滑，这是因为粉尘固体颗粒在接触喷淋水雾液滴后，被水雾液滴所吸附，质量变大，惯性力增大。粉尘固体颗粒首先经过叶轮叶片旋转区域，在此处粉尘固体颗粒与水雾液滴剧烈运动，碰撞融合非常明显，大部分直接撞击到叶片，被覆盖的水膜捕捉，绝大部分含尘空气在叶轮区域完成净化，剩余粉尘固体颗粒、粉尘固体颗粒和水雾液滴的融合体及水雾液滴会继续向前运动，到达导叶片附近，再次被捕捉，最后只有极少量的粉尘固体颗粒从排风口逃逸出去，除尘效果很明显。

图 10-19　加入喷淋后除尘洗气机内部粉尘固体颗粒运动轨迹

10.6.2　旋流的形成

当叶轮高速旋转时，叶轮做圆周运动，气液两相流的轨迹是不同的。

（1）液相离开叶片后沿着叶轮的旋转方向切向射出，然后在筒壁内壁表面汇集，在轴向上是叶轮切线方向。

（2）气相在叶轮叶片的作用下，轴向上是在前盘和后盘的角度作用下向斜向（约 45°）方向运动，然后绕电机筒做旋流运动。

（3）基于以上的分析，液相在洗气机内表面汇集，由于液相的物理特征即连续性，气相在离开叶片后呈旋流态运动，由于气相的旋转产生离心力的作用，液相在内表面形成一层液膜，液膜又在气相的推动下向后方移动。

当气液相继续下行时，由于强力的旋转，气液形成明显的层流，此时由于重力场的作用，液相开始聚集，聚集后的液相在气流的强力作用下开始出现液泛现象为避免液泛现象发生，在距内表面 10～20mm 处安装一个气液分离圈，其作用是将液相导入一个缓冲区，由于气液分离圈是圆锥体，在圆锥体和内表面之间形成一个缓冲区，在此区域内气流得到减速，液相平稳聚集得以推出。

经过分流后的中心气流在分离圈内继续做旋流运动，此时残留在气流中的液相颗粒，在离心力的作用下黏附在圆锥体内表面，并不断汇集成可以流动的液相流，在圆锥体的末端从分流栅处排出，在重力场的作用下进入缓冲区内，完成第二次分离。

经过气液分离圈的旋转，气流到旋流式洗气机出口之间有一过渡段，这个过渡段叫作气液筛，它由多孔板制作，主要有三个作用：一是将缓冲区的气流排出，二是克服旋转气流对缓冲区的气流干扰，三是对旋转气流中的液相颗粒进行第三次分离，此时就完成了气液分离。

第十一章　洗气机的设计方法

11.1　概　　述

洗气机技术在过去 20 多年的研究应用中成果卓著，已经达到了一个新的高度。可完全替代传统的塔体结构，从而完成传质过程中的净化过程，该技术在投资、能耗、效率等各项经济指标中也有着非常突出的表现。前面章节已经从原理上对洗气机进行了系统的介绍，本章将介绍洗气机的设计方法。

洗气机的设计方法主要指洗气机系统的设计。所谓系统设计是指工程设计，即工程应用设计，由于洗气机的工作对象千差万别，因此除了主机是标准型外，其他的附属配件及配套设备要进行不同形式，不同形状的组合，为了使系统运行达到最优化，我们要精心设计。

11.2　洗气机的选型

11.2.1　用途选型

洗气机广泛应用于各种领域，如化工领域和环保领域。在化工领域范围内，主要用于"三传一反"传质过程，因此对设备的传质有更高的要求。由于传质过程伴随着温度要求和其他工艺要求，选型应以离心式洗气机为主，再根据压力要求进一步选择该范围压力下的洗气机。

在环保领域，由于范围太广，选型时要根据污染性质来确定。例如常态的机械粉尘可选旋流式洗气机，炉窑类尾气可选离心式洗气机；对于餐饮油烟和工业油烟则应区分选择，餐饮业应选择旋流式洗气机，工业则选择离心式洗气机较好。

11.2.2 功能选型

所谓功能选型就是除了以上用途外，还有其他的要求或功能要求。例如要满足压力要求的锅炉及其他的窑炉均有压力的要求，而且还要求精准度。因此要根据要求的具体参数进行选型，一般情况下以离心式洗气机为主。

在一般情况下对旋流式洗气机的选型中也有特殊的情况。例如导流中管路复杂，对压力要求高，就要选择同类型号中压力参数符合要求的型号。

在化工领域对功能性的要求更繁杂一些，由于化工种类繁多，在设备选型设计上更应该突出精准度。

11.2.3 配套件的选择

洗气机导流要求是一个完整的系统。因此，对配套件或配套设备的选择设计也是十分重要的，系统运行的稳定，只靠洗气机本身是远远不够的，配套件、配型配件或零配件的稳定性不可忽视，在常规的设计中有管网设计、水系统设计、电控系统设计。

11.3 离心式洗气机系统设计

离心式洗气机之所以称为离心式是因为其形式更接近离心式风机，除此之外，它的性能曲线也与离心式风机的性能曲线相差无几。只是在此基础上增加了传质功能或净化功能，因此称为离心式洗气机。

离心式洗气机由于自身的结构特征，有更广泛的应用领域及适应性，在大领域中有化工领域及环保领域，在化工领域中有煤焦化、石油化工等诸多领域，在环保领域中则有冶金、建材、医药、矿业等领域，由于应用场所、环境的不同，系统设计也不尽相同。

化工领域系统设计：在化工领域的系统设计中，离心式洗气机体现两个功能，一是传质功能，二是为气相流体提供动力。因此在系统设计中掌握原始参数或数据，如流量、压力等，根据这些参数计算出所需功率及洗气机各结构尺寸，同时设计时留有 20% 左右的余量，以备特殊情况下有调节的余地。在化工领域系统设计中，由于洗气机只替代传质塔和风机，其配套部分无须另行设计。洗气机系统设计在材料选择时，要注意防腐问题，电机选型时要注意是否防爆等问题。

环保领域系统设计：在环保领域的系统设计中，洗气机的功能是替代其他形式的污染防治设备及风机，因此在系统设计时要掌握污染介质的物化特征、尾气的量及所需的压力，以此来设计洗气机。除此之外，洗气机的配套系统几乎要全部进行设计，即使具备原有的一些设备，也要进行数据参数核实，看其是否符合要求或需要。

通过选型选定设备种类型号后，要进行具体设计，设计完成后确定具体型号。具体设计前要掌握设计需要的参数及工况，如对一台锅炉进行除尘脱硫的设计，就要先对锅炉的型号参数及系统组等进行确定。

所谓系统设计就是上述的管网设计，在管网的设计中有风量、风压、风速、功率的计算，有材料、材质的选择；在设计计算风量时，要区别工况风量和标况风量。在常温常态下，工况风量和标况风量比较接近时，可以不考虑工况（热态）和标况的区别。当热态和标况相差 15℃以上时，就要考虑二者的区别，一般情况下多数按热态进行设计计量。管网的风速是一个很重要的指标，要确定风速，首先要看其（气相）所携带的物质的特征。

（1）温度：输送的温度与阻力或压降有关。

（2）湿度：输送介质的湿度大就要考虑管网的结露问题，防止结露的速度要大于 12m/s。

（3）噪声：气流在管道内流动，速度超过 15m/s 时就会有气流噪声产生。

（4）堵塞：气流中的固相颗粒或粉尘因各种粉尘的物理特征不同，在管道中随气流运转的速度也不同，所以在设计时要考虑气流中的固相颗粒不停留的风速。

（5）管网阻力也是一个很重的指标，它关系到系统能否正常运行和能耗指标，因此设计时要把管道流通面积控制在一个合适的范围。同时，最大限度地减少系统阻力，如采用弯头、变径等设计。

（6）材料的选择要综合考虑，即强度要足够用而不浪费。

（7）材质的选择要考虑气流的化学特性的酸碱度如何，需考虑气相的化学特性（如酸碱度）如何，与必要的防腐处理措施是否匹配。

（8）路径的选择：①室外还是室内；②空中高架还是地下暗埋；③管路的长度是否要有补偿器（膨胀节）、振动环境的处理是采用积极隔振，还是消极隔振。

（9）除了对气速噪声要有措施外，对机械噪声也要按标准控制，要符合相关标准的要求。

11.3.1　洗气机主机设计

离心式洗气机由两大部分组成，一部分是主机，另一部分是脱水器（图 11-1）。

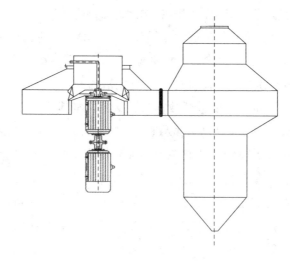

图 11-1　离心式洗气机

离心式洗气机的主机由电机及传动组、叶轮、机壳、进风口 4 部分组成（图 11-2）。

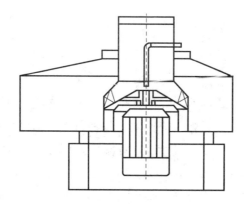

图 11-2　离心式洗气机的主机

11.3.2　洗气机电机及传动设计

由于洗气机的进风口向上，叶轮水平转动，电机及传动采用立式电机传动，小型洗气机可采用立式电机直接传动，大型洗气机或在高温场所可采用间接传动，间接传动轴承箱可以采用同型号的电机壳（无铁芯）为传动轴承箱，电机壳为 B35型，电机为同型号的 B5 型。

采用间接传动方式的传动箱或轴承箱的设计应考虑到标准型立式轴承箱。因此采用同型号的电机壳和电机轴做好传动箱，由于电机壳和电机轴是标准件，符合设计原则，在应用上得到了极大的方便，同时由于传动组没有定子和转子的铁芯部分，**轴承的散热及过热问题也得到了解决。**

由于设计选型为 B35 型，壳体与洗气机的连接强度足够，轴承的强度问题由于没有转子铁芯的载荷，轴承的轴向推力远大于叶轮的重力。因此，无论是散热问题还是强度问题，标准件的问题均得到较完美的解决。B35 型传动机壳结构如图 11-3 所示。

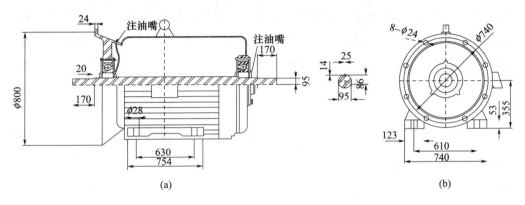

图 11-3　B35 型传动机壳结构

11.3.3　叶轮设计

离心式洗气机叶轮设计与旋流式洗气机叶轮在开始阶段是一样的，通过实践应用发现，上、下盘的角度应做一些调整，现在的上盘角度为 45°，下盘的水平夹角为 30°。一个原因是离心式洗气机叶轮不需要向后有太大的推力，因为它是以离心运动为主的，另一个的原因是气流的水平运动与洗涤液的水平方向接近，更有利于传质功能的实现。

除了以上的变化外，离心式洗气机的应用较旋流式洗气机更加广泛更加适用于重要特殊的场合，对叶轮进行非标设计以适应这些场合，尤其要满足工艺需求，针对叶轮就会有更高、更精确的性能要求。

11.3.4　机壳设计

离心式洗气机脱胎于离心式风机，其机壳同样脱胎于离心式风机的机壳。由于洗气机的机壳除了要保风机功能之外还要附加其他的功能。因此，洗气机的机壳要和离心式风机的机壳有所区别。

离心式风机的机壳多为扁平蜗壳形，而洗气机的形状更接近蜗牛形状，这是因为机壳除了要符合空气动力学性能外，还要符合洗气机叶轮运动的需要，或者说气液传质的需要，它和离心式风机的机壳的区别有两个：一是上壳板，二是下壳板。离心式风机机壳的这两块板都是平的，而离心式洗气机上壳板是中心向上的螺旋板

结构，这是要符合叶轮形状的要求；下壳板是中心向上的凹形结构，这是气液交换时，要防止漏液问题发生，同时有利于传质功能的发挥，下壳板的主要功能是固定电机或传动轴承箱。因此，下壳板的强度要比上壳板大许多，除此之外，下壳板还有一个防水圈，防水圈的直径和叶轮外缘相等，高度上只要不与叶轮发生摩擦即可，因为在工作时机壳的各处压力不等，所以高压区气流向低压区流动，气流流动的同时也将洗涤液带向低压区，此流动要经过中心带，有可能将液体带进电机或传动轴箱的中心处，液体进入轴承或电机中，造成事故隐患。因此安装防水圈以防止故障发生。

11.3.5 进风口与出风口设计

（1）根据所需风量设计叶轮确定进风口及与进风口连接的法兰，法兰内径等于叶轮外缘尺寸（D）加 20mm 间隙。

（2）根据风量计算出风口的截面积，然后按高∶宽＝2∶3 的比例计算出实际出风口的尺寸，出风口的风速按 20m/s 取值。

$$x = \frac{2}{5}\sqrt{\frac{Q}{72000}} \tag{11-1}$$

式中　Q——量风（m^3/h）；

　　　x——边长系数（mm）。

求出边长系数，高为 $2x$，宽为 $3x$，然后修正取整数。

【例 11-1】$Q = 10000$ m^3/h

$x = 0.149m$

$x = 149mm \approx 150mm$

出风口尺寸为 300mm×450mm。

（3）出风口尺寸确定后，其中的宽边就是蜗形底板，中心圆是电机或传动箱安装区域，其直径取决于电机或传动箱，设计时要考虑安装维修空间，一般情况下也可以按叶轮的最大直径取值，取值范围比叶轮小 100mm 左右即可。

（4）底板画法：蜗形底板的外轮廓线的画法有多种，其中有两种用得较多：一种是四心法，另一种是渐开线法，渐开线法简单一些，精准度较高，所以洗气机的设计制造用渐开线法比较多。具体画法如下：

①确定基圆，以出风口的宽除以 π 为基圆直径。

②用基圆周长加上基圆至出风口内边的距离为半径。

③用线绕基圆一周后，以出风口内边与中心相交处为起点做渐开线。

（5）确定上斜板：上斜板的高度为 $\frac{b}{2}$，上斜板下边与蜗形围板（外围蜗板）相交，上边与工艺短节相交。

（6）确定内围板和电机固定盘的尺寸：一般情况下先将叶轮的叶片高度的中心与外围蜗板高度的中心对齐，然后确定内围板和电机固定盘的高度。

（7）防水圈的确定：防水圈的直径与叶轮外缘相等，高度自底板起与叶轮不发生摩擦即可。

11.4 旋流式洗气机系统设计

11.4.1 概述

旋流式洗气机多用于常温常态的场所及常规性的机械性粉尘，从目前来看主要有两个大领域：一是矿业粉尘的环境，二是工业餐饮业油烟环境。由于旋流式洗气机是洗气、净化、脱水、通风为一体，其体积较小，能以多种形式安装使用，如水平式、正立式、例立式、机罩一体式、吊装式、落地式等。旋流式洗气机结构如图11-4所示。

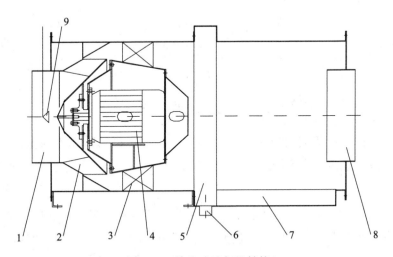

图 11-4 旋流式洗气机结构

1—进风口；2—叶轮；3—导流片；4—电机总成；5—脱水环；

6—排水口；7—排水槽；8—出风口；9—喷水口

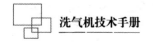

11.4.2　叶轮设计

1. 结构解析

旋流式洗气机叶轮立面和平面示意如图 11-5 和图 11-6 所示。

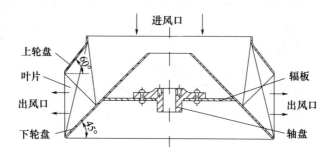

图 11-5　旋流式洗气机叶轮示意（立面）

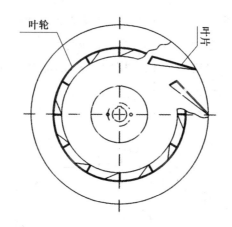

图 11-6　旋流式洗气机叶轮示意（平面）

叶轮设计的理论基础是流体力学中的 3 个相似理论，即几何相似、运动相似、动力相似，首先确定标准型母机，经实际测试得出各参数，然后根据换算公式推导出系列型号。

标准母机叶轮的确定：最大直径 $\phi600$，进风口直径为最大直径的 0.8 倍，上轮盘为与水平夹角 60° 的锥形体，下轮盘为与水平夹角 45° 的锥形体，叶片高度按出风边为最大直径的 27.5%，叶片形状为带刃直板，进风边 $\alpha=90°$，出风边 $\beta=30°$，叶片数量为 10 片。叶轮的结构及形状是经过理论实践、经验和试验而得出的，它的每一部分组成都有其意义和作用。

上盘的作用是与若干叶片和下盘组成一个能产生离心力的气流流道，它为底边形成 60° 夹角，以弥补叶片进风边和出风边由于直径变化而引起的流道截面变化的差，其直径大小可因具体情况增大或缩小，其变化调整范围在 $0.5\sim0.9\phi$，一般情况可以 0.8ϕ 为标准型的进风口尺寸，进风口向外翻边一是增强上盘的强度，二是与管道进风口的间隙配合，比较容易控制其配合精度，上盘的材料厚度可以比下盘厚度小 $1\sim2mm$。

2. 叶片

叶轮的叶片由 $16\sim24$ 片组成，当叶轮转动时叶片之间的气流流道内的气流随叶轮转动产生离心力，由于叶片可以按不同的角度制作，洗气机的空气动力学参数也可随其角度不同而变化，这点是符合风机特性的，除了叶片角度变化而导致参数变化外，叶片的长短高低的变化同样可以改变洗气机的参数，在叶片数量不变的条件下，叶片增长，可使风压增加，反之则减小；叶片的高度增加，可使风量增加，反之则减小。这些都是随算术级数而变化的。

洗气机叶轮的叶片除了风机的空气动力学功能外，还能使洗涤液雾化或气化，完成传质的功能，称为洗涤功能。

当叶轮转动时，水或洗涤液在泵的压力下撞击在叶轮布水器的中心，在布水器及洗气机负压的作用下，洗涤液呈伞状进入叶轮的流道内。洗涤液滴在高速旋转的叶片表面形成一层水动态膜，水膜由叶片的进风边向叶片的出风边移动。当水膜移动到出风边时，受到 $40\sim100m/s$ 的线速度及相当于上千倍重力加速度的离心加速度的作用，水膜或液膜被撕裂、雾化或气化，此时以相当于 $1000\sim2000$ 倍重力加速度的离心加速度对污染物进行洗涤。

3. 下盘

下盘的作用是承载叶片和上盘质量并传递动力，它的内部有一圆盘与轮毂铆接相连，下盘为锥形结构，与底边的夹角为 $45°$，其目的和作用是工作时防止洗涤液进入中心的电机轴承内及叶轮的重心，使之不能形成力矩，还有一个更重要的作用就是引导气流，这样更符合流体力学特征，同时可以提高机械效率，使气流离开叶片后以 $45°$ 的旋转角做旋流运动，也正是如此的运动造成气流与洗涤液的运动方向不同，才能得到非常高的传质效率和净化效率（洗涤液沿叶轮的切线方向运动），在设计选择材料时，对强度的要求是很重要的。

叶片在叶轮设计中，常规的设计为叶片进风边的上顶的尺寸与叶轮进风口是同一尺寸，在实际设计应用中，叶片的上顶尺寸可以小于叶轮的进风口，如叶轮的进风口为 $0.8D$，叶片的上顶直径可以为 $0.9D$，这样可以增加叶片的数量，而不减小强度，叶片数量增加可以提高传质或净化效率。

4. 轮毂及轴盘

轮毂与电机轴配合通过轴盘连接叶轮、灰铸铁铸造轮毂，经机械加工与轴铆接成一体。

叶轮的整体结构设计遵循风机的相似理论中的几何相似、大小型号不同、结构比例不变的原则，以叶轮最大外缘尺寸 D 为基准，则叶轮进风口 $\phi=0.8D$，叶顶高 $\phi=0.85D$，叶根 $\phi=0.8D$，叶片高 $h=0.25D$，叶片数量据实际而定，一般可取 16～24 片。

11.4.3　电机及电机筒设计

电机是根据叶轮的型号大小配置的，在标准型配置中，按电机转速的级数分为二级和四级两个系列，叶轮在工业应用中，四级系列可以以 3 号为起点，以半号为一节点，即 3 号、3.5 号、4 号、4.5 号……电机则为 0.7kW、1.1kW、1.5kW、2.2kW 按序排即可（详见附录Ⅱ中的性能参数表）。

在二级系列（电机转速为 2900 r/min）的设计中，由于其与四级的区别是转速提高了 1 倍，在同型号叶轮结构尺寸不变的情况下，按照性能变化公式计算，风量增加 1 倍，风压增加 3 倍，功率则增加 7 倍，所以在型号标准设计时，不能简单照此设计，必须将参数进行调整或修正。

进行二级系列设计的主要目的是提高风压，同时可提高传质效率和净化效率，如果将处理风量保持与四级（电机转速为 1450 r/min）同等，则仍然能得到 4 倍的风压，那么将叶轮的叶片高度下降一半，就会得到与四级系列同等的风量、4 倍的风压及 4 倍的功率。

设计依据公式为

$$\frac{Q_1}{Q_2}=\frac{h_1}{h_2};\ \frac{P_1}{P_2}=\left(\frac{h_1}{h_2}\right)^2;\ \frac{N_1}{N_2}=\left(\frac{n_1}{n_2}\right)^3 \tag{11-2}$$

式中　Q——风量；

n——转速；

P——全压；

N——功率；

h——叶片高度。

在二级系列的设计应用中，由于功率的增加，电机外形尺寸也相应增加，再加上电机筒的通风速度影响通风量，通道变窄、轴向速度加快会影响脱水效果。因此，采用双电机串联结构（图 11-7），这样既不影响脱水，又能保证电机功率的发挥。

洗气机工作时叶轮转动，有左旋和右旋，面对电机顺时针为右旋，逆时针为左旋，在没有特殊要求的情况下都应按右旋设计制造及使用。

电机工作时会产生热量，因此电机筒设计时要求有散热设计，散热形式分为开

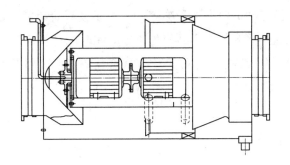

图 11-7 双电机串联旋流式洗气机

放式散热和封闭式散热。开放式散热是利电机散热风扇将电机筒外的冷空气吸入散热后排出电机筒外，封闭式散热是电机筒内的空气利用电机散热风扇使电机筒内的空气前后循环运动，通过电机筒外壁散热达到保护电机的目的。

11.4.4 旋流式洗气机脱水部分设计

洗气机的脱水部分是洗气机非常关键重要的部分，而且是比较复杂的部分，通过多年的理论探讨和无数次的试验和总结，终于取得了一定的收获。

洗气机工作时，传质介质或洗涤液在高速离开叶片外缘后沿叶轮的切线方向运动，从叶片外缘到筒壁的距离就是完成传质或净化的距离（图 11-8）。由图及公式计算可以看出传质或净化过程是在很小的空间内完成的。

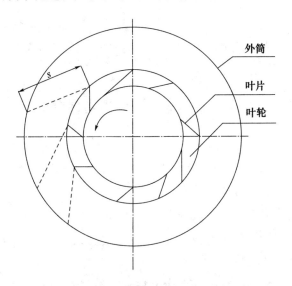

图 11-8 叶轮内部传质或净化的距离示意

旋流式洗气机叶轮做旋流运动，它的轴向分速度要不大于 12m/s，它的轴向速度是由外筒与电机筒之间的流通面积决定的，为了使设计计算简单化，选择了当量速度，即以洗气机在外筒内的整个面积为流通面积时的计算速度，为 8～10m/s，这个速度可以作为液相介质或洗涤液不产生二次雾化的速度，以保证脱水过程的完成。脱水器的结构如图 11-9 所示。

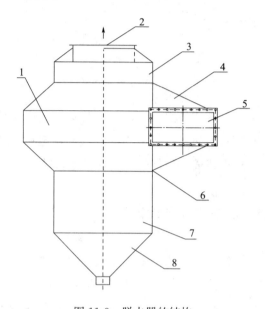

图 11-9　脱水器的结构

1—蜗壳围板；2—出风口；3—上筒体；4—上斜板；5—进风口；

6—下斜板；7—下筒体；8—下锥体

脱水器是洗气机的一个重要组成部分，它承担着污染物由空气转入洗涤液中后，使洗涤液与空气最大限度地分离的功能，分离效果直接影响洗气机的性能。

11.5　叶轮设计参数计算

（1）确定参数：Q（m^3/h），风压 P（Pa），电功率 N（kW）。

（2）确定洗涤介质及传质介质要达到的指标。

（3）确定工况、温度、湿度及介质相态（气、固、液）。

（4）参考或参照标准系列参数，先选择洗气机参数，再选择风机参数，然后确定相同或相近的参数或指标。

（5）通过工况参数与标准系列参数进行换算修正。

（6）优选与洗气机标准系列靠近的型号参数，然后进行修正。

①向下修正法：对于风量和风压，若其中一项合适，则另一项的标准参数要大

于实际参数。

a. 风压确定：当标准风量大于实际风量时，可将叶片高度按等比减小，公式为

$$\frac{标准风量}{实际风量} = \frac{叶片标高}{叶片实际高度} \tag{11-3}$$

电机功率可按同比选择，如果下调幅度不够，下一档使用就可以不调，保持原型号，实际工作时可通过变频器微调。

b. 风量确定：当标准风压大于实际风压时，可以通过减少叶片数量或减小叶片角度的方式来实现，如果差距不大可通过变频器调节，设计时要考虑其他介质情况是否会受影响。

c. 选择顺序：第一，确定工艺要求或指标，根据传质或净化需要确定转速或线速度，保证目标的实现。第二，确定风压，在保证工艺要求的条件下，选择风压参数，根据风压参数选择风量，风量要等于或高于实际，然后用向下修正法，修正风量。第三，确定风压，一般情况下只用第二条风压确定法，由风压确定风量比较简单，而通过风量调整风压比较复杂。第四，功能计算，根据换算公式计算标准功率与实际功率的差，可根据具体情况而定。

②向上修正法。

a. 增速：通过变频器调速，可根据工作介质、风压、风量的要求采用功率较大的电机，通过调整频率的方式满足要求，调频时向上调整不受工频限制，只要使用电流不超过额定电流即可。

b. 设计叶轮时，可通过增加叶片高度调节风量，通过增加叶片数量和叶片角度及叶片长度3种措施提高风压。

c. 方法的比较：向下修正法比向上修正法容易操作，一般情况下尽量采取向下修正法。

11.6 洗气机配套设备设计

11.6.1 水系统设计

与洗气机相配套的水系统十分重要，在进行水系统设计前，首先要了解掌握有关水系统的所有内容。

（1）水系统的组成：水系统中有水源、管线、泵、水箱（池）及配件、水处理系统、控制系统，这里所说的水泛指液相流体，因为在实际工程中，液相涵盖很多

种成分的液态物质，其中有相对纯净的水、有无机盐类和各种酸碱类，有机组合则更多。

（2）水源：这里说的水源也是一个广义的概念，不仅指水的来源，还指水的成分，或称液相的成分，在进行系统设计时，要根据处理介质的特性特征确定其成分或组成是有机的还是无机的，是酸性的还是碱性的。水源一般不会是一次水源，而是二次水源或调配后的水源，形成洗涤液或传质过程中的液相体，有酸碱性要求的还要掌握浓度、溶解度等参数。

（3）管线：管线就是水系统中的管路，根据液气比及气相流体的量（或称风量）来计算水量，再根据排水量算出管路直径的大小，同时在管路设计中也要考虑液相的物化特性，注意防腐、防冻等其他安全措施。单位换算在工程领域技术交流中的作用是很大的。除此之外还要掌握英制和公制的区别和换算及公称直径等概念。

（4）配件：水系统中的配件用得最多的是阀门，除了要认识手动阀、电动阀、电磁阀、球形阀、截止阀等阀门外，还要充分掌握这些阀门的用途。

水系统除阀门之外，还有许多的仪器、仪表及传感器，如流量计、压力计、温度传感器、酸碱度传感器等，管路中配件的配置是与系统动能相关联的，能让配件在系统运行中发挥其应有的功能及作用就是一个好的设计。

（5）水泵：水泵是为液相流体提供动力的设备，在工程应用中，不管泵的工作介质是何种液体，我们都统称之为水泵。

在水系统中，水泵就是心脏，因此在工程设计中对泵体的选择或选型是十分重要的，水泵在工业体系中和风机一样，是应用很广的一种设备且有一个很庞大的品种体系。因此，我们除了要掌握其基本参数、流量、扬程、功率外，还要掌握其应用的范围和工作性质及对不同介质的适应性。

（6）水箱（池）：水箱、水池或水罐也是水系统不可或缺的，它们的功能很多，如调节水质、沉淀颗粒物、缓冲流量变化、降温等。小型工程中可以用水箱，大型工程中就要用水池系统，水池系统也可由多个功能不同的水池组成，如有的水池系统需要有清水池、调节池、沉淀池、周转池等。在化工领域用的各种罐体比较多，因为有些系统需要有压力或防止液体挥发，等等。水箱、水池、水罐设计时都要进行容量计算，具体容量的确定也要看工作介质及系统情况而定，或根据功能及需要而定。例如在介质单一的煤矿粉尘、油烟净化等领域，水箱相对简单一些，一般情况下不大于 $1m^3$；功能要求多、工况相对复杂时，水池就要大一些，一般情况下不大于水泵 3h 的流量，用于化工的罐体一般按化工企业采用的标准选择。

设计水池时，除了容量指标外，还要考虑其他相关的设备安置以及水泵清污的空间、巡检通道、安全围栏、警告警示牌等附属配套措施的处理。

11.6.2 反冲罐

反冲罐的作用是自动排污，它的工作原理是水泵开始工作时，将水箱的水打到洗气机的进风口处，由于水箱水位下降，浮球阀自动补水，水要补充到原有的水面位置，停机时系统及反冲罐中的水要经水泵反流回水箱，此时多出的水就会溢过排污口而将水表面的油污排出，反冲罐的大小设计可按下式进行：

$$\phi = \sqrt{\frac{50ab}{\pi h}} \tag{11-4}$$

式中　ϕ——反冲罐半径（mm）；

　　　a——水箱宽度（mm）；

　　　b——水箱长度（mm）；

　　　h——反冲罐的长度（mm）。

反冲罐两端的管径不小于 19.05mm，注意不要设计为矩形，一定要设计成圆柱形，上水管管径不小于 19.05mm，排污管、回水管的管径不小于 50.8mm，浮球阀半径为 12.7mm 即可。

水箱可选标准型，或只是外箱体放大或缩小，其他相关配件相对位置不变，调节阀按管径配置即可，水箱位置距洗气机越近越好。洗气机水箱结构示意如图 11-10 所示。

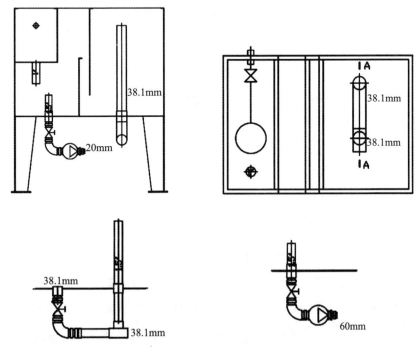

图 11-10　洗气机水箱结构示意

11.6.3 水处理

在洗气机系统中，水系统的水处理也可以称为水处理系统，因为它不是一件孤立的设备或配件，在化工领域中的液相流体都有规范的标准设备或工艺体系。在环保领域，由于要求是非标设计，水处理或水处理系统设计选型及运行的稳定性也是洗气机系统评价一个很重要的指标。

洗气机应用于环保领域中的水处理多数为液固分离，水处理的简单方法是利用水池沉淀，在本章会介绍一个新的水处理技术，可解决小型工程的水处理问题，即真空渗滤技术。

在工业矿业及建材领域，不论是产品工艺需要还是环境需要，对以液相为载体的液固混合体都进行液相与固相的分离，目前应用的技术有常压过滤、加压过滤及真空过滤等。这些技术均以过滤介质的面积大小来评定其处理能力，为了在单位时间及空间内提高设备的处理能力，在此介绍一项新型的液固分离技术——上排污真空渗滤技术。真空渗滤系统如图 11-11 所示。

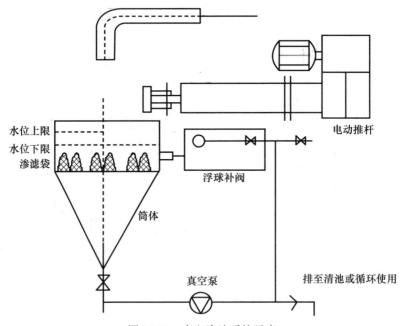

图 11-11 真空渗滤系统示意

液固混合体经水管进入真空渗滤系统上方；当水位达到上限时，真空泵起动工作，筒体内的液相经渗滤袋进入筒体下部，真空泵的流量应略大于污水进水量；浮球阀自动补水的水位与水位上限平齐，水位低于上限时应补水；当污泥累积到一定高度时，电动推杆起动，将脱水污泥排出。

11.6.4 电控系统

　　洗气机系统的控制系统是洗气机的神经中枢，是整个系统稳定运行的保障，此系统由多个零配件及配套设备组成，在洗气机系统中许多功能需要均由此系统来控制。随着电子科技的发展与进步，电控技术由简单控制发展到自动化控制，再到信息化控制。因此，电控技术的发展提高对洗气机技术的应用起到了很好的助推作用。

　　此处列举 3 个型号的风机控制电路图，来说明洗气机的电控系统。

　　1.1～7.5kW 风机电气原理示意如图 11-12 所示。

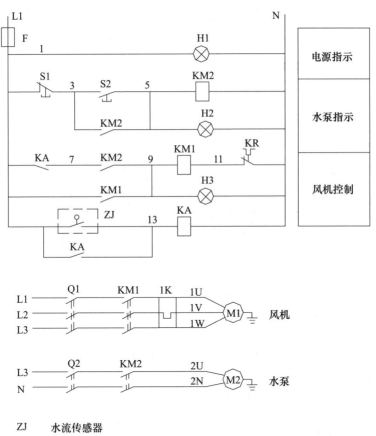

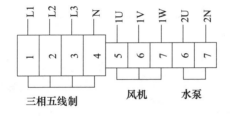

图 11-12　1.1～7.5kW 风机电气原理示意

11kW 以上风机电气原理示意如图 11-13 所示。

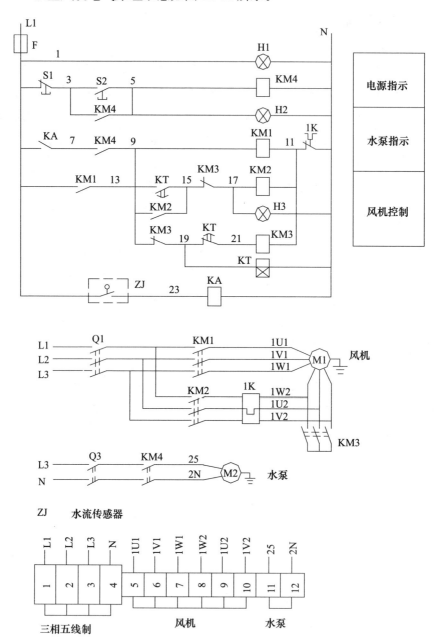

图 11-13 11kW 以上风机电气原理示意

风机变频启动电气原理示意如图 11-14 所示。

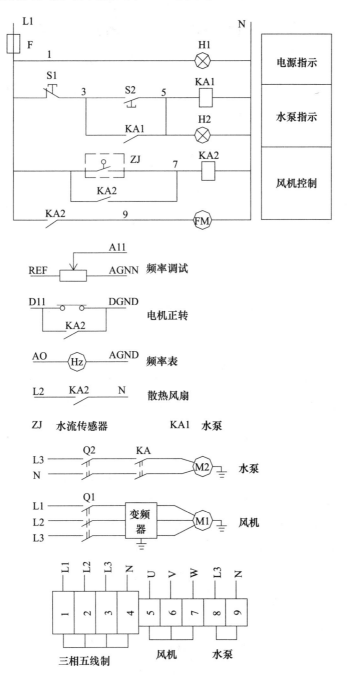

图 11-14 风机变频启动电气原理示意

11.7　洗气机非标设计和参数计算

对于洗气机这种新型传质除尘设备，目前还没有相应的国家标准确定洗气机在不同工况下使用时的各项参数。经过数十年的研究，现已经形成一套完整的参数确定和换算关系式，并在反复实践应用中证实了其正确性。非标洗气机参数主要有流量（m^3/h）、全压（Pa）、轴功率（kW）、转速（r/min）、湿度（℃）等，参考风机无因次参数关系（详见 6.9.2 风机性能参数之间的关系）计算洗气机系统各个参数。本部分主要介绍洗气机这种非标准新型工业设备的相关参数的计算与换算。

11.7.1　非标设计

当实际工况与标准工况相差很大，或标准参数无法适用工况需要时，就要进行非标设计。

非标设计与标准设计一样，先采集参数数据及介质的素材，然后进行排序，把工艺指标和目的指标放在第一位，就是先定性，然后定量，如传质效率、传质质量、净化效率、净化质量（分散度效率），另外介质的性质和参数与工况、物化性质等也是必要的考虑因素。例如锅炉尾气排放烟气成分有 H_2O、SO_2、CO_2、N、O_2 颗粒为粉尘，并且烟气温度很高，导致净化高温烟气的工况比较复杂，设计时既要保证锅炉正常工作所需的参数，又要保证排放指标，除此之外还有投资运营成本问题。所以洗气机的核心叶轮的设计是项目设计的核心问题，因为叶轮的功能多与以上这些要求有着密切的关系，同时要兼顾各参数间的关系，数据参数采集不可遗漏。

设计要点有以下几方面：

（1）要熟练掌握运用风机性能的全部换算公式，以及参数之间的关系。

（2）要熟练掌握工艺介质的 参数，如温度、湿度、物化性质等与叶轮的关系。

（3）要掌握洗气机的标准参数，同时要掌握各类风机的性能参数。

（4）要掌握叶轮结构各种变化对性能的影响。

①叶片高度的变化可影响风量的大小。

②叶片角度的变化可影响风压的大小。

③进风口直径（D_1）与叶轮直径（D）的比例变化会影响风压和风量。

④叶片长短变化会影响风压、风量的大小。

⑤叶片数量的变化会对风压、风量产生影响。

11.7.2 离心式洗气机非标设计

（1）根据标准型号系列选择与工程参数相近的系列型号，然后根据参数中的压力要求确定型号。如果风量没有符合要求的参数，可通过调整叶轮中叶片的高度来满足工况的要求。

（2）除通过调整叶片高度来满足要求外，还可以通过以变频器调整转速的方式来满足使用要求，注意上调时频率可以在超工频条件下运行，使用电流不能超过额定电流。

（3）非标设计时，功率设计要有余量，但不能有太大的余量，以免造成浪费。

（4）设计时有两个指标要保证实现：一是空气动力性能指标，二是传质或净化效率指标。

（5）因风量调整叶轮叶片高度，如果调节范围不大，机壳及相关的部件结构可能不用改动，以保证其他的结构尺寸，减少设计工作量及制造时的非标工作量。

11.7.3 旋流式洗气机非标设计

（1）旋流式洗气机的非标设计要点除了和离心式洗气机通用的外，还有一些不同之处。不同之处在于性能设计，以及使用方式的不同可能导致参数的变化，如水平式的标准型设计为立式使用时，要注意脱水结构的变化会使使用性能受到影响。

（2）叶轮叶片高度尽可能不增加，采用标准叶轮叶片的高度，以免影响使用效果。

（3）离心式洗气机多为落地式安装，相对简单，而旋流式洗气机多为架空或吊顶式安装。

11.7.4 洗气机性能计算与换算

$$\frac{Q_1}{Q_2} = \frac{n_1}{n_2} \text{（叶轮直径不变）} \tag{11-5}$$

$$\frac{p_1}{p_2} = \left(\frac{n_1}{n_2}\right)^2 \text{（叶轮直径不变）} \tag{11-6}$$

$$\frac{N_1}{N_2} = \left(\frac{n_1}{n_2}\right)^3 \times 1.2 \text{（液功率）（叶轮直径不变）} \tag{11-7}$$

$$\left.\begin{array}{l} \dfrac{Q_1}{Q_2}=\left(\dfrac{D_1}{D_2}\right)^2 \\[2mm] \dfrac{p_1}{p_2}=\left(\dfrac{D_1}{D_2}\right)^3 \\[2mm] \dfrac{N_1}{N_2}=\left(\dfrac{D_1}{D_2}\right)^5\times1.2\,（液功率） \end{array}\right\} （叶轮转速不变）\qquad(11\text{-}8)$$

$$\left.\begin{array}{l} \dfrac{Q_1}{Q_2}=\left(\dfrac{D_1}{D_2}\right)^2\left(\dfrac{n_1}{n_2}\right) \\[2mm] \dfrac{p_1}{p_2}=\left(\dfrac{D_1}{D_2}\right)^3\left(\dfrac{n_1}{n_2}\right)^2 \\[2mm] \dfrac{N_1}{N_2}=\left(\dfrac{D_1}{D_2}\right)^5\left(\dfrac{n_1}{n_2}\right)^3\times1.2\,（液功率） \end{array}\right\} （叶轮直径、转速均有变化）\quad(11\text{-}9)$$

$$\left.\begin{array}{l} \dfrac{Q_1}{Q_2}=\left(\dfrac{D_1}{D_2}\right)^2\left(\dfrac{n_1}{n_2}\right)\left(\dfrac{273+t_2}{273+t_1}\right) \\[2mm] \dfrac{p_1}{p_2}=\left(\dfrac{D_1}{D_2}\right)^3\left(\dfrac{n_1}{n_2}\right)^2\left(\dfrac{273+t_2}{273+t_1}\right) \\[2mm] \dfrac{N_1}{N_2}=\left(\dfrac{D_1}{D_2}\right)^5\left(\dfrac{n_1}{n_2}\right)^3\left(\dfrac{p_1}{p_2}\right)\left(\dfrac{273+t_2}{273+t_1}\right)\times1.2\,（液功率） \end{array}\right\} （叶轮直径、转速、温度均有变化）$$

$$(11\text{-}10)$$

式中　Q——流量（m^3/h）；

　　　p——全压（Pa）；

　　　N——轴功率（kW）；

　　　n——转速（r/min）；

　　　t——湿度（℃）；

　　　D——叶轮直径（mm）。

注脚"2"表示已知的性能及参数，注脚"1"表示所求性能及相关参数。性能参数的计算与换算均指在标准工况下，在没有特殊情况或要求下，均以标准工况为准。

第十二章　洗气机的试验与测试

12.1　概　　述

试验与测试是不一样的，新产品、新技术须经过多次不断的试验，试验是一个过程，测试则是对结果的验证，看试验的结果能否达到试验的要求，因此，试验是对理论进行验证的过程，也是新技术、新产品的诞生过程，这个过程是长时间的、复杂的。因此要想掌握试验过程，以最少的投入得到最好的结果，就要对试验过程进行科学的安排规划。

在试验过程中可以将试验分为定性试验和定量试验，尤其是在洗气机的试验过程或产品出厂前的验证中，均有定性试验与定量试验之分。

当有一个新的思路和想法时，先要确定其科学性及理论依据，确定理论依据后，依据理论制作样机，样机做完后通电，空载运行，运行时：①看其噪声振动值在感觉上是否可以接受；②查看电参数，看电流、功率消耗是否在设计范围之内；③在设计参数范围内，凭经验判断风量、风压的大小；④接通水路，观察气液混合情况及混合后的液相的流向及运动，看洗气机出口的脱水情况，看有无水雾、水滴从洗气机出口喷出或气流中有无水滴、水雾夹带；⑤做油烟或粉尘试验时，通过人工方法简单地制造一些油烟或人工用粉尘，观测洗气机出口的情况，如果这些过程都能接受，就可进入下一个阶段，如果有问题就要修正。以上均属于定性试验，不需要使用仪器仪表来证明或提供运行数量。

经过多次的定性试验，试验者经目测没有发现问题，就可进行定量试验，用量的概念精准验证想法与思路的正确性。

用量的概念数据证明想法、思路的正确性及可行性，通过定量试验得到的数据要准确、可信。因此，进行测试的过程和程序、仪表和仪器等均要符合标准及规范，数据要完整，整理数理的过程也要符合标准或规范。数据整理完成后要进行对比，一是与目前国际国内同行业先进技术对比，二是与同类产品对比，以此证明该技术的先进

性及先进程度。

对于洗气机的测试有两大项，一是空气动力学测试，二是传质或净化效率的测试。空气动力学的测试可应用于不同的领域或场合，只需换算准确即可。洗气机测试与试验可以在通风机测试与试验基础上根据洗气机自身特点进行设计。

12.2　通风机气动性能试验简介

1. 模型级性能试验

为研究通风机各通流元件的损失计算和各通流元件形状对气动性能的影响，需进行模型级的试验研究，以获得实际的气动性能数据和特性曲线。通过试验获得的优秀模型级性能参数可用于模拟设计新产品。

2. 通风机产品的性能试验

为了获得产品的气动性能，取得特性曲线，应进行气动性能试验：校验新产品气动性能是否达到设计要求，检查出厂通风机性能是否达到样本数据要求，检查改造后的通风机是否达到性能指标。另外，对没有标牌的通风机，为确定其性能也需要进行气动性能试验，以获得其性能曲线。

12.3　测量大气压力、温度、湿度的仪表及方法

1. 测量大气压力的仪表及方法

测量大气压力常采用空盒气压表、标准水银气压表。水银气压表应读出最接近的 100Pa 或最接近的 1mm 的汞柱对应的读数。气压表应按标准进行校准，并对读数的汞密度与标准值的差、由于温度造成的刻度长度的变化以及当地重力加速度 g 进行校正。

如果预定的刻度适于仪表区域 g 值（$\pm 0.01 \mathrm{m/s^2}$）和室温 T（$\pm 5℃$），则可以不校正。

如果无液型或压力传感型气压表的校准精度为 $\pm 200 \mathrm{Pa}$，则可以使用上述气压表，并且在试验时检查校准。

试验空间的大气压力应在通风机进口和出口中心之间的平均高度上确定，其误差不应超过 $\pm 0.2\%$。气压表应装在试验室内的通风机进口和出口的平均高度上。对于超过 10m 的高度差，p_a 应加上校正值 ρ_{ag}（$z_b - z_m$），其中 z_b 是气压表套管或气压

表传感器的高度，z_m 是通风机进口和出口之间的平均高度，g 是当地的重力加速度；ρ_a 是环境空气密度。

2. 测量温度、湿度的仪表及方法

空气的温度有干温度和湿温度两种。测量室内空气温度时应把水银温度计或酒精温度计（0.1℃刻度）悬挂在室内各处，以不少于 3 处、每处不少于 3 个高度为宜。记录各温度计的指示数，求其平均值，即所测空气温度。由于空气的温度经常变化，在试验过程中，应经常记录，以便正确地记录当时的空气温度。如只做粗略试验或大气温度变化不大，则可在试验的开始或结束阶段测定温度 2～3 次，取平均值即可。

大气的湿温度用湿式温度计（干球温度计）或毛发湿度计测量。根据干湿两用温度计的读数，在相对湿度图上查出空气的相对湿度。

12.4 测量气体压力的仪表及方法

1. 风道内气体静压的测量

测量风道内某断面上流动气体的静压，可在风道壁上钻一光滑小孔，用胶皮管将小孔接管与 U 形管压力计相连，如图 12-1 所示。

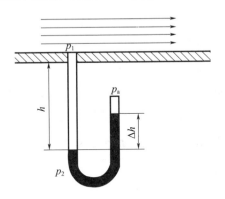

图 12-1 风道内气体静压的测量

风道内气体的表压力为

$$p_g = \rho_w \Delta h \tag{12-1}$$

式中 ρ_w——液体密度（kg/m^3）；

g——重力加速度（m/s^2）；

Δh——U 形管液面高度差（m）。

风道内气体静压也可以用图 12-2 所示的方法测量。

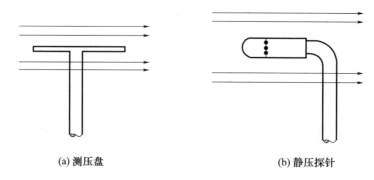

(a) 测压盘　　　　　　　　　　(b) 静压探针

图 12-2　风道内气体静压的测量

静压孔的开设应注意以下问题：

（1）静压孔内径太小，容易被气体中杂物堵死，同时测量时反应不灵敏，影响测量的准确性。孔径大时，测量误差增大，通常静压孔内径 $a=1\sim2$ mm，个别可为 3mm。

（2）孔的深度 h 与孔径 a 的比值一般为 $h/a\geqslant2\sim3$，导压管内径为（2～2.5）a。

（3）静压孔应垂直于风筒壁，其与风筒内壁交接处必须光滑无毛刺。为了提高测量的精确度，风筒同一截面上的静压测定孔要均匀分布，通常取 4 个孔，并互相接通。

2. 风道内气体动压的测量

皮托管由光滑黄铜管或不锈钢经过精密加工制成，正对着气流方向的测孔所测得的是气流全压，侧孔所测得的是气流的静压。皮托管上的全压或静压小管与 U 形管一端相连，而 U 形管另一端与大气相连，测得的即为全压（表压）或静压（表压）。将皮托管的全压和静压小管分别与 U 形管的两端相连，测得的是动压（图 12-3）。

在应用皮托管时，应注意下列事项：

（1）根据阻塞比来选择皮托管感压探头的大小。阻塞比是在同一测量截面上皮托管感压探头所占面积与该截面流通面积之比，它的取值范围是 1％～5％。此外，还应注意皮托管的强度和刚性。

（2）在使用皮托管时，它的感压探头应与气流方向一致。皮托管的感压探头与气流的偏斜一般在 ±5° 范围内时，对二次仪表读数没有影响，具体数值可以通过校准确定。为保证皮托管感压探头的正确方向，在工业应用时可将皮托管固定于简易坐标架上。此外，还应注意皮托管与风道间的密封。

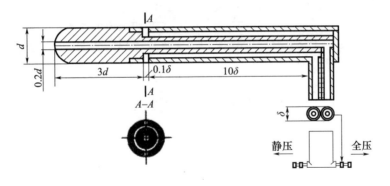

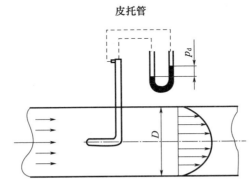

图 12-3　动压测定示意

3. 风道内气体速度的测量

（1）用皮托管测量气体速度。用上述方法测出风道某截面的动压后，用式（12-2）计算气流速度，即

$$v=\sqrt{\frac{2p_d}{\rho}} \tag{12-2}$$

式中　v——气流速度（m/s）；

　　　p_d——气体的动压（Pa）；

　　　ρ——气体的密度（kg/m³）。

测量时，在同一截面上由风道中心至风道内壁要测若干个点的气流速度，求其平均值作为该截面的气流平均速度。

（2）用集流器测量气流速度。在通风机吸气风管入口处，装上集流器。集流器后截面的静压测量接头与微压计相连，测得静压 p_s 后，即可计算气流速度 c_i（m/s）：

$$c_i=\varphi\sqrt{\frac{2p_s}{\rho}}=\varphi\sqrt{\frac{\rho_w g h_i}{\rho}} \tag{12-3}$$

式中　φ——圆弧集流器流量系数，可由图 12-4 查得；

　　　ρ_w——微压计中的工作液体密度（kg/m³）；

　　　h_i——压力计读数（m）。

163

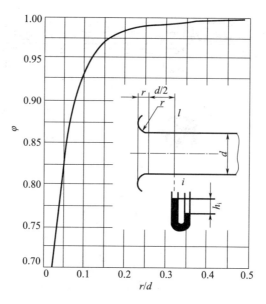

图 12-4　圆弧集流器流量系数 φ 与 r/d 的关系

12.5　测量通风机功率的设备、仪表及方法

1. 功率表测量

用功率表直接测出电动机的输入功率 P_E，则电动机的输出功率 P_O（kW）用式（12-4）计算，即

$$P_O = \eta_O P_E \qquad (12\text{-}4)$$

式中　η_O——电动机效率。

用电压表、电流表、功率因数表测出相应数据后计算电动机输出功率 P_O，即

$$P_O = \frac{\sqrt{3}\,EI\cos\varphi\,\eta_O}{1000} \qquad (12\text{-}5)$$

式中　E——电压表读数（V）；

　　　I——电流表读数（A）；

　　$\cos\varphi$——功率因数。

2. 其他测量轴功率的仪表和方法

（1）用转矩转速传感器与转矩转速功率仪配套测量通风机的轴功率。通常将转矩转速传感器（如 JC 型）与转矩转速仪（如 JS 型）或转矩转速功率仪（如 JSGS 型）配套使用来测量通风机轴功率。

在环境温度与静标定系数时环境温度相同条件下，与转矩转速测量仪配套。在整个量程范围内，其转矩测量误差不大于额定转矩的±0.5％，精度为 0.5 级；转矩测量误差不大于额定转矩的±1％，精度为 1 级。

（2）用测功器测量轴功率。这种测量方法采用的是扭矩测功器，用它测得的通风机内功率 P_{in}（kW）为

$$P_{in} = \frac{nL\ (G-G_0)}{9550} \tag{12-6}$$

式中　L——杠杆的臂长（m）；

　　　n——通风机主轴的转速（r/min）；

　　　G——砝码盘上所加的荷重（N）；

　　G_0——拆掉叶轮，通风机空轴转动时砝码盘上的荷重（N）。

12.6　测量转速的仪表及方法

测量通风机转速的仪表及方法很多，目前通常采用的是数字计数器、转速计数器、直接指示读数的机械或电气转速表、频率计以及闪光测频法。

通风机轴的转速应在每一个测试点的试验期间，定期进行测量，以确保平均轴转速的误差不超过±0.5％。不应使用对通风机转速或通风机性能有较大影响的测量装置。

下面就一些仪表和方法做一下说明。

1. 测量期间的数字计数器

在测试期间内，计算的脉冲数不应小于 1000，通过数字计数器的启动和停止，使记时装置自动启动，而且计时装置的误差不得大于计算脉冲总数所需时间的 25％。

2. 转数计数器

计数器不应有滑动，并且每个读数周期不应小于 60s。

3. 直接指示读数的机械或电器转速表

此转速表不应有滑动，而且在使用前和使用后应进行校准。这种仪表的刻度最小分度不应大于测量转速的 25％。

4. 闪光测频法

除非提供的是按其已知频率或者在 25％范围测量进行了检查的，否则，这种测频法在使用前和使用后，应对照标准转速进行校准。

5. 频率计

当通风机由同步电动机直接驱动时，通过测量的电源频率可以计算转差频率。

频率计的误差不应大于±0.5，按《直接作用模拟指示电测量仪表及其附件 第 4 部分：频率计的特殊要求》（ICE 60051-4—2018）的规定，精度等级指数为 0.5。

采用较低等级指数，即较小误差的仪表是被允许的。为了可以直接计算，应使其误差不超过轴转速的 25％，并使用指示转差频率的装置。

12.7 通风机空气动力性能试验装置

通风机空气动力性能试验装置有风管式和风室式两种。

12.7.1 风管式试验装置

1. 试验装置示意

进气试验装置示意如图 12-5 和图 12-6 所示；出气试验装置示意如图 12-7 所示；进出气联合试验装置示意如图 12-8 所示。

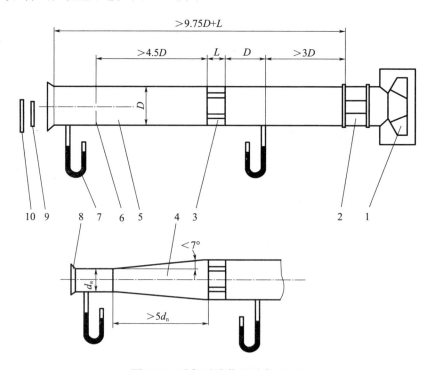

图 12-5　进气试验装置示意（一）

1—试验风机；2—接头；3—多孔整流器；4—扩压接头；5—试验管路；

6—节流金属网；7—压力计；8—进口集流器；9—温度计；10—大气压力计

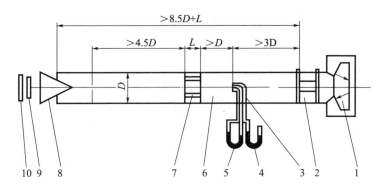

图 12-6 进气试验装置示意（二）

1—试验风机；2—接头；3—动压管；4—压力计；5—差压计；

6—试验管路；7—多孔整流栅；8—节流器；9—温度计；10—大气压力计

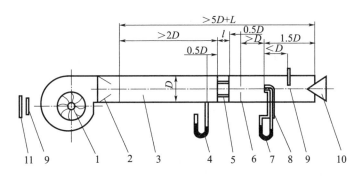

图 12-7 出气试验装置示意

1—试验风机；2—接头；3—试验管路；4—压力计；5—多孔整流栅；6—整流金属网；7—差压计；

8—动压管；9—温度计；10—节流器；11—大气压力计

2. 安装类型

A 型：自由进口和自由出口。

B 型：自由进口和管道出口。

C 型：管道进口和自由出口。

D 型：管道进口和管道出口。

为了具备 A 型装置试验条件，通风机必须在不增加任何辅助装置的情况下使用进口锥形口或出口管道做试验，同时随通风机供货的辅助装置——防护网、进口集流器等应该安装。

为了具备 B 型装置试验条件，应该使用带有整流栅的出口风管，当通风机出口处没有任何涡流时，可以使用短风管。通风机必须在进口不加任何辅助设备的情况下试验，但随通风机供货的辅助设备除外。通常，出口压力在防涡流装置后面的出口风管中测量。

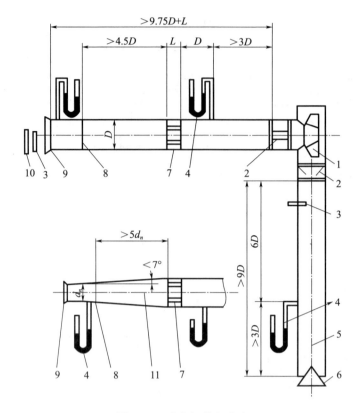

图 12-8　进出气联合试验

1—试验风机；2—接头；3—温度计；4—压力计；5—试验管路；6—节流器；

7—多孔整流栅；8—整流金属网；9—进口集流器；10—大气压力计；11—扩压接头

　　为了具备 C 型装置试验条件，应该使用进口风管而不应使用任何的出口风管或辅助装置，但随通风机供货的辅助设备（防护网、扩散器）除外。如果通风机出口侧连接短管，会使实际全部流阻在进口侧，这将大大影响它的性能，即使这个风管很短。因此，现场通风机即便有一个短的出口风管，这样的风管也应该包括在试验风道中。在试验期间所使用的风管长度要在试验报告中提到。

　　为了具备 D 型装置试验条件，应使用模拟进口风管和出口风管。当使用进口或出口风室时，在通风机出口没有涡流的情况下，出口风管可能是短的。对于大通风机（出口直径大于 800mm），难以进行出口侧标准化公用部件的风管试验（包括整流装置），在这种情况下，应该通过有关双方的相互协商，确定用出口侧长度为 $2D_h$ 的风管测定通风机性能。通过这种途径获得的结果在某种程度上不同于通过使用进口及出口侧的公用风道所获得的结果，特别是当通风机产生大的涡流时，给出最有代表性值的方法，这还是一个要探讨的课题。在这种情况下，不在出口风管内测量出口静压，但是可以看作等于大气压。

3. 带有管道通风机装置的公用风道段

（1）公用段 B、C 或 D 型管道通风机的标准风道包括邻近通风机出口和/或出口的公用段。在这些公用段的外端进行压力测量，并应严格限制几何形状变化，以使测得的通风机压力对于任一个装置类型都是一致的。

（2）常用通风机出口公用段试验装置

①圆形的通风机出口 $D_4＝D_2$（图 12-9）。星形整流栅由 8 个等距配置的径向叶片组成，且定位时其叶片与平面内壁测孔径向表面的夹角为 $22.5°$。叶片厚度不得超过 $0.007D_4$。

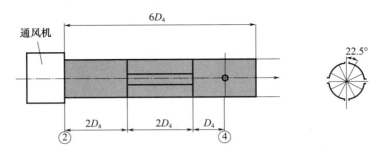

图 12-9　圆形的通风机出口（$D_4＝D_2$）

②圆形的通风机出口 $D_4≠D_2$（图 12-10）。

$$0.95≤（D_4/D_2）^2≤1.07$$

$$L_{T2}＝D_4$$

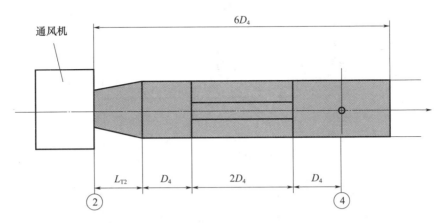

图 12-10　圆形的通风机出口（$D_4≠D_2$）

注：过渡段由单曲面薄板材料制成。

③矩形的通风机出口尺寸 $b×h$（$b>h$，图 12-11）。

$$0.95≤πD_4^2$$

169

$$4bh \leqslant 1.07$$

当 $b \leqslant 4h/3$ 时，$L_{T2} = 1.0D_4$；当 $b > 4h/3$ 时，$L_{T2} = 0.75\left(\dfrac{b}{h}\right)D_4$

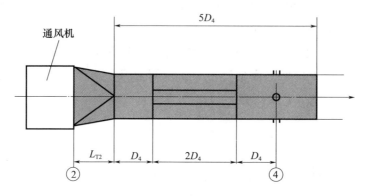

图 12-11　矩形的通风机出口尺寸 $b \times h$（$b > h$）

④圆形或矩形的通风机出口 $0.95 \leqslant A_2/A_1 \leqslant 1.05$（图 12-12）。出口管道带有整流栅。每个防涡流装置具有一套等距的横截面。每个格宽 W，长 L。叶片厚度 e 不应超过 $0.005D_4$。

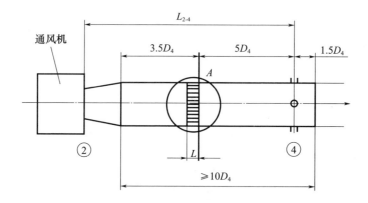

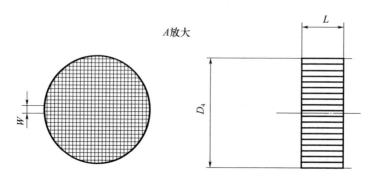

图 12-12　圆形或矩形的通风机出口（$0.95 \leqslant A_2/A_1 \leqslant 1.05$）

a. 对于标准风管整流栅，有

$$W = 0.075D_4$$

$$L = 0.45D_4$$

$$e \leqslant 0.005D_4$$

除 e 外，所有尺寸应在 $\pm 0.005D_4$ 之内。

b. 对于有壁测孔的孔板上游或下游的整流栅，有

$$W = 0.15D_4$$

$$e \leqslant 0.003D_4$$

$$L = 0.45D_4$$

⑤变换。过渡段如图 12-13 所示，使用薄板材质制成。

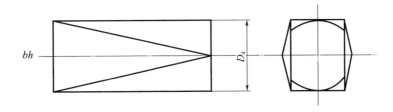

图 12-13　变换

（3）常用通风机进口公用段试验装置。

该装置可以提供邻近通风机进口侧与试验风道的部件，并按图插入一组壁测孔。

①圆形的通风机进口 $D_3 = D_1$（图 12-14）。

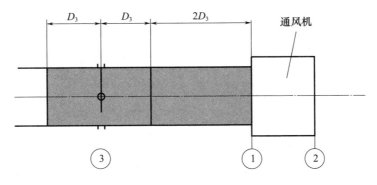

图 12-14　圆形的通风机进口（$D_3 = D_1$）

②圆形的通风机进口 $0.975D_1 \leqslant D_3 \leqslant 1.5D_1$（图 12-15）。该过渡段是锥形的，并且摩擦损失系数为直径 D_3 和长度 D_3 的风管摩擦损失系数。

③矩形的通风机进口（bh，图 12-16）。邻近通风机进口的过渡段具有与连接的通风机进口相同的矩形横截面 bh，其长度 L_{s1} 由下式给出：

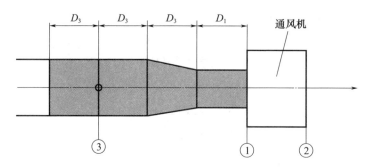

图 12-15 圆形的通风机进口 $(0.975D_1 \leqslant D_3 \leqslant 1.5D_1)$

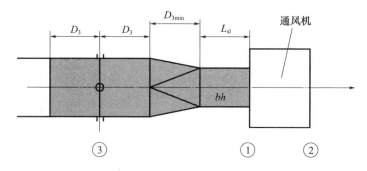

图 12-16 矩形的通风机进口 (bh)

$$\frac{\pi D_2^3}{4} \geqslant 0.95bh$$

$$L_{s1} = \sqrt{\frac{4bh}{\pi}}$$

在 D_3 或纵横比 b/h $(b>h)$ 上没有上限值，但短边侧的扩散角不得超过 $15°$，长边侧的收敛角不得超过 $30°$。

④圆形或矩形的通风机进口 $(0.925 \leqslant A_3/A_1 \leqslant 1.125$，图 12-17）。

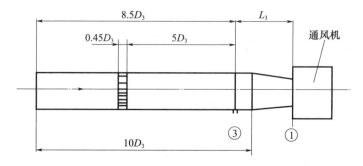

图 12-17 圆形或矩形的通风机进口 $(0.925 \leqslant A_3/A_1 \leqslant 1.125)$

⑤圆形和矩形的通风机进口（图 12-18），可以使用一个进口管道模拟段。

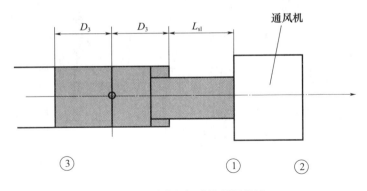

图 12-18　圆形和矩形的通风机进口

对于圆形的通风机进口，$L_{s1} = D_1$，符合进口管道模拟的规定。

对于矩形的通风机出口，$L_{s1} = \sqrt{\dfrac{4bh}{\pi}}$

（4）出口管道模拟和进口管道模拟。

出口管道模拟前面已有论述，这里只是提一下，使用自由出口而又适合采用管道出口的试验通风机可以通过把出口管段模拟段与其出口相连接的方式将前者转换成后者进行试验。出口模拟段采用前面（2）的①②③④所规定的公用段型式的合理选择。

而在进口段管道模拟之中，使用自由进口而又适合采用管道进口的试验通风机可以通过把进口管道模拟段与其进口相连接的方式将前者转换成后者进行试验。

①圆形的通风机进口。模拟段应是与通风机进口相连接的相同直径的圆形管道，并应该配备一个喇叭形进口。进口长度 $L_{s1} = D_1$ 是一般的关系式，该式提供一条真实的适合通风机正常工作范围内带有任何管道进口的通风机性能曲线。然而在某种情况下，为使通风机能够在接近零流量时产生其足够的管道进口压力，需要一个较长的管道。在这种情况下要求有一条全通风机性能曲线，可以根据需要来加长或使用（3）的①，在其进口端部带有喇叭形进口的公用段。

②矩形的通风机进口。过渡段应具有与通风机进口相连的相同 bh 的矩形横截面，并应配有喇叭形进口。

12.7.2　风室式试验装置

进气风室试验装置如图 12-19 所示，出气风室试验装置如图 12-20 所示。

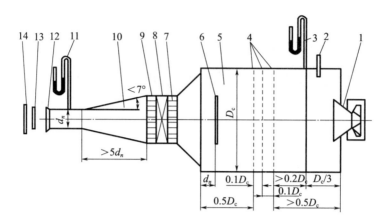

图 12-19 进气风室试验装置

1—试验风机；2—温度计；3—压力计；4—整流金属网；5—腔室；6—挡板；7—多孔整流栅；

8—辅助通风机；9—节流器；10—扩压接头；11—压力计；12—进口集流器；13—温度计；14—大气压力计

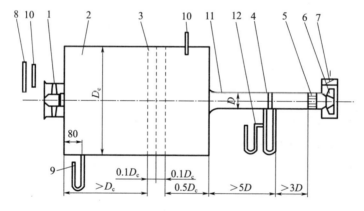

图 12-20 出气试验风室装置

1—试验风机；2—腔室；3—整流金属网；4—孔板；5—多孔整流栅；6—辅助通风机；

7—节流器；8—大气压力计；9—压力计；10—温度计；11—试验管路；12—差压计

气流稳流装置应确保进入测量平面前气流基本均匀。在这种情况下，当风室内的最大速度低于 2m/s 时，在距离滤网下游 $0.1D_h$ 处的最大速度不应该超过 25% 的平均速度，D_h 是试验风室的水力直径。

孔板在试验风室中应同轴在 $\pm1°$ 和 $\pm0.005D_h$ 之内。孔板的上游面和上游稳流装置出口之间的距离最小为 $0.4D_h$。孔板出口和下游稳流装置之间距离最小为 $0.5D_h$。孔板进口面和上下游压力测孔间距离为 $0.05D_h \pm 0.01D_h$。

腔室内有三层整流金属网，通流面积比分别为：60%、50% 和 45%，间隔为 $0.1D_c$。

多喷嘴应尽可能对称地定位。每个喷嘴的中心线距风室至少应是 1.5 倍的喷嘴喉部直径。在同时使用中任意两个喷嘴中心之间的最小距离应为最大喷嘴喉部直径的 3 倍。从最大喷嘴的出口平面到下游稳流装置的最小距离应是最大喷嘴喉部直径的 2.5 倍。喷嘴进口平面与上游和下游的压力测孔平面之间的距离为（38±6）mm。

第十三章　通风管道系统设计

13.1　概　　述

通风管道是通风和空调系统重要的组成部分。通风管道系统设计的目的，是合理组织空气流动，在保证使用效果（按要求分配风量）的前提下，合理确定风管结构、布置和尺寸，使系统的初投资和运行费用综合最优。通风管道系统的设计，直接影响到通风系统的使用效果和技术经济性能。

13.2　通风管道的材料与形式

13.2.1　通风管道常用材料

通风管道的材料很多，主要有以下两大类：

1. 金属薄板

金属薄板是制作风管及其部件的主要材料。通常有普通薄钢板、镀锌钢板、不锈钢板、铝及铝合金板和塑料复合钢板。它们的优点是易于工业化加工制作、安装方便、能承受较高温度。

（1）普通薄钢板具有良好的加工性能和结构强度，其表面易生锈，应刷油漆进行防腐。

（2）镀锌钢板由普通钢板镀锌而成，由于表面镀锌，可起防锈作用，一般用来制作不受酸雾作用的潮湿环境中的风管。

（3）铝及铝合金板加工性能好、耐腐蚀。摩擦时不易产生火花，常用于通风工程的防爆系统。

（4）不锈钢板具有耐锈耐酸能力，常用于化工环境中需耐腐蚀的通风系统。

（5）塑料复合钢板在普通薄钢板表面喷上一层 0.2～0.4mm 厚的塑料层，常用于防尘要求较高的空调系统和－10～70℃温度下耐腐蚀系统的风管。

通风工程常用的钢板厚度是 0.5～4mm。

2. 非金属材料

（1）硬聚氯乙烯塑料板适用于有酸性腐蚀作用的通风系统，具有表面光滑、制作方便等优点，但不耐高温、不耐寒，只适用于 0～60℃ 的空气环境，在太阳辐射作用下易脆裂。

（2）无机玻璃钢风管以中碱玻璃纤维作为增强材料，用十余种无机材料科学地配成粘结剂作为基体，通过一定的成型工艺制作而成，具有质轻、高强、不燃、耐腐蚀、耐高温、抗冷融等特性。保温玻璃钢风管可将管壁制成夹层，夹层厚度根据设计而定。夹心材料可采用聚苯乙烯、聚氨酯泡沫塑料、蜂窝纸等。

玻璃钢风管与配件的壁厚应符合表 13-1 的规定。

表 13-1 玻璃钢风管与配件的壁厚

圆形风管直径或矩形风管 长边尺寸（mm）	壁厚（mm）	圆形风管直径或矩形风管 长边尺寸（mm）	壁厚（mm）
≤200	1.0～1.5	800～1000	2.5～3.0
250～400	1.5～2.0	1250～2000	3.0～3.5
500～630	2.0～2.5	—	—

13.2.2 风管形状和规格

1. 风管断面形状的选择

通风管道的断面形状有圆形和矩形两种。在同样断面积下，圆形风管周长比矩形风管短，更为经济。由于矩形风管四角存在局部涡流，在同样风量下，矩形风管的压力损失要比圆形风管大。

因此，在一般情况下（特别是除尘风管）都采用圆形风管，只是有时为了便于和建筑配合才采用矩形风管。

矩形风管与相同断面积的圆形风管的单位长度摩擦压力损失的比值为

$$\frac{R_{mi}}{R_{my}} = \frac{0.49 (a+b)^{1.25}}{(a+b)^{0.625}} \tag{13-1}$$

式中　R_{mi}——矩形风管的单位长度摩擦压力损失（Pa/m）；

R_{my}——圆形风管的单位长度摩擦压力损失（Pa/m）；

a、b——矩形风管的边长（m）。

矩形风管和圆形风管的单位长度摩擦压力损失比与矩形风管宽高比的关系如图 13-1 所示。从该图可以看出，随着 a/b 的增大，压力损失比（R_{mi}/R_{my}）相应增大。由于矩形风管的表面积也随 a/b 的增大而增大，设计时应尽量使 a/b 接近于 1，不宜超过 3。

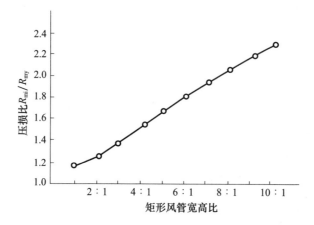

图 13-1　矩形风管和圆形风管的单位长度摩擦压力损失的比与矩形风管宽高比的关系

2. 通风管道统一规格

随着我国国民经济发展，通风空调工程大量增加。为最大限度地利用板材，实现风管制作、安装机械化、工厂化，1985 年在建设部组织下，确定了"通风管道统一规格"，如表 13-2～表 13-5 所示。

表 13-2　圆形通风管道规格

外径 D (mm)	钢板制风管		塑料制风管		外径 D (mm)	除尘风管		气密性风管	
	外径允许偏差 (mm)	壁厚 (mm)	外径允许偏差 (mm)	壁厚 (mm)		外径允许偏差 (mm)	壁厚 (mm)	外径允许偏差 (mm)	壁厚 (mm)
100					400				
120									
140		0.5		3.0	450		0.75		4.0
160									
180					500				
200	±1		±1		(130) 140	±1		±1	
220									
250				4.0	(150) 160		1.5		2.0
280		0.75							
320					(170) 180				
360									

续表

外径 D (mm)	钢板制风管 外径允许偏差 (mm)	钢板制风管 壁厚 (mm)	塑料制风管 外径允许偏差 (mm)	塑料制风管 壁厚 (mm)
(190) 200	±1	1.5	±1	2.0
(210) 220	±1	1.5	±1	2.0
(240) 250	±1	1.5	±1	2.0
(260) 280	±1	1.5	±1	2.0
(300) 320	±1	1.5	±1	2.0
(340) 360	±1	1.5	±1	2.0
(380) 400	±1	1.5	±1	2.0
(420) 450	±1	1.5	±1	2.0
(480) 500	±1	1.5	±1	2.0
560	±1	1.0	±1.5	4.0
630	±1	1.0	±1.5	4.0
700	±1	1.0	±1.5	5.0
800	±1	1.0	±1.5	5.0
900	±1	1.0	±1.5	5.0
1000	±1	1.0	±1.5	5.0
1120	±1	1.0	±1.5	6.0
1250	±1	1.0	±1.5	6.0
1400	±1	1.2~1.5	±1.5	6.0
1600	±1	1.2~1.5	±1.5	6.0
1800	±1	1.2~1.5	±1.5	6.0

外径 D (mm)	除尘风管 外径允许偏差 (mm)	除尘风管 壁厚 (mm)	气密性风管 外径允许偏差 (mm)	气密性风管 壁厚 (mm)
2000		1.2~1.5	±1.5	6.0
80 90 100		1.5	±1	2.0
110 120		1.5	±1	2.0
(530) 560	±1	2.0	±1	3.0~4.0
(600) 630	±1	2.0	±1	3.0~4.0
(670) 700	±1	2.0	±1	3.0~4.0
(750) 800	±1	2.0	±1	3.0~4.0
(850) 900	±1	2.0	±1	3.0~4.0
(950) 1000	±1	2.0	±1	3.0~4.0
(1060) 1120	±1	3.0	±1	4.0~6.0
(1180) 1250	±1	3.0	±1	4.0~6.0
(1320) 1400	±1	3.0	±1	4.0~6.0
(1500) 1600	±1	3.0	±1	4.0~6.0
(1700) 1800	±1	3.0	±1	4.0~6.0
(1900) 2000	±1	3.0	±1	4.0~6.0

表 13-3　矩形通风管道规格

外边长 a×b (mm)	钢板制风管 外边长允许偏差 (mm)	壁厚 (mm)	塑料制风管 外边长允许偏差 (mm)	壁厚 (mm)	外边长 a×b (mm)	除尘风管 外边长允许偏差 (mm)	壁厚 (mm)	气密性风管 外边长允许偏差 (mm)	壁厚 (mm)
120×120					630×500				
160×120					630×630				
160×160					800×320				
200×120		0.5			800×400				5.0
200×160					800×500				
200×200					800×630				
250×120				3.0	800×800		1.0		
250×160					1000×320				
250×200					1000×400				
250×250					1000×500				
320×160					1000×630				
320×200			−2		1000×800				
320×250	−2				1000×1000	−2		−3	6.0
320×320					1250×400				
400×200		0.75			1250×500				
400×250					1250×630				
400×320					1250×800				
400×400					1250×1000				
500×200				4.0	1600×500				
500×250					1600×630		1.2		
500×320					1600×800				
500×400					1600×1000				8.0
500×500					1600×1250				
630×250					2000×800				
630×320		1.0	−3.0	5.0	2000×1000				
630×400					2000×1250				

注：1. 本通风管道统一规格系经"通风管道定型化"审查会议通过，作为通用规格在全国使用。

2. 除尘、气密性风管规格中分基本系列和辅助系列，应优先采用基本系列（不加括号数字）。

3. 选择合理的空气流速。风管内的风速对系统的经济性有较大影响。流速高、风管断面小，材料消耗少，建造费用小；但是，系统压力损失增大，动力消耗增加，有时还可能加速管道的磨损。流速低，压力损失小，动力消耗少；但是风管断面大，材料和建造费用增加。对除尘系统，流速过低会造成粉尘沉积，堵塞管道。因此必须进行全面的技术经济比较，确定适当的经济流速。根据经验，对于一般的通风系统，其风速可按表 13-4 确定。对于除尘系统，为防止粉尘在管道内沉积，所需的最低风速需按表 13-5 确定。对于除尘器后的风管，风速可适当减小。

表 13-4　一般通风系统风管内的风速　　　　（单位：m/s）

风管部位	生产厂房机械通风		民用及辅助建筑物	
	钢板及塑料风管	砖及混凝土风道	自然能通风	机械通风
干管	6～14	4～12	0.5～1.0	5～8
支管	2～8	2～6	0.5～0.7	2～5

表 13-5　除尘通风管道内最低空气流速　　　　（单位：m/s）

粉尘性质	垂直管	水平管	粉尘性质	垂直管	水平管
粉状的黏土和砂	11	13	铁和钢（属）	19	23
耐火泥	14	17	灰土、砂尘	16	18
重矿物粉尘	14	16	锯屑、刨屑	12	14
轻矿物粉尘	12	14	大块干木屑	14	15
干型砂	11	13	干微尘	8	10
煤灰	10	12	染料新尘	14～16	16～18
湿土（2%以下水分）	15	18	大块湿木屑	18	20
铁和钢（尘末）	13	15	谷物粉尘	10	12
棉絮	8	10	麻（短纤维粉尘、杂质）	8	12
水泥粉尘	8～12	18～22			

13.3　通风管道系统的设计计算

在进行通风管道系统的设计计算前，必须首先确定各送（排）风点的位置和送（排）风量、管道系统和净化设备的布置、风管材料等。设计计算的目的是确定各管段的管径（或断面尺寸）和压力损失，保证系统内达到要求的风量分配，并为风机选择和施工图绘制提供依据。

进行通风管道系统水力计算的方法有很多，如等压损法、假定流速法和当量压损法等。在一般的通风系统中用的最普遍的是等压损法和假定流速法。

等压损法是以单位长度风管有相等的压力损失为前提的。在已知总作用压力的情况下，先将总压力按风管长度平均分配给风管各部分，再根据各部分的风量和分配到的作用压力确定风管尺寸。对于大的通风系统，可利用等压损法进行支管的压力平衡。

181

假定流速法是以风管内空气流速作为控制指标，先计算出风管的断面尺寸和压力损失，再对各环路的压力损失进行调整，达到平衡。这是目前最常用的计算方法。

13.3.1　通风管道系统的设计计算步骤

（1）绘制通风管道系统轴侧图（图13-2），对各管段进行编号，标注各管段的长度和风量。以风量和风速不变的风管为一管段。一般从距风机最远的一段开始，由远而近顺序编号。管段长度按两个管件中心线的长度计算，不扣除管件（如弯头、三通）本身的长度。

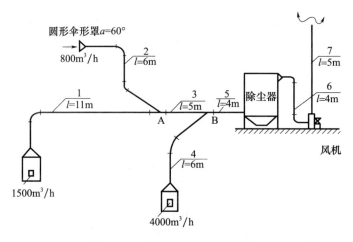

图13-2　通风管道系统轴侧示意

（2）根据各管段的风量和选定的流速确定各管段的管径（或断面尺寸），计算各管段的摩擦和局部压力损失。确定管径时，应尽可能采用表13-2、表13-3中所列的通风管道统一规格，以利于工业化加工制作。压力损失计算应从最不利的环路（距风机最远的排风点）开始。对于袋式除尘器和电除尘器后的风管，应把除尘器的漏风量及反吹风量计入。除尘器的漏风率见有关的产品说明书，袋式除尘器的漏风率一般为5%左右。

（3）对并联管路进行压力平衡计算。一般的通风系统要求两支管的压力损失差不超过15%，除尘系统要求两支管的压力损失差不超过10%，以保证各支管的风量达到设计要求。

当并联支管的压力损失差超过上述规定时，可用下述方法进行压力平衡。

①调整支管管径

这种方法通过改变管径，即改变支管的压力损失，达到压力平衡。调整后的管

径按式（13-2）计算，即

$$D' = D (\Delta P / \Delta P')^{0.225}$$

（13-2）

式中　D'——调整后的管径（m）；

　　　D——原设计的管径（m）；

　　　ΔP——原设计的支管压力损失（Pa）；

　　　$\Delta P'$——为了压力平衡，要求达到的支管压力损失（Pa）。

应当指出，采用该方法时不宜改变三通支管的管径，可在三通支管上增设一节渐扩（缩）管，以免引起三通支管和直管局部压力损失的变化。

②增大排风量。

当两支管的压力损失相差不大时（例如在 20％以内），可以不改变管径，将压力损失小的那段支管的流量适当增大，以达到压力平衡，增大的排风量按式（13-3）计算，即

$$L' = L (\Delta P / \Delta P')^{0.5}$$

（13-3）

式中　L'——调整后的排风量（m³/h）；

　　　L——原设计的排风量（m³/h）；

　　　ΔP——原设计的支管压力损失（Pa）；

　　　$\Delta P'$——为了压力平衡，要求达到的支管压力损失（Pa）。

③增加支管压力损失。

阀门调节是最常用的一种增加局部压力损失的方法，通过改变阀门的开度，来调节管道压力损失。应当指出的是，这种方法虽然简单易行，不需严格计算，但是改变某一支管上的阀门位置，会影响整个系统的压力分布。因此，只有经过反复调节，才能使各支管的风量分配达到设计要求。对于除尘系统还要防止在阀门附近积尘，引起管道堵塞。

（4）计算系统总压力损失。

（5）根据系统总压力损失和总风量选择风机。

13.3.2　通风除尘系统风管压力损失的估算

在绘制通风除尘系统的施工图前，必须按上述方法进行计算，确定各管段的管径和压力损失。在进行系统的方案比较或申报通风除尘系统的技术改造计划时，只需对系统的总压力损失做粗略的估算。根据经验的积累，某些通风除尘系统风管压力损失估算值如表 13-6 所示，供参考。表中所列的风管压力损失只包括排风罩的压力损失，不包括净化设备的压力损失。

表 13-6　通风除尘系统风管压损估算值

系统性质	管内风速（m/s）	风管长度（m）	排风点个数	估算压力损失（Pa）
一般通风系统	<14	30	2 个以上	300～350
一般通风系统	<14	50	4 个以上	350～400
炼钢电炉（1～5t）炉盖罩除尘系统	18～20	50～60	2	1200～1500（标准状态）
木工机床除尘系统	16～18	50	>6	1200～1400
砂轮机除尘系统	16～18	<40	>2	1100～1400
破碎、筛分设备除尘系统	18～20	50	>3	1200～1500
破碎、筛分设备除尘系统	18～20	30	≤3	1000～1200
混砂机除尘系统	18～20	30～40	2～4	1000～1400
落砂机除尘系统	16～18	15	1	500～600

13.4　通风管道的布置和部件

当建筑物内在不同地点有不同的送排风要求，或建筑面积较大，送排风点较多时，为便于运行管理，常分设多个送排风系统。系统划分的原则是：

（1）空气处理要求相同、室内参数要求相同的，可划为同一系统。

（2）同一生产流程、运行班次和运行时间相同的，可划为同一系统。

（3）对下列情况应单独设置排风系统：①两种或两种以上有害物质混合后能引起燃烧或爆炸；②两种有害物质混合后能形成毒害更大或腐蚀性的混合物或化合物；③放散剧毒物质的房间和设备。

（4）除尘系统的划分应符合下列要求：①同一生产流程、同时工作的扬尘点相距不大时，宜合为一个系统；②同时工作但粉尘种类不同的扬尘点，当工艺允许不同粉尘混合回收或粉尘无回收价值时，也可合设一个系统；③温湿度不同的含尘气体，当混合后可能导致风管内结露时，应分设系统；④在同一工序中如有多台并列设备，不宜划为同一系统，因为它们不一定同时工作。如需把并列设备的排风点划为同一系统，系统的总排风量应按各排风点同时工作计算。非同时工作的排风点的排风量较大时，系统的总排风量可按同时工作的各排风点的排风量计算，同时应附加各非同时工作排风点排风量的 15%～20%。在各排风支管上必需装设阀门，必要时，应与工艺设备联锁。

（5）当排风量大的排风点位于风机附近时，不宜和远处排风量小的排风点合为同一系统。增设该排风点后，会增大系统总的压力损失。

13. 4. 1　风管布置

风管布置直接关系到通风、空调系统的总体布置，它与工艺、土建、电气、给水排水等专业密切相关，应相互配合、协调一致。

（1）除尘系统的排风点不宜过多，以利于各支管间压力平衡。如排风点多，可用大断面集合管连接各支管。集合管内流速不宜超过 3m/s，集合管下部应设卸灰装置，如图 13-3 所示。

（2）除尘风管应尽可能垂直或倾斜敷设，倾斜敷设与水平面的夹角最好大于 45°（图 13-4）。如果由于某种原因，风管必须水平敷设或与水平面的夹角小于 30° 时，应采取措施，如加大管内风速、在适当位置设置清扫孔等。

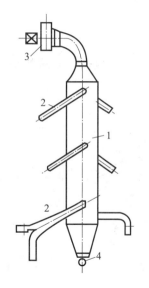

图 13-3　垂直安装的集合管

1—集合管；2—排风管；

3—风机；4—卸尘阀

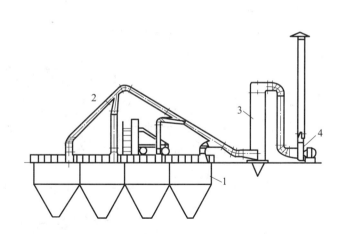

图 13-4　通风除尘管道的敷设

1—料仓；2—风管；3—除尘器；4—风机

（3）排除含有剧毒、易燃、易爆物质的排风管，其正压管段一般不应穿过其他房间。当穿过其他房间时，该段管道上不应设法兰或阀门。

（4）除尘器宜布置在除尘系统的风机吸入段，如布置在风机的压出段，应选用排尘风机。

（5）为了防止风管堵塞，除尘风管的直径不宜小于下列数值：排送细小粉尘（矿物粉尘），80mm；排送较粗粉尘（如木屑），100mm；排送粗粉尘（如刨花），130mm；排送木片，150mm。

（6）输送潮湿空气时，需防止水蒸气在管道或袋式除尘器内凝结，管道应进行保温。管内壁温度应高于气体露点温度10～20℃。

（7）进排风口的布置。

①进风口。

进风口是通风、空调系统采集室外新风的入口，其位置应满足下列要求：

a. 应设在室外空气较清洁的地点。进风口处室外空气中有害物质浓度不应大于室内工作地点最高允许浓度的30%。

b. 应尽量设在排风口的上风侧，并且应低于排风口。

c. 进风口的底部距室外地坪不宜低于2m，当布置在绿化地带时，不宜低于1m。

d. 降温用的进风口宜设在建筑物的背阴处。

②排风口。

a. 在一般情况下通风排气主管至少应高出屋面0.5m。

b. 通风排气中的有害物质必需经大气扩散稀释时，排风口应位于建筑物空气动力阴影区和正压区以上，具体要求如图13-5所示。

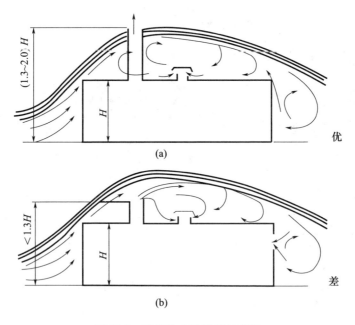

图13-5　建筑物上进排风口布置

c. 要求在大气中扩散稀释的通风排气，其排风口上不应设风帽，为防止雨水进入风管，可按图13-6所示的方式制作。

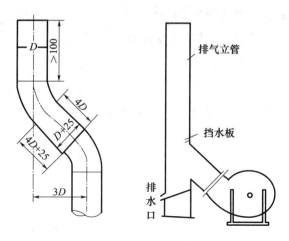

图 13-6　排风主管的排水装置

13.4.2　除尘器的布置

根据生产工艺、设备布置、排风量和生产厂房条件，除尘系统分为就地除尘、分散除尘和集中除尘三种形式。

1. 就地除尘

它是把除尘器直接安放在生产设备附近，就地捕集和回收粉尘，基本上不需敷设或只设较短的除尘管道。例如铸造车间混砂机的插入式袋式除尘器、直接坐落在风送料仓上的除尘机组和目前应用较多的各种小型除尘机组。这种系统布置紧凑、简单、维护管理方便。

2. 分散除尘

当车间内排风点比较分散时，可对各排风点进行适当的组合，根据输送气体的性质及工作班次，把几个排风点合成一个系统。分散式除尘系统的除尘器和风机应尽量靠近产尘设备。这种系统风管较短，布置简单，系统压力容易平衡。由于除尘器分散布置，除尘器回收粉尘的处理较为麻烦，但这种系统目前应用较多。

3. 集中除尘

适用于扬尘点比较集中，有条件采用大型除尘设施的车间。它可以把排风点全部集中于一个除尘系统，或者把几个除尘系统的除尘设备集中布置在一起。由于除尘设备集中维护管理，回收粉尘容易实现机械化处理。但是，这种系统管道长、复杂，压力平衡困难，初投资大，因此仅适用于少数大型工厂。

在布置除尘器时，还应注意以下问题：

（1）当除尘器捕集的粉尘需返回工艺流程时，要注意不要回到破碎设备的进料端或斗式提升机的底部，以免粉尘在除尘系统内循环。最好直接回到所在设备的终料仓或者回到向终料仓送料的皮带运输机或螺旋运输机上。为了合理处理回料问题，有时宁可加长管道，也要把除尘器布置在符合要求的位置。

（2）干法除尘系统回收的粉料只能返回不会再次造成悬浮飞扬的工艺设备，如严格密闭的料仓和运输设备（螺旋运输机或埋刮板运输机等）。

13.4.3 防爆与防腐

1. 防爆

爆炸是指物质从一种状态迅速变成另一种状态，在瞬间以机械功形式放出大量能量的现象。根据原因的不同，爆炸分为物理性爆炸和化学性爆炸两种。锅炉等受压容器，因内部压力超过设备承受压力所引起的爆炸属于物理性爆炸。可燃混合物因剧烈氧化反应而产生大量高温气体，使空间内压力剧增而形成的爆炸，称为化学性爆炸。

引起可燃混合物爆炸的基本条件为：

（1）可燃物浓度在爆炸极限内。

可燃物与空气混合物后，能够维持燃烧的最低浓度称为爆炸下限，其最高浓度称为爆炸上限。只有在上、下限之间，可燃物点燃后造成的局部燃烧放热，才能使周围可燃物达到燃烧条件。爆炸极限受使用条件的影响，随温度增高，爆炸下限降低，爆炸上限增高；随压力增大，爆炸下限变化不明显，但爆炸上限明显增高。

（2）可燃物温度高于着火点或燃点。

对于浓度在爆炸极限内的可燃物，如果温度低于着火点或燃点，因氧化反应速度较慢，反应放热不足以形成火焰，故不能形成爆炸。因此防爆最简单的方法是避免高温、明火及静电火花。为防止爆炸的发生，设计时应采取以下防爆措施：

①排除爆炸危险性物质的局部排风系统，其风量应按在正常运行和事故情况下，风管内这些物质浓度不大于爆炸下限的 50% 计算。

②防止可燃物在通风系统的局部地点（设备、管道或个别死角）积聚。

③排除或输送含有爆炸危险性物质的空气混合物的通风设备及管道均应接地。三角胶带上的静电应采取有效方法导除。通风设备及风管不应采用容易积聚静电的绝缘材料制作。

④当民用建筑内设有贮存易燃或易爆物质的单独房间（如放映室、药品库、实验室等）时，如设置排风系统，应设计成独立的系统。

⑤用于净化爆炸性粉尘的干式除尘器和过滤器应布置在风机的吸入段。

⑥甲、乙类生产厂房的全面和局部通风系统，以及排除含有爆炸危险性物质的局部排风系统，其设备不应布置在地下室内。

⑦用于净化爆炸危险性粉尘的干式除尘器和过滤器应布置在生产厂房之外（距敞开式外墙不小于 10m），或布置在单独的建筑物内。但符合下列条件之一时，可布置在生产厂房内的单独房间中（地下室除外）：a. 具有连续清灰能力的除尘器和过滤器；b. 定期清灰的除尘器和过滤器，当其风量不大于 15000m³/h，且集尘斗中的贮灰量不大于 60kg 时。

⑧排除爆炸危险性物质的局部排风系统，其干式除尘器和过滤器等不得布置在经常有人或短时间有大量人员逗留的房间（如工人休息室、会议室等）的下面或侧面。

⑨在除尘系统的适当位置（如管道、弯头、除尘器等）应设防爆阀。防爆阀不得装在有人停留或通行的地方。对于爆炸浓度下限大于 65g/m³ 的粉尘，可不设防爆阀。

2. 防腐

（1）各种常用防腐涂料的性能比较见表 13-7。

表 13-7 常用防腐涂料的性能比较

序号	涂料名称	型号	性能			漆膜干燥	备注
			耐蚀力	耐温	结合力		
1	耐化学过氯乙烯漆；棕色过氧乙烯底漆棕红色过氯乙烯防腐漆（瓷漆）；过氧乙烯清漆（防腐）；过氧乙烯漆稀释剂	G06-1 G52-1 HG52-2 XG-1	耐酸力强（无机酸），对浓度不大的碱尚耐蚀，对丙酮、苯、酯酸乙酯、氨水、二甲苯、三氧乙烯、氯仿不耐蚀，不易燃烧，防水、绝缘性好	60℃	较差	18～23℃ 4h 可干燥	有其他颜色，价格较贵，使用温度范围：−20～60℃
2	生漆（大漆）		耐酸力强，常温下耐有机酸，对氢氧化钠、硫化钠、氟化氢、苯、酒精等不耐蚀	200～250℃	较差	潮湿空气中 24h 可自干燥，150℃ 1～2h 可干燥	颜色很少，不美观
X3	漆酚树脂漆（改良生漆）				较好	常温 3h 表面可干燥，24h 可完全干燥	
4	酚醛树脂漆（电木漆）		耐有机溶剂、酸性盐类，对浓磷酸碱、硝酸等不耐蚀	125℃	较差	先在常温下干燥 3～4h，再用100℃烘烤2h表面可干燥，最后一层用170℃烧烤 4h，可完全干燥	颜色美观，光泽良好。抗水性亦好

序号	涂料名称	型号	性能			漆膜干燥	备注
			耐蚀力	耐温	结合力		
5	环氧树脂漆（烘干型）		耐碱力强，耐有机溶剂性能尚好，对苯、丙酮、乙醇、硝基苯、硝酸、硫酸等不耐蚀	150℃	较好	140℃ 40min 表面可干燥，160～180℃ 1h 可完全干燥	漆膜弹性、硬度均良好
	环氧树脂漆（自干型）					18～23℃ 24h 即干燥	
6	氯乙烯醋酸乙烯共聚体（耐晒抗腐蚀漆）		耐酸性气体和部分有机溶剂（石油溶剂和醇类溶剂），耐水、盐水的性能好、有优异的耐大气性能	45℃	较好	常温 30min 表面可干燥，12h 可完全干燥	漆膜坚韧、耐磨性好
7	沥青耐酸漆	L50-1	耐酸性气体、中等浓度以下的无机酸、40%以下的碱，对石油溶剂、丙酮硝酸、氧化剂等不耐蚀	70℃	较好	常温 6h 表面可干燥，48h 可完全干燥	
8	铝粉沥青防锈漆	L53-1	防弱腐蚀、防水	120℃	较好	25℃、相对湿度70%以下 6h 表面可干燥，48h 可完全干燥	
9	醇酸耐热瓷漆	HC61-1	防锈	420℃	较好	150℃ 1h 可干燥	耐光、保色、不粘、不裂性很好
10	醇酸耐热瓷漆	HC62-2	防锈	300℃	较好	150℃ 2h 可干燥	耐光、保色、不粘、不裂性好，较美观
11	黑色耐温烟囱漆		防锈，耐大气	300℃以下	好	25℃、相对湿度70%以下 6h 表面可干燥，24h 可完全干燥	不美观
12	磷化底漆	X06-2	代替钢铁的磷化处理，增加有机漆料和金属表面的附着力		极好	100℃ 20min 完全干燥	
13	红丹（防锈底漆）		防锈，与钢铁表面吸附力强	150℃以下	良好	20～25℃，相对湿度70%以下 10h 表面可干燥，24h 可完全干燥	不能单独涂刷，只能做底漆用
14	灰铅油		着色力强，不耐热和潮湿，耐大气	常温	较差	干燥时间 24h	做面漆用，一般刷在红丹层外

（2）涂料使用应注意的事项。

①涂料涂刷前必须做好金属表面处理工作，并保持彻底干燥。

②为了使处理合格的金属表面不再生锈或沾染油污，必须在3h内涂刷第一层底漆。对于返修的设备和风管等，在涂刷前必须将旧涂层彻底清除，并重新除锈或清理表面后，才能重涂各种涂料。旧涂层的清除有喷砂法、喷灯烤烧法和化学脱漆法等。

③在涂漆工作区应有消防设备，禁止点火，易燃、易爆的危险品应放在安全区内。

④涂料一般都具有一定毒性，涂刷时操作区内要求空气流通，以防中毒事故发生。

⑤使用前，应了解各种涂料的物理性质，并按规定的技术安全条件进行操作。

13.5 高温烟气管道系统的设计

13.5.1 高温烟气管道系统的设计特点

各种工业炉窑排出的烟气温度大都在200℃以上，有的在1000℃以上。它们的特点是烟气温度高、含尘浓度大。因此，设计时除了遵循常温通风管道设计的基本原则外，还应注意下列问题：

（1）为防止普通钢管变形，要采取各种方式进行高温烟气冷却。由于冷却后的烟气温度一般仍在 $100 \sim 150℃$，风管钢板厚度不宜小于4mm。

标准状态下烟气的密度按式（13-4）计算，即

$$\rho_0 = \frac{1}{22.4} \sum r_i M_i \tag{13-4}$$

式中　r_i——高温烟气中某一成分所占体积百分数；

　　M_i——高温烟气中某一成分的分子量。

实际状态下烟气的密度为

$$\rho_t = \rho_0 \cdot \frac{273}{273+t} \cdot \frac{P}{101 \times 3} \tag{13-5}$$

式中　t——烟气温度（℃）；

　　P——管道内气体的绝对压力（kPa）。

（2）为防止粉尘在管内沉积，同时又不使系统压力损失过大，风管内流速（按

标准状态计算）采用 $10\sim15m/s$ 较为适宜。温度高的烟气取小值，温度低的取大值。在风管无漏风的情况下，起始端用较小风速，以后逐步增大。烟气温度变化较大时，应分段计算，其计算温度取前后烟气温度的平均值。

（3）高温烟气管道系统的严密性比常温系统差，尤其是某些非紧密连接的部位，如转动连接箱、防爆门、清扫孔、套管式补偿器、除尘器等。在风管和设备计算中，要计入这些设备和部件的漏风量。

（4）对于有爆炸危险的高温烟气系统，应在适当位置设置防爆阀。

（5）高温烟气管道必须考虑热膨胀的补偿问题，在管道系统的适当位置应设置补偿器。

（6）为避免烟囱积尘落入风机，不使烟囱重力直接压在风机上，宜采用图 13-7 所示的落地烟囱。烟囱底部有盛灰箱和清灰门，可定期清灰。

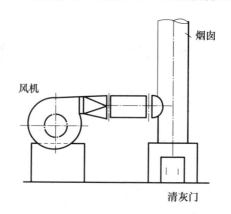

图 13-7　风机与烟囱的连接

（7）管道易积灰的部位需设置清扫孔，并在清扫孔附近设压缩空气接口，以便必要时用压缩空气清扫。

（8）在高温烟气系统中除尘器和风机的使用都受温度的限制，例如电除尘器使用温度一般在 $350\sim400℃$；袋式除尘器受滤料的限制，涤纶滤料为 $120\sim130℃$，玻璃纤维滤料为 $250℃$；高温烟气用的引风机最高使用温度为 $250℃$。因此，在高温烟气系统中必须根据使用要求，设置各种不同形式的烟气冷却装置。

13.5.2　高温烟气冷却方式的选择

1. 冷却方式的特点

烟气冷却方式分间接冷却与直接冷却两类，其特点如下：

（1）间接冷却，烟气不与冷却介质直接接触，一般不改变烟气性质。

（2）直接冷却，烟气与冷却介质接触，并进行热交换，烟气量及其成分可能改变。

2. 冷却方式选择

冷却方式的选择通常要考虑以下三个因素：

（1）烟气出炉温度与除尘设备及排风机的使用温度（表 13-8）。

表 13-8 除尘设备与排风机的使用温度

设备名称	使用温度（℃）	备注
旋风除尘器	＜450	在高于该温度下工作时，内衬或筒体可以用水套制作
袋式除尘器 棉织物 毛呢、柞蚕丝 玻璃 一般化纤布 高温化纤布	＜80 ＜90 ＜250 ＜150 ＜300	按玻璃的种类和处理方法的不同而异 按滤布纤维性能
电除尘器 干式 湿氏	＜450 ＜80	主要考虑防腐 材料的耐温性能
湿式除尘器	＜400	按设备结构及防腐材料性能的不同而异
排风机 高温排风机 锅炉引风机 其他排风机	＜450 ＜250 ＜200 ＜100	对于水冷轴承 对于滚动轴承

注：除湿式除尘器外各种除尘器的使用温度均应高于烟气露点温度 15～20℃。

（2）余热的利用。当烟气温度高于 700℃ 时，可根据供水、供电的具体条件分别选用风套、水套、汽化冷却或余热锅炉冷却烟气并产生热风、热水或蒸汽。

13.5.3 间接冷却

1. 冷却设备的传热计算

间接冷却的冷却设备如冷却烟道、水套、表面淋水冷却器等，所需的传热面积按式（13-6）计算，即

$$F = \frac{Q}{K\Delta t} \tag{13-6}$$

式中　Δt——烟气和冷却介质的温差（℃）；

　　　K——传热系数 $[kJ/(m^2 \cdot h \cdot ℃)]$；

　　　Q——烟气的散热量（kJ/h）。

高温烟气从温度 t_2 下降到 t_1，所放出的热量为

$$Q = \frac{V_0}{22.4} \int_{t_1}^{t_2} c_p$$
$$= \frac{V_0}{22.4} \bar{c}_p (t_2 - t_1) \tag{13-7}$$

式中 V_0——标准状态下烟气的体积流量（m^3/h）；

$\bar{c}_p$——0～t℃烟气的平均摩尔定压比热［kJ/（kmol·℃）］；

t_2、t_1——烟气冷却前、后的温度（℃）。

如果温度变化范围不大，或计算本身并不要求十分精确，一般可把理想气体的比热近似看作常数，称为气体的定压比热。根据能量按自由度均分的理论可知：凡是原子数相同的气体，摩尔比热也相同，其数值见表13-9。

表 13-9　摩尔定压比热（压力 101.3kPa）

原子数	摩尔定压比热［kJ/（kmol·℃）］
单原子气体	20.9340
双原子气体	29.3076
多原子气体	37.6812

对于由多种气体组成的混合气体的平均摩尔定压比热按式（13-8）计算，即

$$c_p = \sum r_i \bar{c}_{pi} \tag{13-8}$$

式中 c_p——混合气体平均定压比热［kJ/（kmol·℃）］；

$\bar{c}_{pi}$——混合气体中某一组分的平均摩尔定压比热，［kJ/（kmol·℃）］，见表 13-9；

r_i——混合气体中某一组分所占体积百分数。

当冷却设备漏风时，烟气散热量按式（13-9）计算，即

$$Q = \frac{V_0}{22.4} \left[c_{p2}t_2 - (1+K_1) c_{p1}t_1 \right] + \frac{V}{22.4} K_t \cdot c_k t_k \tag{13-9}$$

式中 K_t——冷却设备的漏风率（%）；

c_k——漏入空气的平均摩尔定压比热［kJ/（kmol·℃）］；

t_k——空气温度（℃）。

在 $K\Delta t < 4000 \sim 8000$kJ/（$m^2$·h）的情况下，特别是在干燥和炎热的气候下，考虑太阳辐射对传热的影响，冷却烟道的传热面积应按式（13-10）计算，即

$$F = \frac{Q}{K\Delta t - K_p Q_p} \tag{13-10}$$

式中 Q_p——太阳辐射能力［kJ/（m^2·h）］，在缺乏当地资料的情况下可取 2000kJ/（m^2·h）；

K_p——太阳的辐射系数。

$$K_p = \frac{F_a + 1.1F_c}{F} \tag{13-11}$$

式中　F_a、F_c——冷却烟道的水平和垂直投影面积（m^2）。

2. 烟气和冷却介质的温差

烟气和冷却介质的温差通常采用对数平均值 Δt_m，对数平均温差 Δt_m 可按式（13-12）计算：

$$\Delta t_m = \frac{(t_2 - t_{l2}) - (t_1 - t_{l1})}{2.3 \lg \dfrac{t_2 - t_{l2}}{t_1 - t_{l1}}} \tag{13-12}$$

式中　t_{l2}——冷却介质在烟气进口处的温度（℃）；

t_{l1}——冷却介质在烟气出口处的温度（℃）。

对于冷却烟道，冷却介质温度通常取 $t_{l1} = t_{l2}$，并且 t_{l1}、t_{l2} 与 t_1、t_2 相差很大，可忽略不计，Δt_m 可按式（13-13）和式（13-14）计算，即

$$\Delta t_m = \frac{t_2 - t_1}{2.3 \lg \dfrac{t_2 - t_{l2}}{t_1 - t_{l1}}} \tag{13-13}$$

$$\Delta t_m = \frac{t_2 - t_1}{2.3 \lg \dfrac{t_2}{t_1}} \tag{13-14}$$

当 $\dfrac{t_2 - t_{l2}}{t_1 - t_{l1}} \leqslant 2$ 时，可采用算术平均温差 Δt_p，按式（13-15）计算，即

$$\Delta t_p = \frac{1}{2} \left[(t_2 - t_{l2}) + (t_1 - t_{l1}) \right] \approx \frac{t_2 + t_1}{2} - t_{l1} \tag{13-15}$$

3. 传热系数 K 值的确定

传热系数 K 值与很多因素有关，计算也不易准确，通常除用计算方法外，还参照同类型生产数据确定。冶炼厂某些冷却方式的传热系数 K 值见表 13-10。

表 13-10　冶炼厂某些冷却方式的传热系数

冷却方式	烟气温度（℃）		K 值 [kJ/ (m²·h·℃)]
	进口	出口	
冷却烟道冷却	600	120	25～32
	500	120	22～29
水套冷却	1000	500	112～133（出水温度 45℃）
	900	500	104～119（出水温度 45℃）
风套冷却	1000	500	76～83（强制通风）
	900	500	72～79（强制通风）

续表

冷却方式	烟气温度（℃）		K 值 [kJ/ (m² · h · ℃)]
	进口	出口	
汽化冷却	1000	500	94～104
	900	500	83～94
表面淋水	1000	500	97～108

4. 冷却烟道冷却

这种方法是让高温烟气在空气中自然冷却。冷却烟道构造简单、容易维护，不会额外增大烟气体积，而且通过除尘器和风机的烟气体积是随温度的下降而减小的，但是这种装置传热效率低，因此烟气体积较大。

图 13-8 所示是管外自然对流的冷却烟道，冷却管直径通常为 100～200mm，因冷却烟道本身不能控制温度，为避免冷却过度，必要时在冷却烟道上装设有调节阀的旁通管。当生产设备与除尘器之间的距离较远时，可直接利用敷设在室外的长风管进行烟气的自然冷却。有的工厂为了增大风管的冷却面积，风管做人字形布置。这种方法主要用于烟气初温在 600℃ 以下、终温在 150℃ 范围内的烟气冷却。

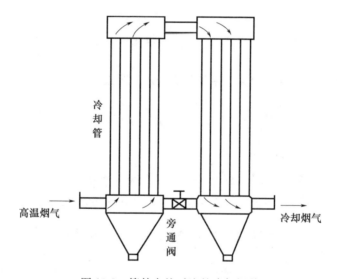

图 13-8 管外自然对流的冷却烟道

5. 利用水的间接冷却

这种方法是用金属做成水冷夹层，当高温烟气从烟管流过时，通过管壁将热量传出，由在夹层中流动的冷却水带走。常用的设备有水冷套管（图 13-9）和水冷式热交换器（图 13-10）。

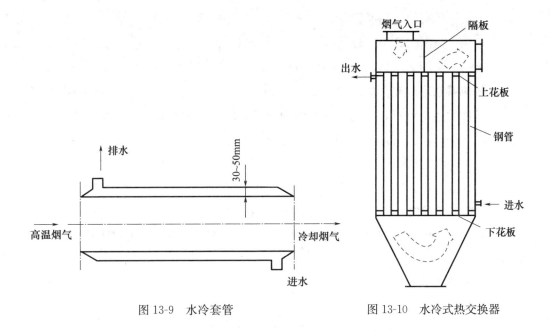

图 13-9　水冷套管　　　　　　　图 13-10　水冷式热交换器

用水冷套管冷却烟气，方法简单可靠，由于传热效率低，需要较大的传热面积。水套夹层厚度视具体条件而定。当冷却水硬度大，出水温度高，需要清理水垢时，应取 80～120mm；当冷却水为软化水，出水温度较低，不需清理水垢时，可取 50～80mm。为防止水层太薄、水循环不良，产生局部死角等，水冷夹层厚度不应太小。水套进水应从下部接入，上部接出。烟管壁应采用 6～8mm 厚的钢板制作，水套外壁用 4～6mm 厚的钢板制作。

水冷套管适用于生产设备和除尘设备之间距离较大的场合。有时也用在冶金炉出口处的烟罩、烟道、高温旋风除尘器壁和排气管上，用以保护设备，避免金属氧化物结块，同时进行烟气冷却。

水冷式热交换器传热效率高，设备和运行费用较低，是一种常用的高温烟气冷却设备。

传热系数 K 按式（13-16）计算，即

$$K = \frac{1}{\dfrac{1}{a_1} + \dfrac{\delta_d}{\lambda_d} + \dfrac{\delta_b}{\lambda_b} + \dfrac{\delta_i}{\lambda_i} + \dfrac{1}{a_2}} \tag{13-16}$$

式中　a_1——烟气与金属壁面的换热系数 [kJ/（$m^2 \cdot h \cdot ℃$）]；

　　　a_2——金属壁面与水的换热系数 [kJ/（$m^2 \cdot h \cdot ℃$）]；

　　　δ_d——管内壁灰层厚度（m）；

　　　δ_b——管壁厚度（m）；

　　　δ_i——水垢厚度（m）；

λ_d——灰层的导热系数 [kJ/ (m² • h • ℃)];

λ_b——金属的导热系数 [kJ/ (m² • h • ℃)];

λ_i——水垢的导热系数 [kJ/ (m² • h • ℃)]。

对传热系数影响较大的因素是 a_1、δ_d 和 δ_i。由于公式（13-17）中的各项数值难以进行准确的理论计算，K 值通常参照同类装置的经验数据确定。通常取 $K=30\sim60$J/ (m² • h • ℃) [108～216kJ/ (m² • h • ℃)]，烟气温度越高，K 值越大。

在同样的金属消耗量下，减小烟管管径可以增大传热面积，但管径不能过小，以免增大流动阻力和引起烟管积灰。一般采用 $d=50\sim70$mm 的钢管，管中心距为 (1.3～1.5) d。烟气在管内的流速推荐采用 10～15m/s（标准状态），直径大于 100mm 时可适当提高。水流速宜取 0.5～1.0m/s，使其达到紊流。冷却水的进出口温差一般取10～15℃。

冷却水量按式（13-17）计算，即

$$W=\frac{Q}{c_w (t_{w2}-t_{w1})} \tag{13-17}$$

式中　W——冷却水量（kg/h）;

　　　Q——烟气散热量（kJ/h）;

　　　c_w——水的比热 [kJ/ (kg • ℃)]，$c_w=4.18$kJ/ (kg • ℃);

　　　t_{w1}——冷却水的进口温度（℃），一般为 30～32℃;

　　　t_{w2}——冷却水的出口温度（℃），一般为 45～60℃。

6. 表面淋水冷却器

表面淋水冷却器是在设备或管道外表淋水进行烟气冷却的设备，如图 13-11 所示。设计时应注意以下问题：

（1）分水均匀。

为使设备外表布满水膜，每隔 1～2m 设一层分水板。图 13-12 所示为分水板的结构形式。

（2）喷水管。

通常采用直径为 38～50mm 的喷水管，按喷水量大小而定，管壁设孔径为 2～3mm、间距10～20mm 的喷水孔，以 45°向下喷淋在设备外表面。

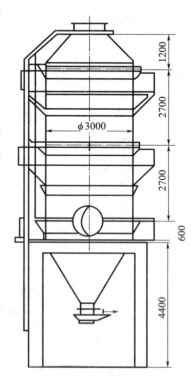

图 13-11　表面淋水冷却器

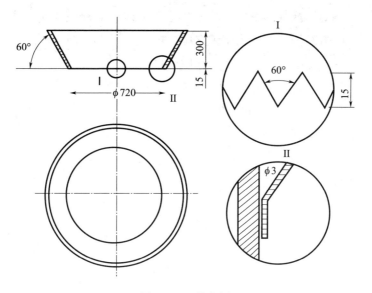

图 13-12 分水板

（3）铁锈的清理。

为防止铁锈等堵塞喷水孔和分水板，影响水膜均匀性，应考虑清理干净。

13.5.4 直接冷却

1. 吸风冷却

吸风冷却主要应用在袋式除尘器之前的烟气冷却。它是在烟道系统上装设一个带有普通调节阀的支管，一端与大气相通。调节阀可人工或自动操作，控制吸入烟道系统的空气量，使烟气温度降低，并调节在一定值。

吸风支管与烟道相交处的负压应不小于 $50\sim100$Pa，否则就要用专门的风机供给空气。吸入的空气应与烟气有良好的混合，然后进入袋式除尘器。这种方法的缺点是，烟气温度较高时，冷却烟气所需的空气量很大，管道系统、除尘器、风机都要相应增大。这种方法仅适用于烟气温度不太高的系统。由于该方法温度控制简单，在用其他方法将高温烟气温度大幅度降低后，再用这种方法可将温度波动控制在 $\pm10℃$。

需要吸入的空气量按式（13-18）计算，即

$$\frac{V_{k0}}{22.4}=\frac{\dfrac{V_0}{22.4}\times(c_{p2}t_2-c_{p1}t_1)}{c_{pk}t_2-c_kt_k} \tag{13-18}$$

式中 V_{k0}——吸入的空气量（标准状态下，m^3/h）；

V_0——标准状态下的烟气量（m^3/h）；

c_{p2}——0~t_2℃烟气的平均摩尔定压比热 [kJ/ (kmol·℃)];

c_{p1}——0~t_1℃烟气的平均摩尔定压比热 [kJ/ (kmol·℃)];

c_{pk}——4~t_2℃空气的平均摩尔定压比热 [kJ/ (kmol·℃)];

c_k——常温下空气的定压比热 [kJ/ (kmol·℃)];

t_2——烟气冷却前的温度 (℃);

t_1——烟气冷却后的温度 (℃);

t_k——被吸入空气温度 (℃), 按夏季最高温度考虑。

在常温下被吸入的空气量为

$$V_k = \frac{273+30}{273} V_{k0} \tag{13-19}$$

吸入点的空气流速为

$$v_k = \sqrt{\frac{2\Delta P}{\xi \rho_k}} \tag{13-20}$$

式中 ΔP——吸入点管道上的负压值 (Pa);

ξ——吸入支管的局部阻力系数;

ρ_k——空气密度 (kg/m³)。

2. 喷雾冷却

喷雾冷却是将水喷成雾状与热烟气直接接触,利用烟气的热量蒸发水分而降低烟气温度,其常用设备有喷雾烟道 (图 13-13) 及喷雾塔。

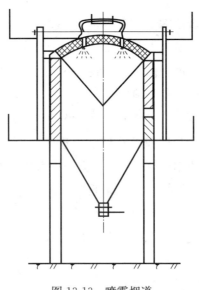

图 13-13 喷雾烟道

喷雾冷却的操作形式分干式运行和湿式运行两种。前者喷入水完全蒸发,没有泥浆及其引起的腐蚀，但要求雾化效果好，水压一般为 $0.35\sim1.0$MPa，维护严格，通常用于干式除尘之前，其出口温度应高于 $150℃$。后者喷入水不完全蒸发，产出部分泥浆。

喷雾冷却喷水量计算如下：

①干式运行。

$$W=\frac{Q}{r+c_w\ (100-t_w)\ +c_v\ (t_1-100)} \tag{13-21}$$

式中　W——喷水量 (kg/h)；

Q——烟气的散热量 (kJ/h)；

r——在 $100℃$ 下水的汽化潜热 (kJ/kg)，标准大气压下取 $r=2257$kJ/kg；

c_w——水的比热，$c_w=4.19$kJ/ (kg·℃)；

c_v——水蒸气的比热，$c_v=2.14$kJ/ (kg·℃)；

t_1——烟气冷却后的温度 (℃)。

②湿式运行。

喷水量等于蒸发量与泥浆水量之和，按式 (13-22) 和式 (13-23) 计算，即

$$Q=W_1\left[r+c_w\ (100-t_{w1})\ +c_v\ (t_1-100)\right]+\frac{W_1}{\varPhi}c_w\ (t_{w2}-t_{w1}) \tag{13-22}$$

$$W=W_1+W_2 \tag{13-23}$$

$$W_1/W_2=\varPhi \tag{13-24}$$

式中　W_1——蒸发水量 (kg/h)；

W_2——泥浆水量 (kg/h)；

t_{w2}——泥浆水温度 (℃)，通常比烟气出口温度低 $5\sim10℃$；

$\varPhi$——汽化系数 (%)；

t_{w1}——冷却水进口温度 (℃)。

当烟气含尘量很高时，应考虑泥浆的浓度，以不堵塞排出口为宜。

第十四章　洗气机噪声与振动控制

14.1　概　　述

机械或机器的运转或运动都会产生不同的振动，人们利用振动能达到所需要的目的或要求，也会利用一些技术手段，来防止振动对环境或人身造成的伤害。因此，振动控制技术不仅是防止环境污染所必需的，也是防止振动对生产、生活造成影响的必要措施。

隔振措施控制振动，从不同的传递方向来看，可分为积极隔振和消极隔振。积极隔振是防止机器或机械运转时产生振动或使振动不能影响周边的环境。消极隔振是防止周边的振动环境对设备或人身造成影响或伤害。在日常的生产、生活中，机器运动对周边环境造成影响的频率较高，因此本部分论述的重点是积极隔振。

14.2　基础隔振

在积极隔振体系中，控制振动主要有以下几种措施：

(1) 提高机械（机器）制造精度，从设备本身减小振动的量或参数；

(2) 多组或多台在同一个区域安装使用时，防止共振产生；

(3) 切断振动传播或传递的路径；

(4) 增加与振动元件相关的不动件的质量或采取吸振措施；

(5) 增加结构阻尼，消减振动峰值。

以上五条隔振措施，都离不开"基础隔振"这个概念。因此，讨论隔振都称基础隔振。随着研究的进展及隔振元件新技术的开发应用，研究人员提出了"无基础隔振"的概念。

以往对于存在振动的机器设备，传统或成为共同认知的规范方法就是凡是有振动产生就要有足够强大的基础来抗拒或防止机器设备因振动产生不稳定性，在设计中往往根据经验判定，一般机床机器采用的基础总体质量是机器设备的1～2倍。振动大机械设备，尤其是往复或上下运动的设备采用的基础质量则是机械设备的2～5倍，甚至10倍以上。

利用设备的基础来达到控制振动的目的并不是十分经济有效的。大基础仅仅是增加了大质量块 M，而力的传递并没有变化，由牛顿第二定律（$F=Ma$）可知，大质量只改变了加速度 a 和位移振幅，使振动和振动的传递减少。当然，机器基础应能保证可靠地支承机器，设计时应同时考虑机器的静力和动力，基础应同时满足强度和刚度要求，不使机器变形，以保证其精度和工作的可靠性。

如图14-1所示，在振动机械基础的四周开有一定宽度和深度的沟槽（防振沟），里面充填松软物质（如木屑等）或不填，用来隔离振动的传递。这是以往经常采取的隔振措施之一。但防振沟的不足处在于：①对高频振动隔离效果好，对低频振动隔离效果差。虽然其四周起到隔离作用，但它们可通过底部传递，所以对于波长较长的低频振动的隔离无能为力。②时间长久后，防振沟内难免会积聚油污、水及杂物等，一旦填实，就失去防振作用，所以往往防振沟在开始使用时起作用，日后效果越来越差。

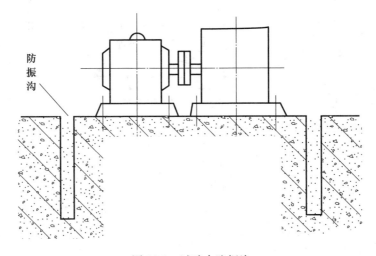

图 14-1 试验台防振沟

14.3 无基础隔振中的积极隔振

在无基础隔振体系中也有积极隔振和消极隔振之分，在此我们讨论积极隔振。

所谓无基础隔振，就是改变了传统的对基础的认知和概念，在存在振动的机械设备下直接安装隔振元件，不依靠重大质量的地基来保证设备的稳定性和防止振动的传播或传递。此处主要讨论无基础的隔振措施的实施或实现以及其理论基础。

图 14-2 所示是一振动机械（如柴油发电机组等）装以隔振元件的积极隔振模拟示意。为便于叙述和工程计算，通常对装有隔振元件机组的整个系统进行简化，其简化的依据是，根据工程计算要求假设，假定被隔振的设备和隔振元件相比，可以认为前者是只有质量（M）而没有弹性的刚体，而后者只有弹性（刚度 K）和阻尼（阻尼系数 C），质量可忽略不计，其振源是机械本身的激振力。$F = F_0 \sin \omega t$ 通常是旋转机械按正弦变化的简谐振动。它在激振力的作用下产生强迫振动，这时作用在物体 M（设备）上的力具有如下几种（假定向上为正）。

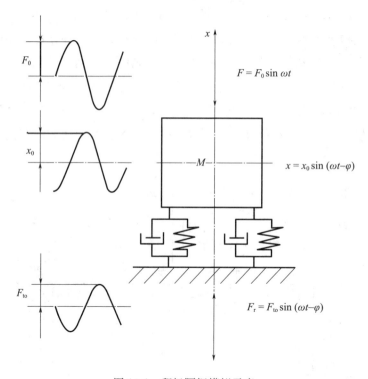

图 14-2　积极隔振模拟示意

1. 设备激振力（扰动力）

$$F = F_0 \sin \omega t \tag{14-1}$$

式中　F_0——最大激振力，即激振力的幅值（N）；

　　　ω——激振角频率（rad/s）。

2. 设备自身的重力

$$W = Mg \tag{14-2}$$

式中　M——设备质量（kg）；

g——重力加速度，取 $g = 980$（cm/s^2）。

3. 隔振元件的恢复力（又称弹性力或弹簧力）

$$K_0 \ (\delta_{st} - x) \tag{14-3}$$

式中　K——隔振元件的刚度（kg/cm）；

　　　δ_{st}——由设备自身重力（W）而引起的隔振元件的静挠度（静变形，cm），$\delta_{st} = \dfrac{W}{K}$；

　　　x——任一瞬间的设备振幅（位移）。

4. 隔振元件的阻尼力

$$-C\frac{dx}{dt} \tag{14-4}$$

式中　C——隔振元件的阻尼系数（kg·s/cm）；假定阻尼力和运动速度成正比，且与运动方向相反。

根据动力学原理，这四种力同时作用于物体上时，可列出该物体 M 的运动微分方程，即

$$F_0\sin\omega t - W + K \ (\delta_{st} - x) \ - C\frac{dx}{dt} = M\frac{d^2 x}{dt^2} \tag{14-5}$$

经过移项、整理，式（14-5）可简化为

$$M\ddot{x} + C\dot{x} + Kx = F_0\sin\omega t \tag{14-6}$$

这就是强迫振动的运动方程。对于工程实践中最常遇到的具有少量有限阻尼的强迫振动，其稳定的受迫振动解为

$$x = x_0\sin \ (\omega t - \phi) \tag{14-7}$$

式中　x_0、ϕ——分别为振动幅值、相角。

将 x 的一次、二次导数代入得

$$x_0 = \frac{F_0/K}{\sqrt{\left[1 - \left(\dfrac{\omega}{\omega_0}\right)^2\right]^2 + \left[2\left(\dfrac{C}{C_c}\right)\left(\dfrac{\omega}{\omega_0}\right)\right]^2}} \tag{14-8}$$

$$\phi = \text{tg}^{-1}\frac{2\left(\dfrac{C}{C_c}\right)\left(\dfrac{\omega}{\omega_0}\right)}{1 - \left(\dfrac{\omega}{\omega_0}\right)^2} \tag{14-9}$$

式中　ω_0——隔振系统（设备装隔振元件后的整个系统）的固有角频率（tad/s），$\omega_0 = \sqrt{\dfrac{K}{M}}$，角频率与振动频率的关系为 $\omega_0 = 2\pi f_0$；

　　　C_c——隔振系统的临界阻尼，$C_c = 2M\omega_0 = 2\sqrt{MK}$，与质量和固有频率或刚度有关。在隔振器的性能设计中，总是用阻尼因子（也叫阻尼比）来表

示系统的阻尼特性。

为了得知采用隔振措施后能降低多少作用力，必须求得传给地基的力 F_T。在这种有阻尼的隔振情况下，传给地基的力 F_T 由两部分组成，一部分通过隔振元件的弹性传递，得弹性力 Kx；另一部分通过隔振元件的阻尼传递，得阻尼力 $C\dot{x}=C\omega x$。

因为弹性力与位移成正比，而阻尼力与速度成正比，在矢量上两者之间相差一个 $90°$ 的相角，故传给地基的力 F_T（合力）应为矢量和，即

$$F_T = \sqrt{(Kx)^2 + (C\omega x)^2} = F_{T0} \sin(\omega t - \varphi) \tag{14-10}$$

在隔振计算中，有意义的是最大值，当位移 x 达到 x_0 时，传给地基的力 F_T 达到最大值 F_{T0}

$$F_{T0} = \sqrt{(Kx_0)^2 + (C\omega x_0)^2} = x_0\sqrt{K^2 + (C\omega)^2}$$

$$= F_0 \sqrt{\frac{1 + \left[2\left(\frac{C}{C_c}\right)\left(\frac{\omega}{\omega_0}\right)\right]^2}{\left[1 - \left(\frac{\omega}{\omega_0}\right)^2\right]^2 + \left[2\left(\frac{C}{C_c}\right)\left(\frac{\omega}{\omega_0}\right)\right]^2}} \tag{14-11}$$

$$\psi = tg^{-1}\frac{2\left(\frac{C}{C_c}\right)\left(\frac{\omega}{\omega_0}\right)^3}{1 - \left(\frac{\omega}{\omega_0}\right)^2 + \left[2\left(\frac{C}{C_c}\right)\left(\frac{\omega}{\omega_0}\right)\right]^2} \tag{14-12}$$

在隔振设计中，隔振效果用传递率 T_A 表示。对于积极隔振来讲，传递率 T_A 等于有弹性体隔振时作用于地基的力与无弹性体隔振时作用于地基的力之比，即

$$T_A = \frac{\text{有弹性体隔振时作用于地基的力}}{\text{无弹性体隔振时作用于地基的力}}$$

$$= \frac{\text{传递力幅值}}{\text{激振力幅值}}$$

$$= \frac{F_{T0}}{F_0}\sqrt{\frac{1 + \left[2\frac{C}{C_c}\left(\frac{\omega}{\omega_0}\right)\right]^2}{\left[1 - \left(\frac{\omega}{\omega_0}\right)^2\right]^2 + \left[2\frac{C}{C_c}\left(\frac{\omega}{\omega_0}\right)\right]^2}} \tag{14-13}$$

14.4 隔振元件的分类

隔振元件通常分为隔振器和隔振垫两大类。前者有金属弹簧隔振器、橡胶隔振器等，后者有橡胶隔振垫、酚醛树脂玻璃纤维板等。

1. 隔振器

隔振器是连接设备和基础的弹性元件，用以减少和消除由设备传递到基础的振

动力或由基础传递到设备的振动。设计和应用隔振器时，须考虑的因素有：能提供所需的隔振量；能承受规定的负载；能承受的温度范围和其他环境条件（湿度、腐蚀性流体等）；隔振特性（如固有频率、阻尼比、动静刚度的关系、静态压缩量与负载的关系等）；隔振器质量和空间的限制。

当扰动频率低于质量（设备）弹簧系统的固有频率时，隔振器不起隔振作用；当扰动频率与固有频率相近时，振动就会放大；只有当扰动频率大于固有频率的$\sqrt{2}$倍时，才有隔振效果。通常要求扰动频率大于固有频率的2～3倍，以便获得良好的隔振效果。

（1）金属弹簧隔振器。这是一种用途很广泛的隔振元件，从轻巧的精密仪器到重达百吨的设备都可广泛应用，通常用在静态压缩量需要大于5cm或者温度与其他环境条件不容许采用橡胶等材料的地方。

其优点为：

①静态压缩量大，固有频率低，使低频隔振良好；

②能耐受油、水和溶剂等侵蚀，温度变化也不影响其特性；

③不会老化或蠕变；

④大批量生产时，特性变化很小。

其缺点为：

①本身阻尼很小，使共振时传递率非常大；

②高频时容易沿钢丝传递振动；

③容易产生摇摆运动，因而常常需要加上外阻尼（如金属丝、橡胶等）和惰性块。

目前，国产金属弹簧隔振器有 ZM-129 型、ZT 型、TJ 型等。

（2）橡胶隔振器。这是一种适合于中、小型机器设备和仪器隔振之用的隔振元件，它多用于受切、受压或切压的情况，很少用于受拉的情况。它的静刚度在不同方向是不同的，但通常仅提供垂向静刚度。

其优点为：可以做成各种形状和不同刚度，内部阻尼作用比铜弹簧大，并可隔绝低至 10Hz 左右的扰动频率。

其缺点为：

使用时间长了会发生老化现象，在重负载下会有较大蠕变（特别在高温度时），所以不应受超过 10％～15％（受压）或 25％～50％（切变）的持续变形。

目前，国产橡胶隔振器有 JG 型、BE 型、Z 型等。

2. 隔振垫

隔振垫是适用于中小型机器设备的隔振元件，其自身厚度小、价格低、安装方便，又可裁剪成所需的大小尺寸，并能重叠使用，尤其在目前机器设备转速比较高的情况下，使用时能达到良好的隔振效果。但相比于金属弹簧隔振器，其固有频率较高，一般在 10Hz 以上、20Hz 以下，个别的有 5～10Hz。

（1）橡胶隔振垫。其特性与橡胶隔振器相以，但由于橡胶在受压时的容积压缩量极小，仅在横向凸出时才能压缩，故通常做成凹凸形、槽形成交错半圆弧形，以便增加其压缩量和各个方向的变形。

目前，国产橡胶隔振垫有 SD 型、WJ 型，SD 型已广泛地应用于水泵、风机（转速较高）与其他机器设备之中。

（2）酚醛树脂玻璃纤维板。用各种密度和纤维直径的品种，用少量粘结剂将纤维胶结在一起。它的刚度通常随密度、纤维直径和静态压缩量的增加而递增，采用保温用的酚醛树脂玻璃纤维板，在未加负载时总厚度为 5～15cm，常用负载 0.1～0.2kg/cm²，阻尼比 0.04～0.07，固有频率 5～10Hz，由于承载面积较大和静态压缩量大，通常需用混凝土机座，并且在施工和使用时，要防止水、砂浆等渗入。

3. 其他隔振元件

随着科技的进步，对设备隔振的要求越来越高，隔振元件的发展也是多种多样，有靠动力吸振的隔振元件，也有像洗气机中应用的靠静力吸振的静力吸振器。

14.5 惰 性 块

安装在机器与隔振元件之间的隔振机座通常由型钢或混凝土构成。钢机座制作安装方便，自重也较轻。许多机器的隔振机座常由沉重而刚性好的混凝土惰性块构成，其作用是：

（1）可以减少运动。有的机器，例如锻床，有着沉重而不平衡的运动部件，而往复式引擎或压缩机几乎有 1/3 机器质量的低频惯性力在运动着，系统基本上失去平衡，缸数为奇数时尤为严重。因此，必须大幅度增加其有效质量。

（2）有的机器本身的力阻抗较低，但是对精确度又有一定的要求。为了使机器能够正常工作，并有良好的隔振效果，就必须把它固定在力阻抗高的结构物上。采用惰性块后，使隔振元件与其接触处有了很高的力阻抗。

（3）可降低隔振系统的重心，以提高其稳定性。当扰动频率较低时，降低固有频率和保持适当的稳定性的最佳办法就是采用质量大的机座，并使隔振元件位置与机器重心在同一水平面上。

（4）有时应用刚度低的隔振元件，例如钢弹簧，会产生不能容许的摇摆运动，使机器不能正常工作。采用惰性块可有效地限制其运动，并提供所需的隔振量。

（5）混凝土惰性块的质量如果分布适当，可大大减少质量不均匀分布的影响。

（6）应用于有流体的机器隔振时，可以减少反力的影响。

（7）许多机组有着几台设备，并由电动机来驱动另一台设备，如用半刚性传动轴来联接电动机和压缩机、泵等。为了使这些机器的误差保持在容许限度之内，需要把它们安装在一块共同惰性块上。由必须连续支承的几台设备组成的系统，如光学校正系统，也需用惰性块。

惰性块的质量至少应等于所隔振机器的质量，最好有两倍质量，而往复式引擎和压缩机等通常需 3～5 倍的质量。锻床则由传至惰性块的动力和机器的容许运动来决定。轻型机器可采用机器质量的 10 倍。

惰性块的隔振量由式（14-14）估算，即

$$\Delta L_{M2}=20\lg\left(1+\frac{M_2}{M_1}\right) \tag{14-14}$$

式中　M_1——机器设备质量（kg）；

　　　M_2——惰性块质量（kg）。

由式（14-14）可得出表 14-1。

表 14-1　惰性块隔振量

M_2/M_1	1	2.16	4.16	9	30	100
ΔL_{M2}（dB）	6	10	15	20	30	40

14.6　静力吸振及静力吸振器

14.6.1　传统隔振机理分析

1. 金属弹簧隔振器变形成因分析

金属弹簧的隔振是靠金属弹簧的弹性变形来实现的，它的变形量大小取决于金属的弹性。圆柱形弹簧的隔振效果与弹簧的圈数无关，但是多圈弹簧的变形量等于各圈变形量的总和。所以，多圈弹簧相比于单圈或少圈弹簧，只能带来不好的影响，无任何好处。

圆柱形螺旋是一个等量变形结构，因为它是整体受力，各圈受力是相等的，因此各圈的变形量也是相等的。总变形量等于各圈变形量之和，即 $\Delta h = n\Delta h$（图 14-3）。

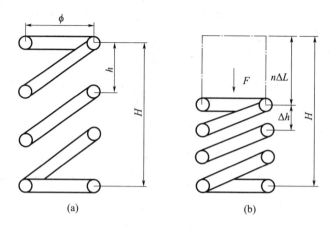

图 14-3　圆柱形螺旋

　　在传统隔振设计中，依靠增加振动体的质量或增加惰性块的办法来吸收振动能量能取得很好的隔振效果。能否用其他方式或手段来达到这一目的呢？我们采取动力吸振和静力吸振来代替设备质量或惰性块，分析如下（图 14-4）。

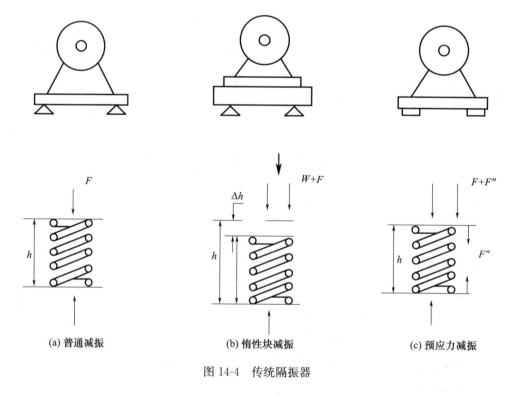

(a) 普通减振　　　　　　(b) 惰性块减振　　　　　(c) 预应力减振

图 14-4　传统隔振器

　　如图 14-4（a）所示：当弹簧受到力 F 时，根据牛顿定律，作用力与反作用力大小相等，方向相反，弹簧的作用力为 F'，$F = F'$，此时系统保持动态平衡。当设备工作时，F 变大为 $F+g$（g 为动态载荷），并按一定频率反复运动。弹簧此时也按荷载的变化而变化，起到隔振作用。由于系统是动态平衡，所以系统动感较强。

如图 14-4（b）所示，受力分析同上，除了惰性块吸收部分能量外，系统仍是一个动态平衡系统，只不过动感略小一些而已。

如图 14-4（c）所示，如果弹簧在受力前先给它一个力 F''，F'' 要大于 F 一倍或数倍，弹簧高度为 Δh，当受到力 F 时，有三种情况：①$F+g<F''$；②$F+g=F''$；③$F+g>F''$，如果①$F+g<F''$，则 Δh 保持不变，此系统是静态平衡系统，当②$F+g=F''$ 时是一个不稳定的数值，则此系统为动态平衡系统，当③$F+g>F''$ 时继续变小，产生新的动态平衡至失效。

2. 金属弹簧隔振器力学分析

隔振器的工作环境及自身特性决定其是一个受力元件，它主要支撑设备及振动的荷载，所以它的力学特性是以受压力为主的。通过改变力学结构，提高其各种性能指标，我们为此做一些力学分析，以及金属弹簧的受压分析和受拉分析。

（1）金属弹簧受压时，两个压力点之间的距离缩短，弹簧受到拉力时，两个拉力点之间的距离增加。

（2）金属弹簧受压时，弹簧圈直径加大，弹簧受到拉力时，弹簧圈直径变小。

（3）金属弹簧受压时，各圈间距离等于零时，弹簧失效，隔振效率为零，弹簧受到拉力时，只要在抗拉强度以内，就永远有效。

（4）金属弹簧受压时，压力全部转化为扭力，弹簧受到拉力时，扭力由大变小，拉力由小变大，扭力转变成拉力。

（5）金属弹簧受压时，受力方向与变形方向垂直，弹簧受到拉力时，拉力与变形平行。

（6）金属弹簧受压时，各圈间的距离等于零时，变成刚体，达到工作极限，弹簧受到拉力时，钢丝拉直至拉断是工作极限。

（7）金属弹簧受压时，在有效段内弹簧是振动自由体，弹簧受到拉力时，隔振效率随负荷变化很小，单圈拉簧也是靠晶格变形吸收振动能量。

（8）多根弹簧机械组合在一起或拧绕成钢丝绳，它的隔振效率大于同等钢丝绳同样直径（断面）的单根钢丝，因为它除了晶格变形产生热量外，组成绳的各钢丝之间摩擦也产生热量，吸收振动能量。

3. 传统隔振器变形及带来的影响

（1）安装精度不易掌握。

（2）抵抗水平扰力差。

（3）容易摇摆。

（4）隔振器疲劳失效，寿命短。

（5）引起共振。

14.6.2 静力吸振及静力吸振器

1. 静力吸振

在隔振理论与实践中有双层隔振和动力吸振，这些在隔振技术中都起了很大的作用。但是这些技术中仍存在着变形摆动、共振等不稳定因素。因此，在双层隔振［图 14-5（a）］和动力吸振［图 14-5（b）］基础上进一步发展，用静力吸振［图14-5（c）］来解决以上不足。

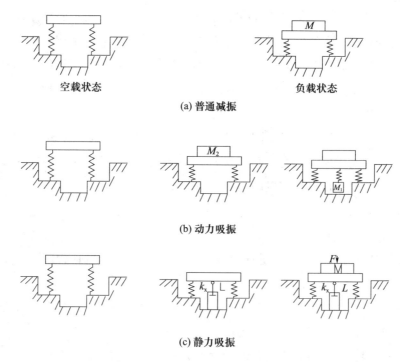

图 14-5 三种吸振方式对比

从以上三组图中可以看出，前两组的共同特点是负载之后，隔振器受力变形，设备势能与弹性势能相等，弹簧始终存在着一个恢复力，而第三组则不同，它在负载之前受力变形，即受一个比质量 M 大得多的力，使在负载以后隔振器仍不变形，它的吸振原理与动力吸振有所区别。

所谓静力吸振就是在隔振器负载前就给它一个与动力吸振 M 相当的力 k_x。它与动力吸振的区别是，M_2 是一个永恒不变的一个质量，而静力吸振中的力 L 是一个随 M_1 振动变化而变化的力，这个力 L 是一个变量，当空载即 $M=0$ 时，$L=k_{xmax}$，负

载后 $M < L$，$L = k_x - M$，当 M 工作时，不管是反复运动还是恒速转动，L 始终自动随 M 工作变化而变化，使 k_x 永远大于设备 M 和设备工作时的振动力 F 的合力而保持一个平衡，起到吸振的作用。因此系统虽然没有位移的变化，但 L 内部受力的情况是始终变化的，它的工作条件 $m + g$（振动力）$< L$（空载时的力），动力吸振是 M_1 与 M_2 互相抵消，而静力吸振是补偿和替代，它是靠势能相互转换来吸收振动能量，所以静力吸振从根本上解决了隔振器变形摆动及共振等问题。

$$空载时，\qquad\qquad L = k_x \qquad\qquad (14\text{-}15)$$

$$负载时，\qquad\qquad L = k_x - M + F \qquad\qquad (14\text{-}16)$$

$$F = F\sin\omega t = k_x - M + F_0\sin\omega t \qquad\qquad (14\text{-}17)$$

2. 静力吸振器

根据静力吸振理论、非等量变形理论及稳定性结构理论，我们设计了两种新型隔振器（图 14-6 和图 14-7），即金属弹簧静力吸振器（GTL 型）和钢丝绳橡胶静力吸振器（GSL 型）。

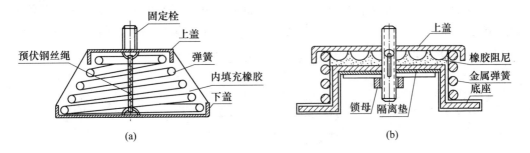

图 14-6　金属弹簧静力吸振器（GTL 型）

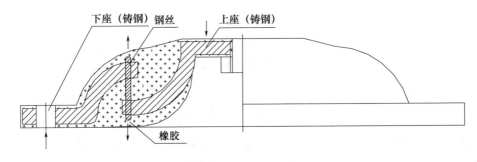

图 14-7　钢丝绳橡胶静力吸振器（GSL 型）

由于圆柱形螺旋弹簧是一个三维自由体，除了在铅垂方向的往复振动外，水平方向是不受任何制约的，所以它属于不稳定结构，为了使它成为稳定结构并具有非等量变形，应将圆柱形改为圆锥形。圆锥形螺旋弹簧受力时，由于各圈直径不同，受力的变形量也不同，每圈弹簧受力变形是一个范围值，当所受的荷载是一个固定值时，如果因受力而变形，在此范围内，只有整个圆锥形螺旋弹簧中的一点平衡，整体由变形最大到变形最小，它的变形量是一个累计值，所以当荷载按一定频率变化时，它的变形量只等于一圈弹簧的变形量，而且变形量很小，利于稳定。另外，由于圆锥形螺旋弹簧是一个稳定结构，它能抵抗很强的水平方向的力。

按图 14-7 所示，将上下座用钢丝绳连接好以后，用生橡胶填充，放入橡胶模具中，通过模具给上座一个外力 F，这个外力作用在钢丝绳上，当橡胶硫化后脱模时，这个外力就转移给上下座之间的橡胶上，此时隔振器内部静力形成，工作时就可达到吸振的目的。

从目前各种类型隔振器的特点及受力分析得知，几乎所有隔振器全部是受压型，即是压力型，而我们研制的 GSL 型隔振器则是拉力型。传统隔振器受压元件是金属弹簧和橡胶，而新型隔振器受拉元件是钢丝或钢丝绳。在 GSL 型隔振元件结构中，有四部分，即上座、下座、钢丝绳、橡胶。上座、下座由钢丝绳相连组成主体，上座与振动源（设备）接触，下座与基础（地面）接触，振动的能量通过下座被钢丝绳和起填充固定作用的橡胶吸收，从而达到隔振目的。根据分析得知，钢丝绳由若干根极细的钢丝组成，而单根钢丝的形状是螺旋形（图 14-8）。

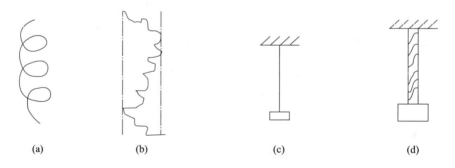

(a) (b) (c) (d)

图 14-8 钢丝绳隔振原理

单根螺旋钢丝受力，只能承受很小的力，否则就变形拉直。如果很多螺旋形钢丝拧在一起就成为钢丝绳，可受巨大的拉力。金属弹簧或橡胶弹簧吸收能量是靠晶格变形来吸收能量，而钢丝绳则是通过组成钢丝绳的钢丝之间的摩擦吸收能量，因为每根钢丝都有阻尼，组合成一阻尼群形成很大的振阻。

从钢丝绳振动的传播得知，同样粗细的圆钢和钢丝绳受到同样的能量振动时，它们的传递比或传递率是不一样的（图 14-9）。

通过声阻抗的概念得

$$R=rv$$

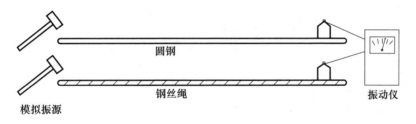

图 14-9 圆钢与钢丝绳传递率比较

声阻抗 R 的大小与介质截面和时间的积成反比,即截面面积越小,声阻抗 R 就越大,所以钢丝绳的声阻抗要比同等圆钢的声阻抗大得多。除此之外,还有其他优点:

(1) 载荷变形曲线非线性,即变刚度性,其典型的载荷变形曲线如图 14-10 (a) 所示,图中同时给出了线性弹簧以比较。从图中可看出:采用这类隔振器,增加了隔振设备的稳定性;设备大或瞬时超载荷对隔振器影响不大,有明显的超载荷能力,并且在较宽的载荷范围内能维持基本不变的固有频率,有较强的冲击保护作用,能吸收较大的振动能量。

(2) 有较好的变阻尼特性,在振动条件有随位移改变的非线性阻尼特性,即在高频低振幅时阻尼小,而低频大振幅时阻尼大,这样的组合特性完全满足了振动要求,所以它无论是在共振区还是在隔振区都能获得最小的传递率。其典型的阻尼传递率曲线如图 14-10 (b)所示,通常阻尼变化范围为

$$\frac{C}{C_c} = 0.15 - 0.20$$

与常规的橡胶隔振器(0.07 左右)相比,有较好衰减波形,如图 14-10 (c) 所示。钢丝绳隔振器的振动衰减波形衰减得很快,一个波(或两个波)高峰过后就几乎完全消失了;而橡胶隔振器的振动衰减波形经过六七个波之后还会有小的脉动,之后才逐渐消失,这体现出钢丝绳隔振器在阻尼特性上的优越性。这种阻尼特性是通过钢丝之间的点接触,在振动条件下,相互滑动而产生机械摩擦,进而产生干摩擦阻尼。由于钢丝绳一般受拉伸作用,随着拉伸量及振动的变化,成千上万个(无数个)接触点也在不断变化,因而避免了局部性的经常摩擦,再加上一般钢丝绳只在拉伸到弹性极限长度以下使用,因此不会超过钢丝的弹性极限。这种钢丝绳隔振器把冲击与振动结合在一起,收到以前从未得到过的性能。目前国内生产的压力型有三种,额定负荷分别在(200±150)kg、(500±300)kg、(1200±500)kg,固有频率为 15~25Hz,阻尼变化范围在 0.15~0.2。

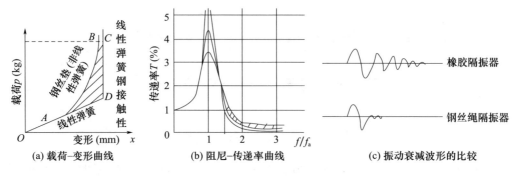

图 14-10　钢丝绳隔振器性能曲线

　　GSL 型隔振器中橡胶的作用有：第一，阻尼作用；第二，填充固定钢丝的作用；第三，抵抗水平扰力；第四，保护上下座不腐蚀氧化；第五，使振源和基础与隔振器的接触面有较大的摩擦力。

　　钢丝绳绕制特性分析：先给每根钢丝一个扭力，钢丝为克服阻力而弯曲，若干根钢丝缠绕在一起工作时，钢丝断面既要抗拉又要抗扭，如果钢丝只有一根或不缠绕而成一束，就只有抗拉，和琴弦一样，钢丝缠绕的松紧度与扭力大小有关，扭力大可紧，扭力小便松，由于各根钢丝互为阻尼，固有频率很低，频率比很容易大于 $\sqrt{2}$，所以隔振效率也很高（图 14-11）。

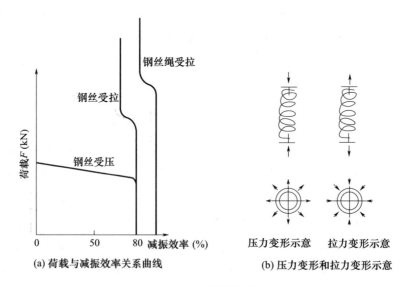

图 14-11　特性分析

　　以上证明，GSL 型隔振器完全克服了金属弹簧、橡胶弹簧的缺点。

3. 钢丝绳吸振器与其他减振器的共振图谱及分析

（1）图谱。

①设备的自身振动曲线（图 14-12）。

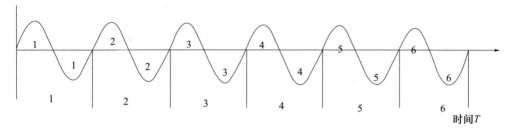

图 14-12　设备自身振动曲线

②金属弹簧减振器单振衰减曲线（图 14-13）。

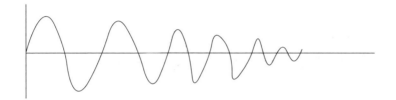

图 14-13　金属弹簧减振器单振衰减曲线

③橡胶减振器单振衰减曲线（图 14-14）。

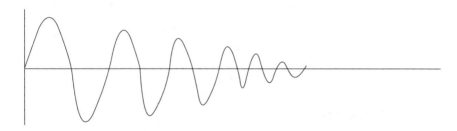

图 14-14　橡胶减振器单振衰减曲线

④钢丝绳减振器单振曲线（图 14-15）。

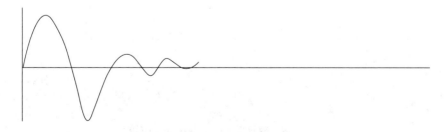

图 14-15　钢丝绳减振器单振曲线

⑤金属弹簧减振器共振合成曲线。

若减振器单振衰减曲线能有五个峰，则共振合成曲线如图 14-16 所示。

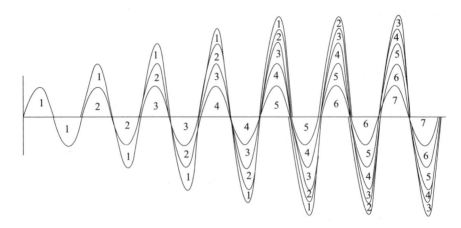

图 14-16　金属弹簧减振器共振合成曲线

⑥橡胶减振器共振合成曲线。

若减振器单振衰减曲线有三个波峰，则共振曲线如图 14-17 所示。

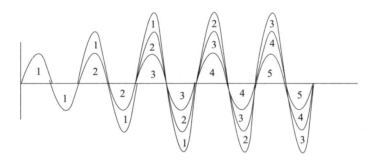

图 14-17　橡胶减振器共振合成曲线

⑦钢丝绳减振器共振合成曲线

若减振器单振衰减波形有一个波峰，则共振曲线如图 14-18 所示。

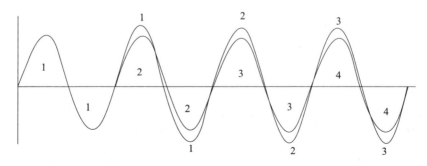

图 14-18　钢丝绳减振器共振合成曲线

（2）分析。

由以上曲线得知，共振时如减振器单振有多个波峰，则衰减周期的共振波峰等于多个波峰的叠加或合成。因此单振衰减波峰多，则共振波峰大，影响也大；单振波峰少，则共振波峰小，影响也就小。由此看出钢丝绳减振器单振衰减波很小，非常接近设备的自身振动，所以共振造成的影响微乎其微。

14.6.3　钢丝绳性能参数测试

1. 不同形式的钢丝绳受拉形变模拟试验

（1）试验目的：通过试验，记录下多根松散的钢丝与同样的多根钢丝拧成的钢丝绳在受到同样的拉力时的形变情况。

（2）试验用品：用有弹性塑料绳代替钢丝绳，铁丝、刻度尺等。

（3）试验步骤：

将八根塑料绳拧在一起，两端系紧，作为第一种形式的钢丝绳。将八根塑料绳松散地放在一起，两端系紧，作为第二种形式的钢丝绳。将两根绳子连接在一起垂直悬挂起来。如图 14-19 所示，两组钢丝绳长度需相等，并测出其初始长度。$H=$ 20cm，在下端施加拉力 F。

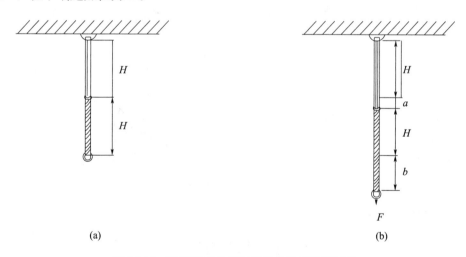

(a) (b)

图 14-19　不同形式的钢丝绳受拉形变模拟试验

$H=20$cm，$2H=40$cm，当在下端施加拉力 F 时，有下列试验数据（表 14-2）。

表 14-2　试验数据

拉力（N）	总长度（cm）	总增加量（cm）	$H+a$（cm）	a（cm）	$H+b$（cm）	b（cm）
F	40	0	20	0	20	0
F_1	42	2	20.5	0.5	21.5	1.5
F_2	44	4	21	1	23	3
F_3	46	6	22	2	24	4
F_4	48	8	22.7	2.7	25.3	5.3

（4）结论

当连在一起的绳子受到同样一个拉力 F 作用时，它们的变形量是不同的。$b<a$，当 F 解除时，绳子恢复原有的形状，由此证明，钢丝绳具备弹簧的特性，它的变形量要比松散自由状的钢丝大得多。

2. 钢丝绳受力伸长量测试

（1）目的：测定钢丝绳的荷载与变形之间的关系。

（2）材料：钢丝绳 $\phi1.5$、$\phi2$、$\phi3$、$\phi4$、$\phi5$ 五种，有效段 1000mm。

（3）试验（图 14-20）。

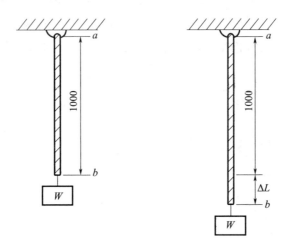

图 14-20　试验示意

（4）钢丝绳各项指标参数见表 14-3。

表 14-3　钢丝绳各项指标参数

型号	直径 mm		钢丝总断面积（mm²）	钢丝绳公称抗拉强度（MPa）				
	钢丝绳	钢丝		1400	1550	1700	1850	2000
				钢丝破断拉力总和（N）				
7×7	1.5	0.1	0.385	538	597	655	712	770
7×7	2	0.2	1.539	2155	2385	2616	2847	3078
7×7	3	0.3	3.462	4847	5366	5885	6405	6924
6×19	5.4	0.3	8.054	11276	12484	13692	14900	16108

测试不同 W 时 ΔL 的值，填入表 14-4 中。

表 14-4　试验数据

种类	参数	1	2	3	4	5	6	7	8	9	10	11	12
$\Phi 1.5$	W	30	40	50	60	70	80	90	100	110	120	140	160
	ΔL	3.3	3.8	4.4	4.7	5.7	6.1	6.8	7.6	8.2	8.8	9.5	11.3
$\Phi 2$	W	60	100	180	220	250							
	ΔL	1.4	2.7	5.0	9.6	10.9							
$\Phi 3$	W	170	220	270	320	370	420	470					
	ΔL	4.0	5.1	5.8	6.6	7.7	8.9	10.4					

（5）绘制曲线（图 14-21）。

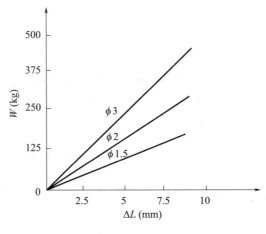

图 14-21　钢丝绳性能曲线

14.6.4　静力吸振器的特点

由两个不同性质的材料（固有频率）单元合成一个新的减振或吸振元件，这两个材料单位形成一个阻尼耦，在工作状态下，不但起到了不变形减振或吸振作用，而且完全避免了共振的产生，因为它们受到的力是静力，而不是击力。

刚体与不变形弹性反共振全系的区别：

（1）刚体是振动的良导体，它是一段起支承作用的承载物。它没有势能，同时也不能储存能量。振动是一种能量，只有将其能量转变为热能或用反振动能量才能将其消除。

（2）组成静力吸振体系的弹簧和钢丝绳在减振过程中分别起到不同的作用，弹簧起支承作用，钢丝绳的作用是产生反共振并吸收振动的能量。弹簧的荷载能力要

大于或等于静载荷加上最大动载荷，即弹簧承受的是静载荷，钢丝绳承受的是动载荷，而产生振动的则是动载荷而非静载荷。

刚体与吸振体系是形态等效，隔振不等效，在工作过程中刚体的内部无任何变化，而吸振体系的则不停地随运载荷变化而变化，因此不能等同视之。

14.7 管道消声与消声器

除了风机本身振动引起的噪声，管道的振动以及管路中气流的高速运动也会引起设备的噪声，因此，需要管道消声技术来处理。

14.7.1 防止管道串声

有隔声要求的相邻房间之间的送（回）风支管的距离应适当加长，如送（回）风是同一管路系统，更需注意采用消声措施来避免相邻房间之间的串声，必要时可分开成两路系统，否则系统的噪声控制将被破坏。管道串声问题常为人们所忽视，对于有严格要求的噪声控制系统，更应给予足够重视，且采取相应的预防措施。

14.7.2 管壁隔声

管道常用薄钢板（厚度小于2mm）经内外刷防腐漆制成。由于管壁较薄，隔声量为20~30dB。因此，当管道通过要求安静的房间时，由管壁透射的噪声会影响使用房间。当管道穿过高噪声房间时，噪声又经管壁透射而增加管内噪声。对上述两种情况均应采取必要的隔声措施。最简单的办法是增加管壁厚度，或与保温处理相结合，在管道外面加保温层，例如使用玻璃纤维、膨胀珍珠岩、泡沫塑料等保温材料，缠稻草绳加抹灰层，也可采用非金属管道如钢筋混凝土、砖砌管道等。此外，还应注意管道的振动隔绝方面的问题。

14.7.3 固体传声的隔绝

固体传声是振动体产生的振动，通过围护结构传至其他房间的顶棚、墙壁、地板等构件，使其振动，再向室内辐射噪声。固体传声与空气传声性质不同，它衰减缓慢、影响距离远、区域大且不易处理。

通风与空调系统的振动主要是由机械设备基础及与之连接管道的振动和管道内流体运动产生的振动引起的。如前所述，除基础隔振措施外，现普遍采用使振动与围护结构隔离的方法来消除及防止固体传声。

14.7.4　消声器的基本原理及设计计算方法

消声器是一种既能允许气流通过，又能有效地衰减噪声的装置，主要用于控制和降低各类空气动力设备进排气口辐射或沿管道传递的噪声。消声器的选型主要参照以下五个方面。

（1）通风机的噪声频率特性与通风空调房间的容许噪声频率特性的差值，即要求消声器所需提供的频带衰减量。

（2）管道系统容许消声器的压力损失大小。

（3）比较消声器本身气流噪声的大小，经过合理选择才能使其衰减量充分发挥。

（4）准备设置消声器的位置、大小。

（5）有否特殊要求，即防火、防腐、防尘、防水等。

由此确定消声器的型式是阻性还是抗性，是低频还是中高频或宽频带的消声器，以及消声器所使用的材料。

对于空调与通风系统所用的消声器，一般均需要宽频带的衰减量，即以阻抗复合型式为最常用，也可尽量利用建筑空间因地制宜设计消声器。

消声器应尽量设在气流平稳段。为使噪声能在靠近声源处降低，防止通风噪声激发管道振动辐射噪声的干扰，当主风道流速不大于8m/s时，消声器应尽可能靠近通风机的管段设置，但不要放在机房上部，如条件有限只能放在机房上部，必须做好隔声处理，或与风机出口很接近、气流不均匀的地方，以避免由于消声器气流噪声大而减低消声器的衰减量，或由于消声器后面风管不严密、有检查门、隔声处理不好时，机房噪声再次传入管内，使消声器输出端噪声增高。若主风道流速太大，此时如消声器靠近通风机设置，其气流再生噪声势必较大。在此情况下，可分别在流速较低的分支管段设置消声器。

对于降噪要求高的系统，消声器不宜集中在一起，可以在总管、各层分支管、风口前等处分别设置，即使设在同一管段的消声器，如条件许可，也可分段安装。这样可以通过辨别气流速度大小，选用相应的消声器，把气流再生噪声的影响减到最低程度。

1. 阻性消声器

（1）原理、特性及计算。

阻性消声器是利用敷设在气流通道内的多孔吸声材料（常称阻性材料）吸收声

能、降低噪声而起到消声作用的。阻性消声器具有良好的中高频消声性能，且体积较小，设计简单，因此在大量空气动力设备的噪声控制中得到广泛的应用。

阻性消声器的形式很多，如管式、折板式、片式、小室式、蜂窝式、声流式等（图 14-22 和表 14-5）。

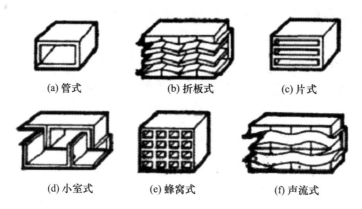

(a) 管式　　　　　　(b) 折板式　　　　　　(c) 片式

(d) 小室式　　　　　　(e) 蜂窝式　　　　　　(f) 声流式

图 14-22　几种阻性消声器形式示意

表 14-5　常见各种消声器的原理、形式、特性及用途

原理	主要形式	消声频带	主要用途
阻性	管式、片式、蜂窝式、折板式、小室式、声流式、弯头式	中高频	空调通风系统及以中高频噪声为主的各类空气动力设备噪声
抗性	共振式 膨胀式或扩张式 微孔式	低频 低中频 高频	空压机、柴油机等以低中频噪声为主的空气动力设备噪声
复合式	阻抗复合式	宽频带	空调与通风系统噪声
变频	小孔喷注式	宽频带	排气放空噪声

阻性消声器的消声性能主要取决于吸声材料的种类、吸声层厚度及密度、气流通道的断面尺寸、通过气流速度及消声器的有效长度等因素。

阻性消声器的基本形式是直管式消声器（图 14-23）。这种消声器的计算方法较多，其中最常用的计算公式为

$$\Delta L = 1.1 \phi\ (a_0)\ \frac{P}{S} l \tag{14-18}$$

对于圆管，计算公式为

$$\Delta L = 4.4 \phi\ (a_0)\ \frac{l}{D} \tag{14-19}$$

式中　ΔL——消声量（dB）；

　　a_0——吸声材料的正入射吸声系数；

ϕ（a_0）——与 a_0 有关的消声系数；

  P——消声器通道截面周长（m）；

  S——消声器通道截面面积（m²）；

  l——消声器的有效长度（m）；

  D——消声器通道直径（m）。

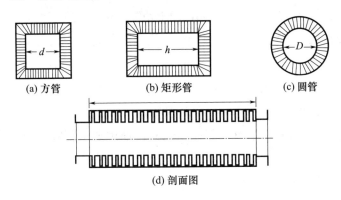

图 14-23 阻性直管式消声器

  由上式可知，阻性直管式消声器的消声量与吸声材料有关，与有效长度 l 及通道截面周长 P 成正比，与通道截面面积 S 成反比。因此，增加有效长度 l 及通道截面周长与截面面积之比值 P/S，可提高消声量。当通道截面面积确定时，合理选择消声器气流通道截面形状，也可显著改善消声效果。

  当消声器的通道截面面积较大时，高频声波呈束状直接通过消声器，很少或完全不与吸声材料接触，可使消声性能显著下降，工程上将消声器的此种现象称为"高频失效"，并将消声量开始明显下降的频率称为"上限失效频率"，其经验计算公式为

$$f_{上} = 1.85 \frac{c}{D} \tag{14-20}$$

式中　c——声速（m/s）；

  D——通道截面面积的直径（m）；当通道截面为矩形时（边长为 a、h），则 $D \approx 1.13\sqrt{ah}$。

  当频率高于上限失效频率时，每增高一个倍频程，其消声量约比上限失效频率处的消声量降低 1/3，具体可由下式计算：

$$\Delta L' = \frac{3-n}{3} \Delta L \tag{14-21}$$

式中　$\Delta L'$——高于上限失效频率的某频带消声量（dB）；

  ΔL——上限失效频率处的消声量（dB）；

  n——高于上限失效频率的倍频程频带数。

（2）阻性消声器的设计要点。

①阻性消声器主要适用于降低以中高频噪声为主的空气动力性噪声源。阻性消声器构造形式很多，必须根据声源条件及降噪要求合理选择。

②阻性消声器选用的吸声材料和结构除了应满足消声性能要求外，还应注意防潮、耐温、防腐、耐气流冲刷等工艺特点。

③吸声层的设计厚度宜为 5～15cm，如用超细玻璃棉，则密度宜取 25～30kg/m³。直管式消声器的通道直径不宜大于 30cm；片式消声器的片距宜为 10～20cm，有效通道面积比宜控制在 50%～60%。

④吸声材料的护面层结构应与通过消声器的流速相适应，其穿孔护面板的厚度宜为 1～2mm，孔径常取 5～8mm，开孔率大于 20%。

⑤阻性消声器的长度一般可控制在 1～2m，消声要求很高时可取 2～4m，并尽可能分段设置。

⑥为提高阻性消声器的低频消声效果，增加有效消声频带宽度，可以采取较厚吸声层及较大密度、变厚度、变密度、留空腔、通道弯折和阻抗复合等设计技术。

⑦必须合理控制通过阻性消声器的气流速度，以提高消声效果，降低压力损失。如通风空调消声器宜为 5～10m/s，消声要求较高时宜取 4～6m/s，工业用风机消声器可取 10～20m/s，最大不超过 30m/s。

2. 抗性消声器

（1）原理、特性及计算。

抗性消声器也称扩张式或膨胀式消声器，它是由扩张室及连接管串联组成的，形式有单节、多节、外接式、内接式等多种（图 14-24）。

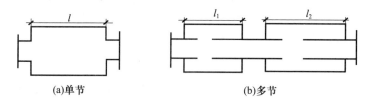

(a)单节   (b)多节

图 14-24　几种抗性消声器的形式

抗性消声器是利用声波通道截面的突变（扩张或收缩），使沿管道传递的某些特定频段的声波反射回声源，从而达到消声的目的，其作用犹如一个声学滤波器。抗性消声器具有良好的低频或低中频消声性能，由于它不需要多孔吸声材料，宜于在高温、高湿、高速及脉动气流环境下工作。

（2）改善抗性消声器特性的措施。

为避免出现通过频率，改善抗性消声器的消声频率特性，通常可采取以下四种措施：

①将进口管及出口管分别插入膨胀室内 1/2 和 1/4，则可分别消除 1/2 波长的奇数倍和偶数倍的全部通过频率。

②将两节或多节不同长度的膨胀室串联使用，使通过频率互相错开，也可得到较宽的消声频率特性。

③将抗性与阻性消声器结合而构成阻抗复合式消声器，这是工程设计中常用的方法。

④将多节串联膨胀室的插入管错位布置，能有效地改善高频消声性能，但阻力将显著增加。

膨胀比 m 值增大，ΔL 值就相应提高，然而，当 m 值过高时，膨胀室截面过大，中高频声波在管内不以平面波形式传播，而是呈束状波通过，消声量显著下降。此时的抗性消声器上限失效频率为

$$f_{上} = 1.22 \frac{c}{D} \tag{14-22}$$

式中　c——声速（m/s）；

　　　D——膨胀室断面直径或当量直径（m）。

在低频范围，当波长比膨胀室尺寸大得多时，由于膨胀室自身相当于一个低通滤波器，会影响抗性消声器的有效低频消声范围，其相应的下限失效频为

$$f_{上} = \frac{\sqrt{2}c}{2x} \sqrt{\frac{S}{lV}} \tag{14-23}$$

式中　S——气流通道截面面积（m²）；

　　　V——膨胀室体积（m³）；

　　　l——膨胀室长度（m）；

　　　c——声速（m/s）。

（3）抗性消声器的设计要点。

①抗性消声器适用于降低以低中频噪声为主的空气动力性设备噪声源。

②合理选择膨胀比 m 值，一般宜控制在 4~15。风量较大的管道可选 4~6，中等管道选 6~8，较小管道则选 8~15，最大不宜大于 20。

③当膨胀室截面较大时，为提高上限失效频率，改善消声频宽，应采取分割膨胀室的措施，使之成为多个截面较小的膨胀室并联的形式。

④合理确定各段膨胀室及插入管的长度，以提高低频消声性能，改善消声特性。

⑤将抗性消声器的内管不连续段用穿孔率高于 25%（孔径可取 $\phi4$~$\phi10$）的开孔管连接起来，既可显著减小截面突变处的局部阻力，也不影响原有抗性消声器性能。

227

第十五章　洗气机企业标准与标准化

15.1　概　　述

标准化是指在经济、技术、科学和管理等社会实践中，对重要的事物和概念在制定、发布和实施标准上达到统一，以获得最佳秩序和效益的方法。为在一定范围内获得最佳秩序，对实际或潜在的问题制定共同的可重复使用的规则是十分必要的。产品标准化包括制定、发布和实施标准的过程，改进产品的过程和产品服务的实用性，打破贸易壁垒、促进技术合作。为适应科学发展和组织生产的需要，在产品质量、品种、规格和零部件通用等方面，规定统一的技术标准是标准化的主要内容。

洗气机技术是一项原始性创新技术，开发的技术设备也仅在这几年有较大的推广应用，与之相应的设计标准还没有形成完备的体系，生产企业在逐步推广实施中出台了自己的企业标准。产品的特征是由通风机演变而来的，在企业标准中部分参照通风机国家相关标准和技术规范，随着实用领域的不同，部分也参照相关领域的国家施工标准和技术规范。随着产品技术的不断发展和完善，洗气机相关行业标准也将逐步完备并得以实施。

15.2　洗气机企业标准编制方法

15.2.1　范围

本标准规定了洗气机的定义、命名方式、技术条件、试验方法、检验规则、标志、包装和运输。

本标准适用于化工传质领域使用的机械设备及其他工业领域尾气排放的净化设备。

15.2.2　规范性引用文件

下列文件对于洗气机企业标准的制定和标准化是必不可少的。凡注日期的引用文件，仅所注日期的版本适用于本标准。凡不注日期的引用文件，其最新标准（包括所有的修改单）均适用于本标准。

GB 18483—2001	饮食业油烟排放标准
GB 13271—2014	锅炉大气污染物排放标准
GB 16297—1996	大气污染物综合排放标准
GB/T 1236—2007	工业通风机用标准风道性能试验
GB/T 3235—2008	通风机基本型式、尺寸参数及性能曲线
GB/T 5657—2013	离心泵技术条件（Ⅲ类）
GB/T 9969—2008	工业产品使用说明书 总则
GB/T 13306—2011	标牌
JB/T 8822—2013	高温离心通风机技术条件
JB/T 6445—2017	通风机叶轮超速试验
JB/T 10281—2014	消防排烟通风机
JB/T 6886—2010	通风机涂装技术条件
JB/T 8689—2014	通风机振动检测及其限值
JB/T 8690—2014	通风机 噪声限值
JB/T 9101—2014	通风机转子平衡
JB/T 10213—2014	通风机 焊接质量检验技术条件
JB/T 10214—2014	通风机 铆焊件技术条件
JB/T 10563—2006	一般用途离心通风机 技术条件
JB/T 10820—2008	斜流通风机 技术条件
GB/T 13813—2008	煤矿用金属材料摩擦火花安全性试验方法和判定规则
GBZ2.1—2007	工作场所有害因素职业接触限值
GB/T 50087—2013	工业企业噪声控制设计规范
GB 50231—2009	机械设备安装工程施工及验收通用规范
GB/T 15187—2017	湿式除尘器性能测定方法
GB/T 10562—2006	一般用途轴流通风机技术条件
MT/T 159—2005	矿用除尘器通用技术条件

GB/T 1184—1996	形状和位置公差 未注公差值
GB 20426—2006	煤炭工业污染物排放标准
GBZ38—2006	职业性急性三氯乙烯中毒诊断标准
GBZ1—2010	工业企业设计卫生标准
GB 12348—2008	工业企业厂界环境噪声排放标准
GB 19517—2009	国家电气设备安全技术规范
GB 50236—2011	现场设备、工业管道焊接工程施工规范
GB/T 11653—2000	除尘机组技术性能及测试方法
GB 50055—2011	通用用电设备配电设计规范
AQ4273—2016	粉尘爆炸危险场所用除尘系统安全技术规范
GB 50242—2002	建筑给水排水及采暖工程施工质量验收规范
JB/T 5946—2018	工程机械 涂装通用技术条件
GA 211—2009	消防排烟风机耐高温试验方法
GB/T 3836.1—2021	爆炸性环境 第 1 部分：设备 通用要求
GB/T 3836.2—2021	爆炸性环境 第 2 部分：由隔爆外壳"d"保护的设备
JB/T 7849—2007	径向弹性柱销联轴器
GB/T 756—2010	旋转电机 圆柱形轴伸
GB/T 997—2022	旋转电机结构型式、安装型式及接线盒位置的分类（IM 代码）
GB 4706.1—2005	家用和类似用途电器的安全 第 1 部分：通用要求
GB/T 4772.1—1999	旋转电机尺寸和输出功率等级 第 1 部分：机座号56～400 和凸缘号 55～1080

15.2.3 定义

本标准采用下列定义：

1. 洗气机

在化工和环保领域中，以液相为介质、气相为载体的各类物质进行并完成"三传一反"的传质过程及能高效完成大气污染物净化过程的机械设备。

2. 旋流式洗气机

进风与出风在同一轴线上，通过旋转叶轮的作用，气相流体以旋流的方式运动，以水和洗涤液为净化介质的机械设备。该类洗气机用于餐饮、工业油烟、矿业粉尘污染治理，还可用于各种场所的通排风并有防火功能。

3. 离心式洗气机

以类似于离心式风机的方式运动，将气相与液相同时吸入离心机内部，在离心式叶轮的作用下完成气液传质或净化过程的机械设备。该类洗气机多用于化工传质、炉窑尾气净化（脱硫除尘）大气污染治理。

15.2.4　产品分类及命名方式

洗气机分为旋流式洗气机和离心式洗气机两大类。旋流式洗气机分为 KCS-矿用湿式除尘洗气机、CCY-除尘除油烟洗气机、LPS-零排式洗气机三类。

离心式洗气机分为低压离心式洗气机、中压离心式洗气机、高压离心式洗气机三类。

旋流式洗气机命名方式如图 15-1 所示。

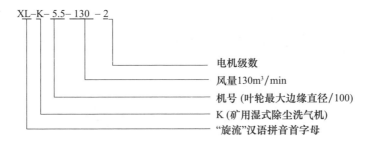

图 15-1　旋流式洗气机命名方式

离心式洗气机命名方式如图 15-2 所示。

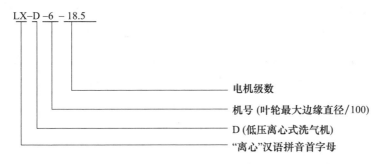

图 15-2　离心式洗气机命名方式

15.2.5　技术条件

1. 设计要求

（1）洗气机应符合相关标准的规定，并按经规定程序批准的图样和技术文件或按供需双方协议要求进行设计制造。

（2）洗气机的形式、尺寸参数及性能曲线应符合《通用机基本型式、尺寸参数及性能曲线》（GB/T 3235—2008）的规定。

（3）洗气机应保证：当输送介质温度在 300℃ 时能连续工作 100min，叶轮有足够的力学性能。

2. 洗气机的产品性能

（1）洗气机在介质温度不高于 100℃ 的条件下能长周期正常运行。

（2）洗气机应保证：当输送介质温度在 300℃ 时能连续工作 100min，并在介质温度冷却至环境温度时仍能连续正常运转。

（3）在额定转速下，在工作区域内，洗气机的实测压力曲线与说明书中给定的曲线应满足：在规定的流量下，所对的压力值偏差为 $\pm 5\%$。

（4）洗气机在说明书中给定的工况点下的比 A 声级噪声限值应符合《通风机 噪声限值》（JB/T 8690—2014）的规定。

（5）洗气机同一系列中机号相同的通风机，其部件（包括备件和备用组件）应能互换。

（6）洗气机应进行动平衡校正。平衡品质等级不低于 G5.6 级。叶轮平衡配重块的材料应与叶轮材质相同，并使用焊接或铆接的方式与叶轮连接。

3. 结构要求

（1）机壳。

旋流式洗气机机壳为圆筒形，离心式洗气机机壳为蜗形。机壳应有足够的强度和刚度，能承受整机静载荷和动载荷，使机壳产生的变形和振动达到最小。

旋流式洗气机的电机为直联型通风机，在机壳内设有电机筒，电机筒与电机由法兰板与电机机头安装盘连接。机壳内设有电机筒支座，支座应有足够的强度和刚度，又要保证气流通道的阻力最小。当有导流器时，支座应布置在导流器中。风机接线盒应放置在机壳上的适当位置。

离心式洗气机的电机为直联型和间接传动型两种。直联型选用 B5 型电机直接与机壳相联，此种型式要求机壳有足够的刚度和力学强度。间接传动型选用 B3 电机壳为传动组，通过联轴器与同型号的 B3 电机一起安装于钢支架上，该型式则要求钢支架有足够的刚度和力学强度。

（2）电机。

旋流式洗气机应在风机内设置电动机隔热保护与空气冷却系统（使用 H 级绝缘电动机的消防排烟阻火风机可不设置强制空气冷却系统）。电动机绝缘等级应不低于 F 级。电动机引出线应由耐油隔热套管包容或采用耐高温电缆。电动机的空气冷却系统应符合《消防排烟通风机》（JB/T 10281—2014）中的规定。

离心式洗气机电动机为外置安装，因此要做防潮防腐处理。洗气机用于有防爆要求的场所时，要选用防爆电动机。

（3）叶轮。

叶片安装角度的偏差应符合《通风机 铆焊件技术条件》（JB/T 10214—2014）中的规定。叶片型线的线轮廓度公差应符合《通风机 铆焊件技术条件》（JB/T 10214—2014）中的规定。

叶轮应按《通风机转子平衡》（JB/T 9101—2014）规定的要求进行平衡校正。平衡品质等级不低于G5.6级，叶轮平衡配重块的材料应与叶轮材质相同，并使用铆接或焊接的方式与叶轮连接。叶轮应按《通风机叶轮超速试验》（JB/T 6445—2017）的规定进行超速试验，超速转速为最高工作转速的120%，超速时间不少于2min。叶轮应有足够的刚度，在搬运和运转中不得产生变形。

（4）脱水器。

旋流式洗气机的脱水器与主机为一体式结构，除应有足够的刚度和力学强度外，要符合《通风机 焊接质量检验技术条件》（JB/T 10213—2014）中的规定。离心式洗气机的脱水器与主机为分体式结构，形状和位置公差应符合《形状和位置公差 未注公差值》（GB/T 1184—1996）中的规定，脱水器外表面处理应符合《工程机械涂装通用技术条件》（JB/T 5946—2018）中的规定。

（5）水泵。

水泵是洗气机液相传输的动力，选用流量与风量 $Q \times 1.2 \, \text{L/m}^3 \times 120$ %，扬程12m 以上均可，为保证运行稳定，水泵应选用污水泵开式叶轮为准，使用寿命应符合《离心泵技术条件（Ⅲ类）》（GB/T 5657—2013）中的规定。

水循环系统的管线材料均选用国标镀锌管或国标 PPR 管，管件可用铸钢或铸铁件，需镀锌保护，也可用工程塑料件，管线安装按照标准规范进行，要保证系统不泄漏。

4. 制造要求

（1）洗气机进出口法兰连接孔的位置度应小于等于 ϕ1.5mm。

（2）洗气机叶轮的跳动公差不超过表 15-1 中的规定。

表 15-1　洗气机叶轮的跳动公差

项目	叶轮直径（mm）			
	≤630	630～800	800～1250	1250～2000
轮毂径向与端面圆跳动	1.0	1.5	2.0	3.0
叶轮外径径向圆跳动	1.0	1.5	2.0	3.0
叶轮外径端面圆跳动	2.0	3.0	4.0	5.0

（3）洗气机叶轮任意三个相邻叶片不等栅距叶轮按对应叶片，于外圆处两个相应端点节距（弦长）之差不超过表 15-2 中的规定。

表 15-2　叶轮节距差值

叶片数	叶轮直径（mm）			
	≤630	630～800	800～1250	1250～2000
>16	3.0	4.0	6.0	8.0
≤16	4.8	6.4	9.6	13.0

（4）洗气机机壳尺寸的极限偏差、形位公差不超过表 15-3 中的规定。

表 15-3　机壳尺寸偏差及形位公差　　　　（单位：mm）

项目	叶轮直径			
	≤630	630～800	800～1250	1250～2000
不加工的筒内径极限偏差	+2.00 0	+3.00 0	+4.00 0	+4.50 0
两端法兰圈平行度公差	2.0	2.5	3.0	3.5
内径圆度公差	1.00	1.50	2.00	2.25

（5）洗气机叶片形状为圆弧形或扭曲板形，叶片弧面型线的线轮廓度公差应符合《通风机 铆焊件技术条件》（JB/T 10214—2014）的规定。

（6）洗气机焊接件技术条件应符合《通风机 铆焊件技术条件》（JB/T 10214—2014）的规定，焊接质量应符合《通风机 焊接质量检验技术条件》（JB/T 10213—2014）的规定。

（7）铆接件的间隙有两倍铆钉直径大小，范围不应大于 0.1mm，其余部位不应大于 0.3mm，铆钉头部应光滑平整，不允许有任何铆钉松动、铆钉头歪斜、裂纹和未铆紧等现象。

5. 装配要求

洗气机叶轮的进风口与主机的进风口的间隙是轴向间隙，其间隙要求是按叶轮最大边缘直径的 0.15%～0.35%执行。低速洗气机的内筒径为 1.3 倍叶轮最大直径，外筒径为 1.4 倍叶轮最大直径。高速洗气机的内筒径为 1.4 倍叶轮最大直径，外筒径为 1.5 倍叶轮最大直径。非标设计电机筒与内筒径的气流通道当量风速不大于 15m/s。

洗气机机内外表面涂漆的技术要求应符合《工程机械 涂装通用技术条件》（JB/T 5946—2018）的规定。洗气机所选的油漆在通风机输送 280℃的介质后，油漆基本不变色。

洗气机的旋转部件及所有可能产生松动的部位均必须牢固可靠，并具有防松措施。

6. 叶轮叶片除垢与防垢

某些粉尘吸水后形成不溶于水的硬垢，其主要成分为碳酸钙和氢氧化镁，这类粉尘称为水硬性粉尘，硬垢会造成堵塞，导致除尘系统失灵。洗气机系统用于处理含水硬性粉尘的污染物净化过程中，随着使用时间的增加，叶轮叶片表面附着硬垢增厚，导致设备运行阻力增加，除尘效果减弱，因此定期应对结垢设备进行除垢处理。除垢可采用除垢剂，其主要成分是弱酸，乙酸是一种无三废（无毒、无污染、无腐蚀）的绿色有机高分子化合物，乙酸中含有黄乙酸、核酸等多种有机成分，乙酸的水溶性极好，对水中的钙离子、镁离子、铁离子等金属离子的络合和螯合能力极强，除垢剂分子与水硬性粉尘中的钙离子、镁离子通过络合和螯合作用，形成较细、黏度小、流动性增强的水渣从而有效避免水垢的形成。在碱性条件下，该类物质在叶轮叶片表面层形成乙酸有机保护膜，起缓蚀作用，还可渗透到水垢和金属结合面上，与钙、镁盐发生复分解反应，降低老水垢与金属接触面的附着力而使老垢脱落。

15.2.6 试验方法

(1) 叶轮动平衡校正按《通风机转子平衡》（JB/T 9101—2014）的规定在动平衡机上进行。

(2) 叶轮的超速试验按《通风机叶轮超速试验》（JB/T 6445—2017）的规定进行。

(3) 洗气机的机械运转试验：工作转速下连续运转，在轴承温度稳定 20min 后，测定轴承温升与振动。温升不得高于环境温度 40℃，振动检测及其限值应符合《通风机振动检测及其限值》（JB/T 8689—2014）的有关规定。洗气机属于斜流通风机范畴其机械运转试验还应符合《斜流通风机 技术条件》（JB/T 10820—2008）的规定进行。

(4) 空气动力性能试验：洗气机的空气动力性能试验按《工业通风机用标准风道性能试验》（GB/T 1236—2017）的规定进行。

(5) 噪声试验：噪声限值应符合《通风机 噪声限值》（JB/T 8690—2014）的规定。

(6) 耐高温试验：洗气机耐高温试验按《消防排烟风机耐高温试验方法》（GA 211—2009）的规定进行。

15.2.7 检验规则

1. 检验分类

洗气机检验分出厂检验和型式检验。批量生产的洗气机交货时应进行出厂检验，按《斜流通风机 技术条件》（JB/T 10820—2008）的规定执行。有下列情况之一时，应进行型式检验：各型通风机的首制产品；转产生产的首制产品；设计结构、材料和工艺有重大修改而影响产品性能时；停产 3 年后再生产时。洗气机型式检验项目除按《斜流通风机 技术条件》（JB/T 10820—2008）执行外，还应按《消防排烟风机耐高温试验方法》（GA 211—2009）进行耐高温试验。

2. 判定规则

每台洗气机均需质量检验部门检验，出具合格证后方能出厂。抽验的洗气机如果超差，则应加倍抽试，符合规定的仍为合格，若仍超差，则该批产品为不合格，应返修，逐台检验合格后才能出厂。

15.2.8 标志、包装、运输

1. 标志

（1）在洗气机机壳的明显位置应设有旋转箭头、产品标牌，标牌内容至少包括：型号和名称；主要技术参数，即洗气机全压（或静压）、流量、电动机功率、转速、介质最高温度；产品编号；制造日期；制造厂名称及商标。

（2）产品标牌的尺寸和技术要求应符合《标牌》（GB/T 13306—2011）的规定。

2. 包装与运输

（1）洗气机尽量采用包装箱整体包装。对不便于整体包装的可采用分件包装，但要有措施保证现场安装后产品的安装间隙和同轴度等符合产品技术要求。

（2）洗气机应垫平、卡紧和用螺栓固定在包装箱内，拆卸工具等零部件也应扎紧固定在箱内的空隙处，防止在运输中发生窜动和移位。

（3）洗气机的随机文件按《工业产品使用说明书 总则》（GB/T 9969—2008）执行，随机文件有产品合格证；产品说明书或样本；装箱单（成套供应明细表）；消防排烟阻火风机备案登记证书影印照片。

（4）包装箱外形尺寸和质量应符合运输部门的规定。

（5）包装箱的结构应考虑便于吊起、搬运、长途运输、多次装卸及气候条件等情况，并适合水路和陆路运输，不致因包装不善造成产品损坏、质量降低或零件丢失。

15.3　洗气机产品标准化

各种型号洗气机外形尺寸和性能参数表详见本书附录Ⅱ。

第三部分　洗气机的应用

　　洗气机技术经过三十多年的研究日益成熟，随着洗气机标准的建立，洗气机产品也是日新月异，层出不穷，产品优势已是有目共睹，尤其在环境保护领域和化工传质领域前景广阔。

　　第三部分分为两章，第十六章洗气机技术在化工领域中的应用、第十七章洗气机技术在环保领域中的应用。列举了洗气机技术在我国化工领域和环保领域中各个方面的典型应用实例，并根据实际工况，结合洗气机理论与设计，详细介绍各案例中洗气机系统设计方案与实用效果。

第十六章 洗气机技术在化工领域中的应用

16.1 概　　述

在化学工业的生产过程中，需要完成的工艺过程有能量传递、热量传递、质量传递和化学反应等，称为"三传一反"。现阶段实现"三传一反"的工艺设备主要有填料塔、孔板塔等塔形设备，除此之外再无其他设备技术替代化工传质过程。而塔形设备在应用中表现的传质效率以及各项指标都不能体现出高效率和经济性，因此需要研制开发更先进的技术设备来满足市场需求。

在填料塔和孔板塔的工艺过程中，靠两相流或多相流之间的接触来实现传质过程。在目前的条件下，提高效率只能依靠增加接触时间和增大接触面积来实现。除此之外，由于传质过程中受气液流动状态、气液本身物理性质以及气液所处重力场等因素的影响，仅改变气液接触时间和接触面积就提高经济技术指标的可能性是很小的。

改变流体重力场的环境是目前较为突出的技术手段之一，在实际应用中也取得了一定效果。通过理论和实践证明，改变重力场的形式对传质效率有明显的提升作用，利用离心加速度场替代重力场，在理论上是可行的，即人为制造一个相当于数倍重力加速度的离心加速度场，可大幅度提升传质效率。随着实践的增加，我们发现此项技术也存在一些不足，如振动阻塞、处理量等问题，影响其在化工生产市场的推广和应用。

16.2 填料型传质设备中流体力学特性与化工传质过程

化学工业传质过程的流体力学特性包括液体流动状态、压降、液膜厚度、持液量、端效应和液泛等。

16.2.1 填料型自然重力场下液体流动状态

在自然重力下，填料塔的填料品种有很多，形状各异，但液体流动的力学特性和运动状态是相似的。

（1）在自然重力的条件下，受填料塔表面形状和上升气流推动的影响，液体下降速度是很小的。

（2）受液体表面张力和液体本身物理性质（积聚性）的影响，随着填料高度的下降，液体由分散态逐步变成连续态流动，此时填料就会失去传质作用，即不会在复杂的填料表面形成液膜，因此有些填料塔通过布置多层填料和多层液体喷淋，来保证传质效率。

（3）超重力的应用不能改变液体流动的本质，只是加快了液体流动速度。

16.2.2 填料型的压降

填料型的压降是传质过程中的一个重要指标。采用填料形式的传质设备都存在着一个能耗与效率成正比关系的客观因素，试验证明与填料的形状关系较小。

16.2.3 填料型传质设备的液泛

液泛是气液两相流在相互作用时，液体的流动方向与气体的流动方向不同，破坏了液体正常流动状态的现象。液相或液膜被破坏，形成泡沫，随气相运动，从而降低传质效率。填料型传质设备无论是在自然重力状态下，还是在超重力的作用下，均可能发生液泛现象。

16.2.4 填料型传质设备的运行稳定性

运行稳定性是填料型传质设备存在的一个比较大的问题，其中最大的问题就是阻塞。当传质介质为易黏塞的物料时，随着设备使用时间的增加，阻力会逐渐增大，直至需停机清理。旋转填料型设备还存在振动加大，甚至设备损坏等问题。

16.3　洗气机技术在化工传质过程中的应用

　　传统的填料塔依靠自然重力，各物质速度很小，微观形态以毫米级存在，设备运行能耗大。旋转型填料塔存在离心加速度场，各物质微观形态以微米级存在，但不能获得很高的加速度和速度，设备运行同样能耗大（图16-1）。将洗气机技术应用在化工传质过程中，人为制造相当于1000～2000倍重力加速度的离心加速度场，形成具有速度非常高的端效应传质场，可使洗气机内各物质获得极高的加速度与速度，并以纳米级分子态存在（图16-2）。

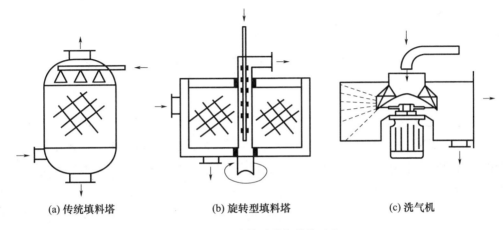

(a) 传统填料塔　　　　　　(b) 旋转型填料塔　　　　　　(c) 洗气机

图16-1　三种传质设备结构示意

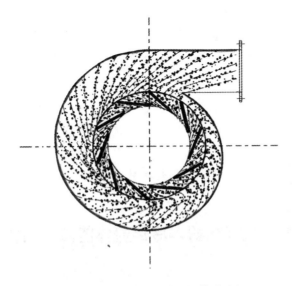

图16-2　洗气机内部分子级传质过程

洗气机技术在化工传质过程中的应用有以下几个特点：

（1）强力传质，人为制造出 1000～2000 倍重力加速度的离心加速度场，同时液相可得到 50～100m/s 的运动速度和相当于 1000 倍重力加速度的离心加速度。

（2）液相可雾化、气化，微观呈分子态。

（3）气相因传质能耗很小，可忽略不计，不需要配动力风机，并有很大余压。

（4）液气比小，对液相使用量和处理量要求低。

（5）传质时间为毫秒级，能适应需要快速混合和反应的传质过程。

（6）设备体积小、成本低、占地小、安装维护方便。

（7）设备可微型化、工业化、大型化，适用工况广。

（8）设备运行安全稳定，自清洁不阻塞。

（9）易实现自动化、远程化控制。

16.4　洗气机技术的热量传递

热量传递（或称热交换）是工业体系中应用较多的工艺过程，热量传递有直接接触式，也有非直接接触式。所谓直接接触就是冷热两流体直接混合实现温度升高或降低，而非直接接触是通过导热介质进行热交换，两流体不改变本身的属性，只是本身的温度升高或降低。

采用洗气机技术进行热量传递或进行热交换是直接接触式传热，它是原来的两流体经过混合后由两种不同温度的流体得到一个温度的混合流体，而两流体可以是同质的也可以是不同质的，或是同组分或不同组分的。

直接接触式传热的应用有两个方面：一是以传热为目的，如热气体直接水冷，或是热水的空气直接冷却，在进行传递的同时伴有传质过程；二是以传质为目的，如空气的增湿或减湿等，在传质的同时伴有传热过程，采用洗气机进行传热或换热有强力传热传质的特点。因此，洗气机在此领域有着很好的应用前景。

洗气机的强力传热传质的理论依据是液相流体经洗气机叶轮高速旋转，得到雾化或气化状态，并伴有很高的速度，使冷热流在一个很窄小的空间、很短的时间内完成交换过程，这一过程极大提高了传热系数，强化了传热与传质过程。

16.5　洗气机换热器中冷热流体的传热与传质过程

洗气机中的热交换属于冷热流体直接接触混合的热交换，相应换热器属于直接接触式换热器，这样的换热过程是在洗气机内部完成的，我们把完成这种直接接触式换热的装置称为洗气机换热器。

洗气机换热器有强化传热传质的特点，因此在这个方面有很好的应用前景，在此我们就有关的理论与应用做一些介绍。离心加速度场的传热过程是在洗气机换热器内冷热流体间的直接接触中完成的，由于高速旋转的叶片对液体具有高剪切作用，可以把液体分割成具有一定线速度的极薄的液膜和细小的液滴。气体通过高速旋转、弯曲、狭窄多变的、充满极薄液膜和细小液滴的传质场中的间隙时，与填料发生了急速的碰撞接触，使热膜厚度减小，提高了传热系数，强化了传热传质过程。

16.5.1　过程中的传递方向

在洗气机换热器中进行的传热过程中，传热和传质的方向都可能会发生逆转，因此传热设备内实际过程的传递方向应由各处两相的温度和分压的实际情况确定。

在任何情况下，热量（显热）总是由高温传向低温，物质总是由高分压（浓度）相向低分压（浓度）相传递。因此，温度是传热方向的判据，分压（浓度）是传质方向的判据。

气体中水汽分压的最大值为同温度下水的饱和蒸汽压值，此时的空气称为饱和湿空气。显而易见，只要空气中所含水汽未达饱和（不饱和空气），该空气与同温度的水接触时，其传质方向就必是由水到空气。

在热、质同时进行传递的过程中，造成传递方向逆转的根本原因在于：液体的平衡分压（水的饱和蒸汽压 p_s）是由液体温度唯一决定的，而不饱和气体的温度 t 与水蒸气分压 p 则是两个独立的变量。因此，当气体温度 t 等于液体温度 θ 而使传递过程达到瞬时平衡时，则不饱和气体中的水汽分压必低于同温度下水的饱和蒸汽压，此时必然发生传质，即水的汽化。同理，当气体中的水汽分压等于水温 θ 下的饱和蒸汽时，传质过程达到瞬时平衡，但不饱和气体的温度必高于水温 θ，此时必有传热发生，水温将会上升。由此可见，传热与传质同时进行时，一个过程的继续进行必定打破另一过程的瞬时平衡，并使其传递方向发生逆转。

16.5.2　热空气直接与水换热过程中的传热与传质过程分析

洗气机换热器完成直接冷却过程是热气流与冷却水同时自洗气机上方进入，冷却水在高速旋转的叶片作用下以 50～100m/s 的速度沿叶轮外缘的切线方向运动，由于受相当于重力加速度1000～2000倍的离心加速度作用，冷却水被气流剪切，撕裂成小液滴（纳米级），达到雾化或气化状态，雾化或气化的小水滴与热空气充分接触，完成气液传热传质过程，液相流体经气液分离器分离后汇集排出，气相流体得到降温后排出。洗气机内部发生了气相向液相的热量传递，同时也发生了水的汽化与冷凝，即传质过程。

宏观上，气相和液相沿叶轮切线方向的温度变化是单调下降的，而液相的水蒸气平衡分压 p_e 与液相温度有关，因而也相应地单调下降。可是，气相中的水蒸汽分压 $p_{水汽}$ 则可能出现非单调变化。气液两相的分压曲线在洗气机中某处相交，热力学上，我们可以依据其交点（虚拟点）将洗气机分成内外两个部分。气液两相沿填料径向的温度变化和水蒸气蒸汽压的变化如图 16-3、图 16-4 所示。

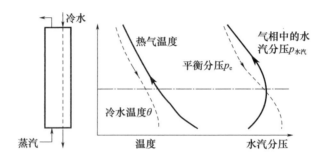

图 16-3　洗气机换热器中热气的直接水冷过程

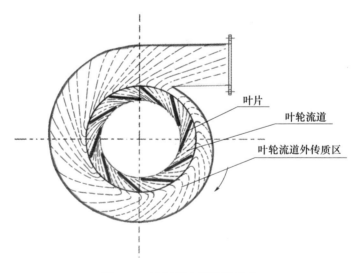

图 16-4　洗气机内部传质示意

（1）内层（叶轮流道）：从热量传递过程看，在此区域，气体温度高于液体温度，热量由气相向液相传递，液相自气相获得显热，又以潜热的形式随汽化的水分返回气相，液相温度变化缓和；从质量传递过程看，在此区域，由于气相温度急剧变化，同时，气相中的水汽分压 $p_{水汽}$ 低于液相的水汽平衡分压（水的饱和蒸汽压

p_s)，质量由液相向气相传递。因此，叶轮流道内传质过程的特点是热质反向传递，水汽分压自下而上急剧上升，但气体的热焓变化较小。

（2）外层（叶轮流道外传质区）：从热量传递过程看，在此区域，气体温度高于液体温度，气体传热给液体；从质量传递过程看，在此区域，由于水温较低，气相中的水汽分压 $p_{水汽}$ 高于液相的水汽平衡分压（水的饱和蒸汽压 p_s），相应的水的饱和蒸汽压 p_s 也低，气相水汽分压 $p_{水汽}$ 转而高于液相平衡分压 p_e，水汽由气相转向液相，即发生水汽的冷凝。因此，叶轮流道外传质过程的特点是热质传递同向进行，水温急剧变化。

16.5.3 传热计算

实际上，在洗气机换热器中的热传递过程是一个以对流传热为主，同时伴有汽化或冷凝的传热传质过程。因此，我们可以用对流传热的基本方程，并考虑同时所伴随的传热传质进行计算。

对流传热是由流体之间发生相对位移所引起的热传递过程。对流传热仅发生在流体中，由于流动的原因不同，对流传热的规律也不同，有自然对流和强制对流两种形式，在洗气机换热器中涉及的是强制对流传热过程。

1. 对流传热速率方程

对流传热速率可由牛顿定律表述。

流体被加热时为

$$q = \alpha (t_w - t) \tag{16-1}$$

流体被冷却时为

$$q = \alpha (T - T_w) \tag{16-2}$$

式中 α——离心加速度场中的给热系数（$W/m^2 \cdot ℃$）；

T_w、t_w——进口温度（℃）；

T、t——流体出口温度（℃）。

式（16-1）、式（16-2）也是给热系数 α 的定义式，可通过理论推导或实验确定。鉴于超重力场中传递过程的复杂性，一般使用实验方法确定。

热、质同时传递时，各自的传递速率表达式并不因另一过程的存在而变化。设气液界面温度 θ_i，高于气相温度 t，则传热速率为

$$q = \alpha (\theta_i - t) \tag{16-3}$$

式中 α——气相对流给热系数（$kW/m^2 \cdot ℃$）；

q——传热速率（kW/m^2）。

一般情况下，水-气直接接触时液相一侧的给热系数远大于气相，气液界面温度 θ_i 大于液相主体温度 θ，可代替界面温度 θ_i，即

$$q = \alpha \ (\theta - t) \tag{16-4}$$

同理，当液相的平衡分压高于气相中的水汽分压时，传质速率为

$$N_A = k_g \ (p_s - p_{水汽}) \tag{16-5}$$

式中　N_A——传质速率（kmol/s·m²）；

$p_{水汽}$、p_s——气相中水汽分压与液相主体温度 θ 下的平衡分压（饱和水蒸汽压，kPa）；

k_g——气相传质系数（kmol/s·m²·kPa）。

上述传质速率方程是以水汽分压差为推动力的。工程上为便于物料衡算，常以气体的湿度差为推动力，将传质速率 N_A 用单位时间、单位面积所传递的水分质量表示，单位为 kg/s·m²。气体的湿度 H 定义为单位质量干气体带有的水汽量，单位是 kg 水汽/kg 干气。气体的湿度 H 与水汽分压 $P_{水汽}$ 的关系为

$$H = \frac{M_水}{M_气} \times \frac{p_{水汽}}{p - p_{水汽}} \tag{16-6}$$

式中　　p——气相总压（kPa）；

$M_水$、$M_气$——分别为水与气体的摩尔质量（kg/kmol）。

对于空气-水系统来说，有

$$H = 0.622 \frac{p_{水汽}}{p - p_{水汽}} \tag{16-7}$$

以湿度差为推动力的传质速率式为

$$N_A = k_H \ (H_s - H) \tag{16-8}$$

式中　k_H——以湿度为推动力的气相传质系数（kg/s·m²）；

H_s——气相中水汽分压等于饱和蒸汽压时气体的湿度（kg 水汽/kg 干气），又称饱和湿度。

$$H_s = 0.622 \frac{p_s}{p - p_s} \tag{16-9}$$

式中　p_s——饱和蒸汽压。

2. 能量衡算方程

实际上，洗气机换热器的热量传递是在洗气机内部发生的，洗气机内部空间为圆柱形，为了计算方便，应用柱坐标系来表达伯努利方程，即

$$\frac{\partial t}{\partial \theta} + u_x \frac{\partial t}{\partial x} + u_y \frac{\partial t}{\partial y} + u_z \frac{\partial t}{\partial z} = \alpha \left(\frac{\partial^2 t}{\partial x^2} + \frac{\partial^2 t}{\partial y^2} + \frac{\partial^2 t}{\partial z^2} \right) \tag{16-10}$$

考虑到在换热过程中的压力较小，且压力损失不大，可以将气体视为不可压缩

流体来处理，上述的方程可以简化为

$$\frac{\partial t}{\partial \theta'}+u_{\mathrm{r}}\frac{\partial t}{\partial r}+\frac{u_{\theta}}{r}\cdot\frac{\partial t}{\partial \theta}+u_{\mathrm{z}}\frac{\partial t}{\partial z}=\alpha\left[\frac{1}{r}\cdot\frac{\partial}{\partial r}\cdot\left(r\frac{\partial t}{\partial r}\right)+\frac{1}{r^2}\cdot\frac{\partial^2 t}{\partial \theta^2}+\frac{\partial^2 t}{\partial z^2}\right] \tag{16-11}$$

式中　　　θ'——时间；

r——径向坐标；

θ——方位角；

z——轴向坐标；

u_{r}、u_{θ}、u_{z}——分别为流体速度在柱坐标系（r，θ，z）三个方向上的分量。

3. 总传热速率微分方程

通过洗气机内部中任一微元流体面积 dA 的传热速率方程，可以仿照对流传热速率方程写出，即

$$Q=K\Delta t\mathrm{d}A \tag{16-12}$$

式中　Q——热流量（W 或 J/s）；

K——总传热系数（W/m² · ℃）；

Δt——冷、热流体的平均对数温度（℃）。

式（16-12）为总传热速率微分方程，也是总传热系数的定义式，该式表明总传热系数在数值上等于单位温差的总传热通量。

16.6　洗气机技术在吸收过程中的应用

化工过程的吸收过程或称吸收工艺，是化工过程中不可或缺的工艺之一。吸收是分离气体混合物或载体转移的常用单元操作，它根据混合物各组分在某种溶剂中的溶解度不同而达到分离的目的，可分为物理吸收、化学吸收和物理-化学吸收三类。

物理吸收是指溶质与液体溶剂之间不发生化学反应，气体溶解于液相的物理过程，物理吸收应考虑在操作压力和温度条件下溶质在溶剂中的溶解度，吸收概率主要取决于气相或液相与界面上溶质的浓度差，以及溶质从气相向液相传递的扩散速率。物理吸收随压力和温度的变化而变化，因此物理吸收是可逆过程，而且热效应小，能耗低。

化学吸收是指在吸收过程中发生明显的化学反应，反应有可逆和不可逆两种，化学吸收的操作主要取决于操作温度与压力下吸收反应的气液平衡与化学平衡，吸收速率则取决于溶质的扩散速率及化学反应速率。因此化学吸收热效应大，受压力、温度影响大。

物理-化学吸收使用物理吸收溶剂与化学吸收溶液组成混合溶剂，使吸收操作兼有物理吸收和化学吸收的性质。

无论是什么形式的吸收过程，都需要解决吸收过程的极限和吸收过程的速率两个基本问题，吸收过程的极限取决于吸收的平衡关系。因此，提高传质速率是吸收过程的关键。

传统的气液传质设备是依靠自然重力实现气液逆流传质的，由于重力场较弱，液膜流动缓慢，液膜传质系数小，液膜控制传质过程，体积传质系数低，所以这类设备通常体积庞大，空间利用率和生产强度低，而洗气机的气液传质设备利用的是速度场和加速度场，强大的速度和加速度将液相雾化或气化，并与气相发生剧烈的物化反应，可极大地强化气液两相的传质，使其体积传质系数比重力场条件下提高多个数量级。试验结果表明，洗气机装置作为一种新型传质设备，可显著地强化传质过程。

16.7 洗气机技术在解吸过程中的应用

化工过程中的解吸过程或称解吸工艺，是化工过程中的一种应用很广的化工工艺，是化工过程中的吸收过程的逆过程，是将液相溶液中的溶质分离出来转移到气相中去的过程，与吸收的原理相似，只是传递方向相反。

解吸工艺有许多方式方法，采用洗气机技术进行解吸过程的实施，会有超越其他同类设备技术经济指标的效果。

采用洗气机技术进行解吸，就是常用的吸膜技术，利用洗气机的超强动力将溶液雾化或气化，使溶质从溶液中分离出来进入气相中，然后再将分离出来的溶质进行回收处理。

洗气机解吸工作原理如图 16-5 所示。

（1）洗气机解吸及吸收系统由两套洗气机组成，一套为解吸，另一套为吸收。

（2）两套系统用管道按图 16-5 连接，组成一个封闭的循环系统，没有废气排放。

（3）在解吸和吸收系统中的水系统也是封闭循环系统。

（4）解吸系统工作时是用水泵将须解吸的液相打入洗气机的上方并进入叶轮的上顶部，在叶轮的高速旋转下，解吸的液体被雾化或气化，此时溶液中的溶质被吹脱出来，进入气相流体中。

（5）气相流体经过脱水器实现气液分离，解吸液流回解吸池，进入气相溶质以气相流体的载体进入吸收洗气机中。

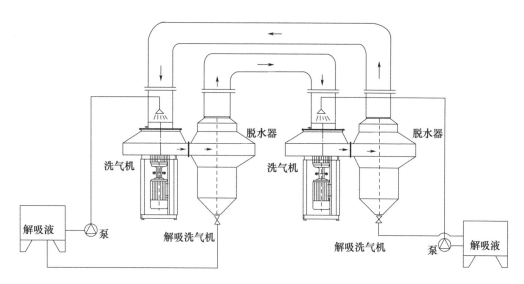

图 16-5 洗气机解吸工作原理示意

（6）在吸收洗气机系统工作时，用水泵将吸收液打入吸收洗气机的上顶部，在叶轮的高速旋转作用下，吸收液被雾化或气化，同时与气相中的溶质发生物理化学反应，并进入吸收液中。

（7）吸收液经脱水器实现气液分离后，流回吸收液池。

（8）携带溶质的气相流体与吸收液完成吸收传递经脱水器实现气液分离后，又回流到解吸系统中，进行二次解吸。

16.8　洗气机技术在精馏过程中的应用

化工生产常需要将互溶液体混合物进行分离，以达到提纯或回收有用组分的目的。互溶液体混合物的分离依混合物的物理化学特性有多种分离方法，而蒸馏及精馏是最常用的一种方法。

精馏过程是利用混合液体中各组分的相对挥发度之间的差异实现的。在精馏设备中，依据部分汽液多次汽化与冷凝过程，使组分得以分离。常用的精馏设备有填料塔、板式塔等，在这些塔设备中，汽液的接触与流动在重力场中进行，其流动情况主要受重力和液体表面张力的影响，液体流动较缓慢，在填料表面形成的液膜面积小且更新慢，以上都会导致汽液接触面积较小、传质系数低、设备体积庞大、造价及运行费用高。针对这些问题，科学工作者在设备结构、塔板结构及填料等方面进行了大量的改进及研发工作，取得了明显的技术进步和经济效益，推动了精馏技术的发展。但这种改进的潜力很有限，随着经济的发展和节能降耗的要求，开发新的高效的精馏技术已经成为一个新的热点。

洗气机技术用于精馏，与其他精馏装备不同之处在于，不用任何的填料，利用高速旋转体，使需精馏的物料得到近 100m/s 的速度和上千倍于自然重力加速度的离心加速度，在此超强动力的作用下，物料被雾化或汽化，得到微米级或纳米级的离散状液滴微米，这些微元产生了巨大的相界面，挥发性的气相组织迅速汽化，可实现混合物在较短时间内的分离提纯。

图 16-6 所示为单台洗气机精馏装置工艺流程。原料在泵的作用下，经转子流量计计量后，从超重力精馏装置的原料液进口进入洗气机精馏装置，受离心力作用向外甩出，由洗气机精馏装置的外壳收集后，从液体出口流入再沸器。再沸器中液体部分引出作为产品，部分溶液经加热汽化后从气体进口管进入洗气机精馏装置内腔，在气体压力作用下自内向外进入叶轮流道外传质区，与液体进行传热传质后，汇集于洗气机精馏装置的外腔，然后从气体出口进入冷凝器。冷凝后的液体一部分作为产品引出，一部分作为回流液体。

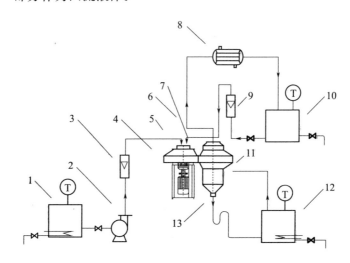

图 16-6　单台洗气机精馏装置工艺流程

1—原料储槽；2—泵；3、9—转子流量计；4—洗气机精馏装置；5—原料液进口；6—气体出口；
7—回流液进口；8—冷凝器；10—产品储槽；11—气体进口；12—再沸器；13—液体出口

图 16-7 所示为双台洗气机连续精馏装置工艺流程。原料在泵的作用下，经转子流量计计量后进入洗气机精馏装置（LX$_2$），受离心力的作用由叶轮内侧向外侧甩出，经液体出口流入再沸器。再沸器中的液体部分引出，部分经程序控温加热产生蒸汽，减压阀控制蒸汽量后进入洗气机精馏装置（LX$_2$），蒸汽在压力作用下由叶轮内侧向外侧流动，由洗气机精馏装置（LX$_2$）气体出口进入洗气机精馏装置（LX$_1$）。从洗气机精馏装置（LX$_1$）气体出口进入冷凝器的蒸汽，经冷凝后部分作为回流液回流到洗气机精馏装置（LX$_1$），其余作为产品储存。

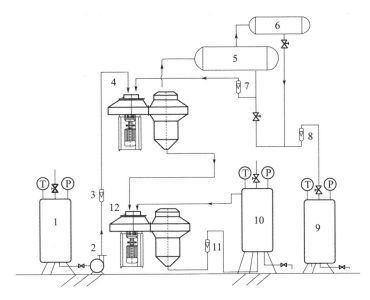

图 16-7　双台洗气机连续精馏工艺流程

1—原料储槽；2—泵；3、7、8、11—转子流量计；4—洗气机精馏装置（LX$_1$）；

5—分凝器；6—全凝器；9—废液储槽；10—再沸器；12— 洗气机精馏装置（LX$_2$）

16.9　洗气机技术在脱挥过程中的应用

在单体聚合成高级聚合物的过程中，聚合物离开反应器时总有部分未反应的单体和溶剂残留于聚合物产品里，这些单体、溶剂等低分子物的存在将影响聚合物产品的质量和使用性能，还有可能污染环境，因此聚合物生产都有处理分离过程。

从聚合物中脱除挥发组分的过程称为脱挥，挥发组分通常包括未反应的单体溶剂、水以及各种聚合物副产物，脱挥过程作为聚合工艺中的一个单元操作，在聚合物生产工艺中广泛应用。

原料脲醛树脂预热后，经齿轮泵送入洗气机内部的液体分布器，在压力的作用下树脂喷洒到洗气机的内缘；来自空压机经缓冲罐缓冲后的空气，经转子流量计计量后，由洗气机进气口进入叶轮，沿叶轮内缘向外缘运动。气体在轴向通过传质场与液体逆流接触后，由气体出口管排出设备，二次吸收后放空。液体沿洗气机脱水器壁流下，汇集到底部的液体出口流出。

脱挥物料经泵体打入洗气机顶部，经叶轮高速旋转物理破碎成微小液滴，溶剂或挥发组分瞬间气化，经脱挥后的液体经脱水器实现气液分离后流入收集槽（池），气体经脱水器实现气液分离后进行二次收集，然后排放或另行处理（图 16-8）。

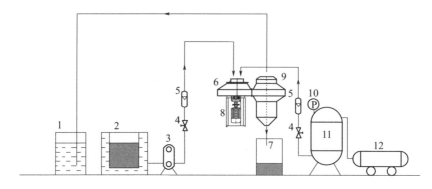

图 16-8　洗气机脱挥工艺流程

1—水槽；2—原料槽（保温）；3—齿轮泵；4—阀门；5—流量计；6—洗气机；

7—收集槽；8—电动机；9—脱水器；10—压力表；11—缓冲罐；12—空压机

16.10　洗气机技术在除湿过程中的应用

湿法去除工业气体中的液相物质是常用的一种除湿方法，传统的方法多采用洗涤塔对各个过程产生的含湿气体进行处理，采用洗气机技术进行除湿处理与传统塔结构相比，在经济技术指标上有着不可超越的优势。

气体为空气与水蒸气的混合气体，按照一定比例混合，保持气体湿度为 0.1782kg 水/kg 干气，试验主要装置为洗气机装置，如图 16-9 所示，含湿气体与洗涤液同时进入洗气机，在高速叶轮的作用下，洗涤液雾化或气化，同时对气体中的液相粒子进行捕集，经洗涤的气体经脱水器实现气液分离，洗涤液流回水池，气体随之排放或收集进入储存罐。

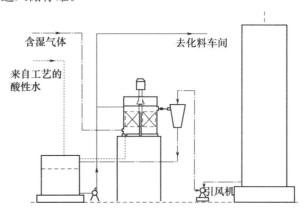

图 16-9　洗气机除湿示意

16.11 洗气机技术在气液反应过程中的应用

气液反应生成新物质是化工过程中"三传一反"的化学反应中最平常的一个工艺过程，它是气相随组分进入液相进行反应的过程，反应组分为气体和液体。

气液反应按反应类型主要有两类：一类是以制取产品为目的，另一类是以消除气相组分中的不需要的组分，如炉窑烟气中 SO_2、NO_x 等为目的。

气液反应多数为不可逆反应，根据惠特曼和刘易斯的双膜理论，如要实现反应 A（气相）＋ B（液相）→C（产物），需经历以下步骤：

（1）反应物气相组分 A 从气相主体传递到气液相界面，在界面上假定达到气液相平衡。

（2）反应物气相组分 A 从气液相界面扩散入液相，并且在液相内进行反应。

（3）液相内的反应产物向浓度梯度下降的方向扩散，气相产物则向界面扩散。

（4）气相产物向气相主体扩散。

由于反应过程经历以上步骤，实际表现出来的反应速率是包括这些传递过程在内的综合反应速率，而不是纯粹的化学反应速率，这种速率关系称为宏观动力学。当传递速率远大于化学反应速率时，实际的反应速率就完全取决于后者，这叫作动力学控制。反之，如果化学反应速率很快，而某一步的传递速率很慢，例如经过气膜或液膜的传递阻力很大，则过程速率就完全取决于该步骤的传递速率，这叫作扩散控制。如果两者的速率具有相同的数量级，则两者都对过程速率具有显著的影响。

气液反应除以上理论外，相界面、湿化能、动能以及反应速率和能量传递速度的大小也都有决定性的意义。

16.12 洗气机技术在液-液反应过程中的应用

洗气机技术最初用于环保领域的烟尘净化，随着应用领域的扩展，化工过程中的应用也取得了很好的效果。

对于化工过程中的气液接触反应，采用洗气机技术进行强化，使"三传一反"从理论到应用得以完善与成熟，在液-液接触混合反应中，从强化传递过程和微观混合的角度出发，洗气机技术创建了一个新型的传递反应机制，在液-液微观混合萃取、液膜分离、乳化和液-液的特性等方面得到了更宽更广的应用，同时在理论构建、规律验证、性质确认及一些应用上也取得了新的突破。

根据混合发生的尺度，混合现象可分为宏观混合与微观混合两类。宏观混合指大尺度的混合现象，如在搅拌混合设备中，由于机械搅拌作用，流体发生设备尺度的环流，从而使流体在设备尺度上得到混合。微观混合指小尺度的湍流流动将流体破碎成微团，微团之间碰撞、凝聚和再分散，以及通过分子扩散使液-液系统达到分子级均匀的过程。

液-液反应体系广泛地存在于精细化工、聚合过程、制药工业、生物化工等工业过程中，而良好的微观混合是这类过程进行的必要条件，如在利用液-液两相共沉淀法制备固体颗粒的过程中，液-液两相的混合效果直接影响颗粒的粒径分布；在利用液-液快速反应制备高聚物的过程中，液-液两相的混合效果也直接影响高聚物的相对分子质量分布；在反应结晶法制备超细粉体时，产品的颗粒粒度大小、分布乃至形态都受到微观混合效果的影响。因此，微观混合问题引起了人们的普遍关注。

16.12.1　液-液混合种类

混合是在强制对流作用下通过主体扩散、涡流扩散和分子扩散方式，最终达到分子级均匀的过程。混合时，首先形成大尺度的涡旋微团，在湍流拉伸、剪切作用下，大涡旋再分裂成较小尺度的涡旋，能量从大涡旋传递到小涡旋，小涡旋则向更小的涡旋传递，直到更小尺度（科尔莫戈罗夫尺度）的涡旋。这个过程表明，混合首先将从大尺度对流运动开始，继之以小尺度，即涡流扩散把较大的液滴微团进一步变形、分割成更小的微团，通过小微团界面之间的涡流扩散，最终把不均匀程度降低到涡流本身的大小，直至达到科尔莫戈罗夫尺度，这就是宏观混合的最大限度。微观混合是分子尺度上的混合，它的最终实现只能靠最小尺度微团内的分子扩散。分子扩散是实现微观混合的控制因素。

在液体混合装置中，完成混合有两个必须具备的要素：一是要有主体对流流动，以保证装置内不存在静止区域；二是要有一个强烈或高剪切的混合区，能够提供条件，以达到混合对降低非均匀性或强化过程速率的要求。这两个要素都要靠能量来维持。因此，高效的混合过程需通过外加能量的混合设备来完成。

液体混合可分为层流混合与湍流混合两类。

在层流条件下，惯性力受流体黏性的作用而迅速减小，黏滞力起主导作用，这会使流动的液体在边界层内存在很大的速度梯度，这些是具有高剪切速率的层流区，会导致流体变形和伸展，流体体积逐渐缩小。只有通过分子扩散才能使互溶的液体实现最终均匀化。在层流混合中，分子扩散始终存在，但在流体变得足够小之前，其比表面积的大小不足以使扩散速率成为重要的因素。对于高黏度流体来说，由于分子扩散本身就很慢，其混合过程也很慢，需要通过高效的混合设备来强化其混合过程。在层流混合过程中，流体本身的大小随着混合的进行而逐渐减小；与此同时，不同流体之间的浓度差也随分子扩散而减小，这在很大程度上是由提供扩散用的面积随流体尺寸的减小而增大所致。因此，层流混合与相际接触面积密切相关。

在常用的混合设备内，主体流体流动均为湍流。由于外力的作用，流体在流动过程中会产生湍流涡流扩散，涡流扩散造成的混合要比层流机制引起的混合的速率高得多。为了在分子规模实现微观混合，仍然要依靠分子扩散。在低黏度的流体中，分子扩散比在高黏度物质中快得多。因此，与层流情况相比，湍流中的混合过程发展到微观混合所需要的时间要小得多。在传统的槽式混合设备内，搅拌叶轮附近流体受到的剪切力很高，再加上径向排出液流中有较大的雷诺效应，所以，液-液分散主要在搅拌叶轮附近的区域。

对于大多数的混合过程，总体对流扩散、湍流扩散和分子扩散三种混合机理是同时存在的。湍流扩散使大尺寸的流体团块分割成较小尺寸的流体微团；总体对流扩散将流体微团带到混合设备内的各处，达到混合设备内宏观上的均匀混合；分子扩散使流体微团消失，达到微观混合。

16.12.2　液-液混合机制

1. 连续性混合与离散性混合

在混合工艺过程中，无论是层流混合还是湍流混合都可归于连续性混合和与连续性混合对应的离散性混合。到目前为止，所有的混合都是连续性混合，采用洗气机技术进行的混合过程就是离散性混合，所以也只有洗气机技术才能实现离散性混合（图 16-10）。

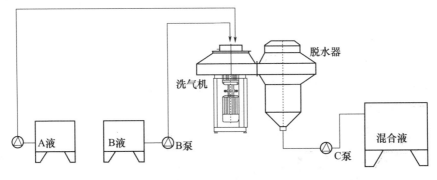

图 16-10　洗气机离散性混合流程示意

257

常规的液-液混合都是流体态或连续态混合，即液-液混合流进入一个容器内，通过搅拌而形成新的混合物，这是湍流工艺，存在着均匀度、效率、能耗、时间等问题。而离散性或称非连续性混合则是将混合的液相流体通过机械作用使其成为离散态或非连续性状态，这样以离散态进行混合，可以使此工艺的各项指标得到最好结果。

2. 效果分析对比

由于离散性混合属于微观混合，无论是均相还是非均相都会得到其他方式设备得不到的效果，尤其是反应时间极短的物相，更能体现出其优越的性能。由于通过洗气机的作用可以使液-液混合前达到微纳米状态，混合过程变得极为简单，而均匀度也能得到有力保障。

16.12.3　洗气机技术在萃取过程中的应用

萃取是从稀溶液中提取物质的一种有效方法，广泛应用于制药、湿法冶金、石油化工、工业废水、生物化工、核工业等领域。在液-液萃取过程中，两个液相密度差小，而黏度和界面张力较大，两相的混合与分离（吸收、精馏）困难很多，为达到理想的萃取效果，就需要萃取设备有很好的混合与萃取传质性能。

萃取是指两个完全或部分不相溶的液相或溶液接触后一个液相中的溶质经物理或化学作用转移到另一液相或在两相中重新分配的过程，萃取属于分离或提纯物质的重要单元操作之一。萃取按性质分类，有物理萃取和化学萃取之分。物理萃取基本上不涉及化学反应的物质传递过程，它利用物质在两种互不相溶的液相中不同的分配关系将其分离开来。化学萃取是伴有化学反应的传质过程，它的种类很多，如络合萃取、离子缔合萃取、协同萃取等。

洗气机的萃取操作依靠互不相溶的两液相之间的混合与分离过程来实现，洗气机萃取过程实质上是将洗气机应用于萃取过程的混合阶段，利用强化混合的特性来强化萃取传质过程（图16-11）。

需萃取的原料液溶液中含有溶质A和溶剂B两组分，选择合适的萃取剂相，其中的有效成分为萃取剂S，除S外，萃取剂相通常还含有稀释剂，其作用是调节萃取剂相的黏度及流动性，以满足工艺要求，将原料液相及萃取剂相引入洗气机，两相流体同时在叶轮的高速作用下被雾化，被雾化的混合相在气流的作用下，经气液分离器实现气液分离并在重力作用下流入分相器内，两液相因密度差沉降分层，在原萃取剂相出现了A组分和少量B组分，称为萃取相，被分离原料液中出现了少量萃取剂S，称为萃余相。通常两相液体中，一种是水溶液称为水相，另一种是有机物溶液，称为有机相。

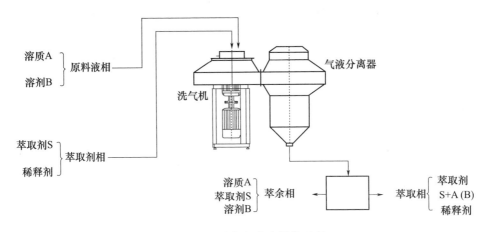

图 16-11　洗气机萃取操作示意

洗气机技术用于萃取过程，其快速、良好的液-液混合特性，极大地强化了萃取过程。

16.12.4　洗气机技术在液-液反应过程中的应用

当反应系统由两种互溶度较小的液体构成，参与反应的反应物分别存在于两个液相中，这样的非均相反应即为液-液反应。液-液反应广泛应用于工业过程，常见的液-液反应有硝化、磺化、缩合、乳液聚合、烃化反应等。对于这类反应，若将反应物置于溶剂相内，然后通过相界面的溶解和传质而进入反应相内，使反应物在反应相内的浓度受到分配系数和传质速度的控制，从而控制反应速度和反应释放热。

液-液非均相反应不但涉及反应器内两相间的反应速率，而且关系到连续相和分散相间的相平衡、传质以及液滴分散、凝聚等过程。液-液反应过程中同时存在反应物在相界处的溶解、相间传质反应过程，如果反应在某液相内进行，也可用双膜理论根据相间传质速率和反应速率的相对大小，把液-液相反应划分为慢速反应、中速反应、快速反应、瞬间反应等几种。液-液非均相反应通常认为反应分别在液滴分散相内或连续相内进行，但实际反应速率往往取决于传质过程，并且与界面面积，也就是液滴大小有关。

反应器类型不同，其液滴行为也不同，如果液滴与液滴之间并不相互作用，即相互不凝聚也不分散，则液滴的行为就如间歇反应器；若液流之间连续地发生凝聚再分散，鉴于反应器型式的多样性和混合过程的随机性，且其规律尚未被充分认识，其行为对转化率的影响无法估计，但当液滴的凝聚和再分散达到完全的程度，则可作为均相反应处理。

混合是指两种或多种物料在容器中通过搅拌等措施，使之达到均匀的程度，称之为混合过程。

化学反应是在分子尺度上所进行的过程，分子尺度上的混合直接影响着化学反应过程。所谓微观混合是指分子尺度上的均匀化过程，通过破碎和变形先使未混合液体微元尺度减小，再由分子扩散达到最后混合。无论是简单反应还是复杂反应，微观混合都广泛影响着化学反应，既可以影响快速反应过程，也可以影响瞬间反应过程。同时，微观混合能够改变产物的转化率和反应物的选择率。在化学反应器中，微观混合可以改变产品的性质，进而改变产品的质量。同样，微观混合控制着聚合反应过程中有机物分子的质量分布。洗气机液-液反应流程示意如图 16-12 所示。

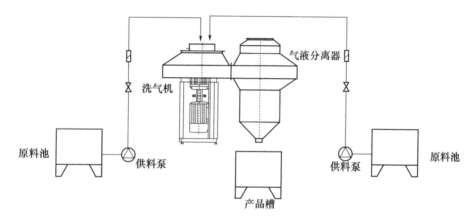

图 16-12　洗气机液-液反应流程示意

16.12.5　洗气机技术在液膜制备与分离过程中的应用

液膜作为一项分离技术，具有传质速率高、选择性好、比表面积大、分离效率高、成本低、节能等特点，使之成为分离、纯化与浓缩溶质等的有效手段。因此，在湿法冶金、废水处理、气体分离、有机物分离、生物制品分离与生物医药分离、化学传感器与离子选择性电极等领域有着广泛的应用前景。

膜是分隔液-液（或气-液、气-气）两相的一个中介相，是两相之间进行物质传递的"桥梁"。如果此中介相（膜）是一种与被分隔的两相互不相溶的液体，则这种膜称为液膜，液膜对不同溶质的选择性渗透，实现了溶质之间的分离。

液膜分离过程与溶剂萃取过程有很多相似之处，与传统的溶剂萃取相比，液膜的非平衡传递具有以下三个优点：

（1）传质推动力大。

（2）试剂消耗小。

（3）"上波"效应，或者溶质"逆其浓度梯度传递"的效应，这一特性使其在从稀溶液中提取与浓缩溶质方面具有优势。

膜相通常含有表面活性剂、萃取剂（载体）、溶剂及其他添加剂，以控制液膜的稳定性、渗透性与选择性。

要使液膜技术成功地应用于工业生产中，必须有良好的表面活性剂、稀释剂、膜增强剂。同时，还须有合适的制乳和提取混合传质设备。目前，制乳和提取混合传质设备的现状仍制约着液膜分离技术工业化的过程。洗气机液膜制备技术如图16-13所示。

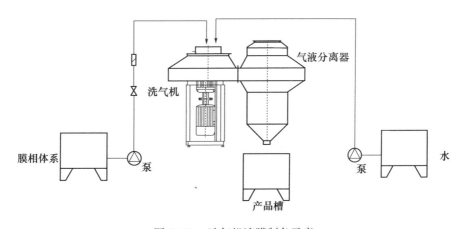

图 16-13　洗气机液膜制备示意

两相物系在输送设备作用下分别经过阀门调节和流量计计量，共同进入洗气机顶部，在叶轮高速旋转作用下，两相物料初步混合进入叶片通道，两相物料在叶片迎风表面形成液膜，并在离心力的作用下向叶片外缘移动，两相液相在叶片外缘，被气流撕碎，并在离心加速度的作用下被雾化成纳米级的液相颗粒，液相颗粒以气相流体为载体进入气液分离器进行气液分离，分离下的液相集中流入储槽，即得到所需的液膜乳液。

采用洗气机技术制备的液膜，具有乳液粒径小且分布范围窄、乳液稳定性好、溶胀率高的特点；利用洗气机作为制乳设备，具有制乳效率高、操作时间短、设备体积小、占地面积小、能耗低、现制现用、易于放大和连续化操作等优点。

16.12.6　洗气机技术在液膜分离过程中的应用

与膜分离过程相似，乳状液膜处理液相溶质的传质推动力基于溶质在液膜两侧界面化学位的差异，即溶质透过液膜的传递受控于膜两侧的浓度差。

液膜具有表面积大、渗透性强、选择性和定向性高、分离效率高等特点，要提高传质速率，强化传质过程，必须提高传质推动力和减少传质阻力。

在给定的体系和设备中，通常可以采用适当增大流速和增加输入能量等方法来提高两相的湍动程度，以提高渗透参数。同时，湍动程度的加大也加快了流体在流动过程表面更新的速度，即提高渗透参数的同时也相对提高了渗透物的浓度。此外，我们可以通过外加能量使传质的液滴变小，从而扩大两相的接触面积，而对于减小膜厚主要是通过降低溶质溶剂比来实现的。

膜相与外液相进入洗气机后混合分散在洗气机内，在离心力和高速剪切力作用下，两相流体在加速度场形成纳米级的液滴，传质的液滴变小，扩大了两相的接触面积。同时，液体在高加速度、高速度状态下加快了两相流体在运动过程中表面更新的速度，从而在提高渗透系数的同时也提高了渗透物的浓度。因此，洗气机技术符合液膜分离技术中关于提取过程的动力学特征条件，提高了传质推动力并减小了传质阻力，强化了传质过程，提高了传质速率。

乳状液膜分离工艺流程如图 16-14 所示，对分离效果影响主要由以下三个因素决定。

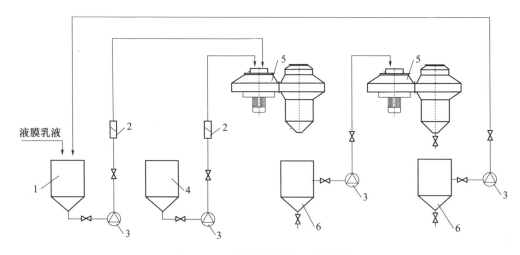

图 16-14　乳状液膜分离工艺流程

1—膜乳液槽；2—流量计；3—泵；4—废液槽；5—洗气机；6—分层器

1. 结构

采用洗气机技术中的离心式洗气机，比其他型式设备的使用效果要高许多倍。

2. 操作参数

洗气机的运行参数可以通过变频器进行调控，找到最佳效率点。

3. 特性参数

（1）膜增强剂的选择对稳定性有很大的影响。

（2）膜添加剂的影响。

16.13 洗气机技术在焦化工艺中的应用

我国是世界上产焦最多的国家，现有各种焦炉 2000 余座，其能耗及污染在工业体系中占有相当大的比重。随着经济的发展，我国面临的能源与环境形势日益严峻，焦化企业由于生产过程的复杂性和多样性，不论是在能耗还是环保方面都存在着很大的难度。同时，焦化企业属于传统应用领域，对新技术的开发应用存在周期长、工艺要求高等特点。

在焦化企业的化产流程中，化产车间由冷凝鼓风工段、脱硫工段、硫铵工段、蒸氨工段、粗苯工段、油库工段、生化工段等组成。其中在煤焦油的收集、脱硫化氢以及洗苯等工艺过程中，用洗气机代替脱硫塔、冷却塔等传统塔型设备，可以大幅度提高焦化生产传质效率，同时解决了设备阻塞、能耗高等问题，为焦化生产提供了一种新型高效稳定的工艺，实现了传统化工生产工艺上的革命。

16.13.1 洗气机技术在煤焦油收集中的应用

煤焦油是煤炭在煤焦炉中与空气隔绝的条件下，加热至 1000℃左右形成的煤气或尾气，在这些尾气中，温度的下降会使其形成冷凝物。由于煤焦油中含有化工生产必要的原料成分，要对此进行有效的收集。

在现有的技术中，大都采用电焦油捕集器来回收焦油。由于煤焦油物理化学特性的复杂性，高压电极板在使用中极容易形成油膜，从而影响对煤焦油的捕集效率。因此，简化煤焦油回收设备，可以降低投资，提高煤焦油的回收率。

洗气机技术用于煤焦油的收集，是现有煤焦油收集技术的巨大飞跃。洗气机不但能高效对煤焦油进行回收，还能进行烟气降温，为下级工艺创造条件。

16.13.2 洗气机技术在脱除硫化氢中的应用

焦炉煤气作为炼焦过程中的副产物，已经被广泛应用于燃料、化工原料等方面。但未经净化的焦炉煤气中含有多种气体组分，尤其是焦油、萘、HCN、H_2S 等，使焦炉煤气脱硫化氢工作复杂而艰难。硫化氢的存在不仅会引起设备和管路腐蚀、催化剂中毒，而且会严重地威胁人身安全，必须消除或控制环境污染物。

煤气、焦油和氨水沿吸煤气管道至气液分离器，气液分离后煤气进入横管初冷器，在此分两段冷却：上段采用 32℃ 循环水、下段采用 16℃ 制冷水，将煤气冷却至 22℃。冷却后的煤气进入煤气鼓风机，加压后进入电捕焦油器，除掉其中夹带的焦油雾后，煤气被送至脱硫工段。

粗焦炉煤气脱硫工艺有干法和湿法脱硫两大类。干法脱硫多用于精脱硫，对无机硫和有机硫都有较高的净化度。不同的干法脱硫剂在不同的温区工作，由此可划分低温（常温和低于 100℃）、中温（100～400℃）和高温（高于 400℃）脱硫剂。干法脱硫由于脱硫催化剂硫容小、设备庞大，一般用于小规模的煤气厂脱硫或湿法脱硫后的精脱硫。湿法脱硫分为湿式氧化法和胺法。湿式氧化法是溶液吸收 H_2S 后，将 H_2S 直接转化为单质硫，分离后溶液循环使用。目前我国已经建成（包括引进）采用的具有代表性的湿式氧化脱硫工艺主要有塔卡哈克斯（TH）法、FRC 法、蒽醌二磺酸（ADA）法和 HPF 法。胺法是将吸收的 H_2S 经再生系统释放出来送到克劳斯装置，再转化为单质硫，溶液循环使用，主要有单乙醇胺法、AS 法和氨硫联合洗涤法。湿法脱硫多用于合成氨原料气、焦炉气、天然气中大量硫化物的脱除。当煤气量标准状态下大于 $3000m^3/h$ 时，主要采用湿法脱硫。

如图 16-15 所示，HPF 法脱硫化氢，首先来自煤气鼓风机后的煤气进入预冷

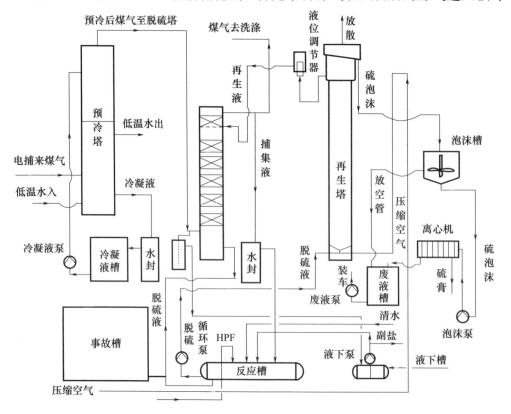

图 16-15　HPF 法脱硫工艺流程示意

塔，与塔顶喷洒的循环冷却液逆向接触，被冷却至25～30℃；循环冷却液从塔下部用泵抽出送至循环液冷却器，用低温水冷却至23～28℃后进入塔顶循环喷洒。来自冷凝工段的部分剩余氨水进行补充更新循环液。多余的循环液返回冷凝工段。预冷塔后煤气并联进入脱硫，与塔顶喷淋下来的脱硫液逆流接触，以吸收煤气中的硫化氢（同时吸收煤气中的氨，以补充脱硫液中的碱源）。

传统填料塔存在堵塞及效率不高的问题，不但影响化产工艺，还影响下游的煤气质量。由于 H_2S 含量高（$H_2S + O_2 \Longrightarrow SO_2 + H_2O$），焦炉烟道气的 SO_2 排放增加，不能满足国家的排放标准，从而造成大量的投资及运营管理费用。在传统工艺流程上，采用洗气机代替预冷塔和脱硫塔（图16-16），不但能保证高品质的煤气，使化产能耗大幅降低，而且设备运行稳定，不会堵塞，节约了后期维修费。

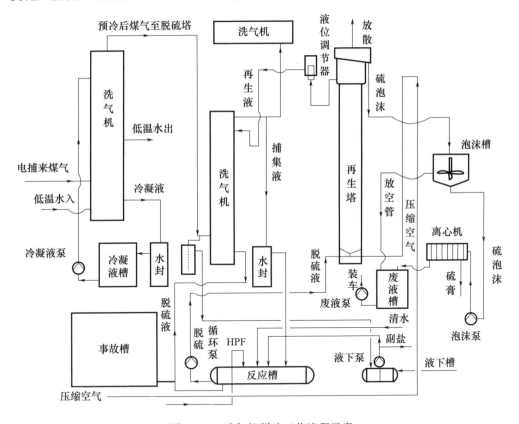

图 16-16　洗气机脱硫工艺流程示意

16.13.3　洗气机技术在洗苯中的应用

在传统工艺中，洗苯前焦炉气要先经过冷却塔降温和脱萘。采用洗气机技术替代冷却塔，安装两套洗气机就可以完成降温、脱萘、粗洗苯和精洗苯的工艺过程

（图 16-17）。

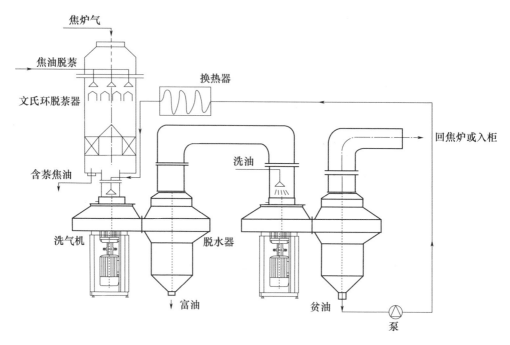

图 16-17　洗气机洗苯工艺流程示意

　　焦炉气自硫铵工序进入文氏环脱萘器，脱萘介质是焦油，通过文丘里效应将萘溶于焦油中；经过脱萘的焦炉气进入第一级洗气机进行粗洗，粗洗后的洗油（富油）进入下一道工序，焦炉器进入第二级洗气机进行精洗，精洗后的洗油为原始洗油；经过精洗的洗油为贫油，气液分离后经泵打入第一级洗气机进行粗洗，形成循环；经过精洗的焦炉气一部分返回焦炉使用，另一部分入柜或输送至用户作为燃料使用。

第十七章　洗气机技术在环保领域中的应用

17.1　概　　述

在环保领域中，大气污染防治是很重要的组成部分之一。大气污染防治的内容包括废气（气态污染物）污染和粉尘（固态颗粒物）污染两大类。在气态污染中按污染物成分分类，可分为有机物污染和无机物污染。

在有机物污染中，由于化学物质种类繁多，均归于非甲烷总烃污染。在非甲烷总烃中，又可分为可水解污染物和不可水解污染物。掌握有机物污染物的特征特性，是有机物大气污染防治解决的重要方法之一。在无机物污染中，按化学特性分类，可分为酸性无机物、碱性无机物和中性（无腐蚀）无机物。酸性无机物包括 SO_2、NO_x、HCl 等，碱性无机物包括 NH_3 和其他碱性蒸汽等，中性无机物主要指水蒸气（湿气）。

颗粒物粉尘的污染物中，有液态污染物颗粒和固态污染物颗粒。液态污染物颗粒在颗粒物粉尘污染物中占比很小，因此不做过多论述。在固态污染物颗粒中，粉尘按颗粒物粒径大小，可分为 $10\mu m$ 以上和 $10\mu m$ 以下两类。在粒径小于 $10\mu m$ 的粉尘中，多以蒸发性粉尘为主，而粒径大于 $10\mu m$ 的粉尘中，以机械性粉尘为主。蒸发性粉尘污染源多出现于冶金工业中，伴随高温、高湿等工况。机械性粉尘污染源多出现于矿业筛分、破碎和转运的过程中。

在大气污染防治中，充分了解并掌握污染源的物化特征，对于制订高效、有针对性的防治方案是十分必要的。

17.2　洗气机在大气污染控制技术设备中的特点

大气污染控制技术设备，可分为湿法净化设备和干法净化设备两种。由于各种因素的影响，湿法净化设备在市场中占比很小，仅不到 20%。湿法净化设备能在市场中存在得益于其一部分先进性，但是具体的技术问题导致其市场应用率低。

所谓湿法净化就是利用液相流体和气相流体在设备中以各种形式接触，通过相互作用，将气相流体中的污染物转移至液相流体的过程，从而达到气相流体被净化的目的。它相对干法净化的优势主要在于高温、高湿以及在高黏性介质中的适应性，能做到防火防爆，同时投资少、占地小等。

在湿法净化设备中，有塔形设备、冲击水浴型设备、文丘里型设备和超重力型设备等，这些技术设备都具有以上优点，但也存在着不足，如稳定性差、运行效率低、能耗高等。洗气机技术历经三十多年的完善，完全解决了湿法净化技术在实际应用中的难题和不足，并取得了卓越的使用效果。

17.3 洗气机技术在有机气态污染物 VOC 防治中的应用

有机气态污染物是大气污染物的重要组成部分之一，其主要成分——非甲烷总烃的挥发性有机物称为 VOC（Volatile Organic Compound）。VOC 主要由工业和餐饮业排放的油烟产生。

17.3.1 VOC 防治的主要方法

基于洗气机技术的液体吸收法是净化油烟中 VOC 的有效方法之一。采用液体吸收法需根据油烟不同组成物质的物化性能选用不同的方法。

1. 相似相溶法

根据不同 VOC 本身的极性，选用与之极性相近的介质对其进行吸收，称为相似相溶法。例如在焦化生产中，对苯类物质的吸收就采用相似相溶法，由煤焦油配置专用的洗油对苯类物质进行吸收，从而达到净化气相的效果。

2. 氧化法

对于浓度低、回收价值不大的气相有机污染物，可采取氧化法。一种氧化法是根据有机物种类（醇、醛）在水溶液中加入适量氧化剂（$KMnO_4$、$K_2Cr_2O_7$、H_2O_2 等），使其转变为对环境无害的可溶解物排放。以酸性 $KMnO_4$ 为催化剂，可使醇和醛氧化为酸：

$$5C_2H_5OH + 4KMnO_4 + 6H_2SO_4 \longrightarrow 5CH_3COOH + 4MnSO_4 + 11H_2O + 2K_2SO_4$$

$$5CH_3CHO + 2KMnO_4 + 3H_2SO_4 \longrightarrow 5CH_3COOH + 2MnSO_4 + K_2SO_4 + 3H_2O$$

另外一种氧化法是利用紫外线 UV 光氧化有机物，使其最终生成 CO_2 和 H_2O

来处理 VOC。波长较短的紫外线（185nm）可以有效地降低总有机碳量。其主要原理是通过紫外线的照射，将某些有机物分子的化学键断裂，形成自由基，最终氧化成 H_2O 和 CO_2。波长较短的紫外线具有更多的能量，因此能够分解有机物。研究表明，采用 185nm 的紫外灯照射 VOC 一段时间，能将键能小于 647kJ/mol 的化合物破坏，同时 185nm 的紫外灯中波长更短的紫外线也可将部分 VOC 氧化分解。常见有机物化学键和键能对照表如表 17-1 所示。

表 17-1　常见有机物化学键和键能对照表

化学键	键能（kJ/mol）	化学键	键能（kJ/mol）
H—H	436	C—H	413
C—C	332	C—N	305
C=C	611	C—O	326
S—H	339	C=O	728
S—S	268	O—H	464

3. 碱反应法

用碱做反应物，可以处理 VOC 中某些特定的气相有机物，如酯类的水解反应与卤代烃的取代反应：

$$NaOH + RCl \longrightarrow ROH + NaCl$$

$$RCOOR' + NaOH \longrightarrow RCOONa + R'OH$$

4. 乳化法

在非水解的有机污染物净化方法中，乳化法是湿法净化中重要的防治方法之一。用水为介质，加入乳化剂或表面活性剂，通过洗气机叶轮的高速旋转，使洗涤液（水）分子和油烟分子获得极高的相对速度和加速度，在乳化剂的共同作用下，使洗涤液（水）与油烟粒子形成水包油的乳化现象。由于高速运动使乳化充分，可充分脱除气相中的油烟，液相随排水口排出收集，从而使油烟得到净化。乳化法处理餐饮油烟工艺示意如图 17-1 所示。

5. 复合式法

所谓复合式法，就是用两种或两种以上方式方法联合处理 VOC。当 VOC 成分组合或工况环境复杂时，用单一的处理方法往往达不到预期的效果，此时就需要多种处理功能不同的设备相结合，才能有效地完成治理，如洗气机和静电式净化器联合组成的复合式油烟净化系统（图 17-2）。

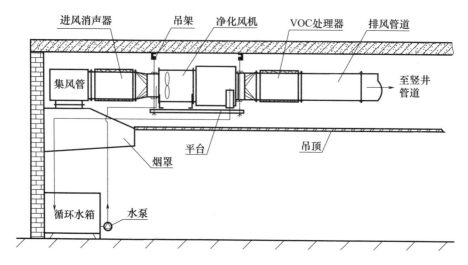

图 17-1 乳化法处理餐饮油烟工艺示意

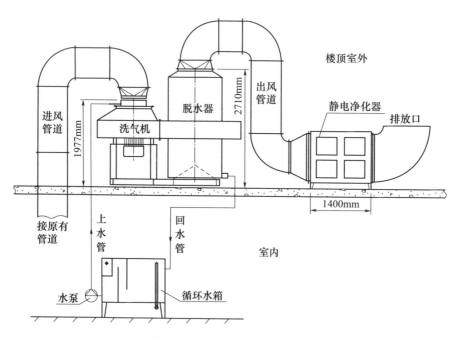

图 17-2 复合式油烟净化系统

17.3.2 工业油烟 VOC 的治理

工业油烟的产生多发于化工产品机油加热或高温而产生的挥发物，尤其是用于冶金、金属加工的冷却、润滑、淬火、退火、锻冲等工艺。目前除了洗气机技术外，应用最多的是静电式净化器。静电式净化器的优点是效率高、阻力小，缺点是效率不稳定，存在火灾隐患。采用洗气机与静电式净化器组成的复合机组，在保证高效、稳定运行的同时，消除了火灾隐患，且无须添加风机为动力（图 17-3）。

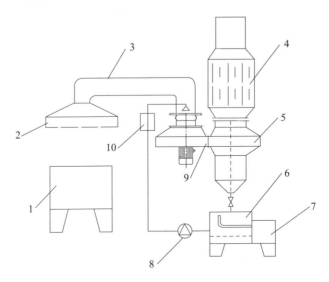

图 17-3　工业油烟净化示意

1—淬火油槽；2—集烟罩；3—通风管道；4—静电式净化器；5—脱水器；6—水箱；
7—油箱；8—水泵；9—洗气机；10—反冲罐

治理的具体方案如下：

（1）工件加热至淬火所需要的温度后，进入淬火油槽中。油脂接触高温工件后气化形成油烟，在集尘罩的负压作用下经管道进入洗气机，洗涤液（水）在叶轮的高速旋转下产生强大的动压能，将油烟粒子捕集，使油烟在洗涤液中机械乳化。

（2）乳化后的洗涤液经过脱水器进行气液分离后进入循环水箱，静置后实现油水分离，水可以循环作为洗涤液再利用，油脂可回收再次使用。

（3）净化后的烟气进入静电式净化器，在静电式净化器高压静电场的作用下对洗气机洗涤后逃逸的油烟进行二次捕集，以确保排放的烟气符合国家相关排放标准，也可送回集尘罩用作气幕，实现零排放或亚零排放。

整套治理系统突破传统的概念，做到了效率的模块化、气体压力流量的非线性选择，基本达到零排放，能耗最低、投资最少、适应性（高温、高湿、黏性、防爆）最强。另外，洗气机可配备变频器使用，节能可达 30％～40％。

17.3.3　喷涂工艺 VOC 的治理

涂装行业或喷涂行业中产生的气态有机物，由于工艺性质所致，在喷涂面产生的废气中除了挥发的溶剂外，还有雾状涂料和树脂等黏性漆雾。为了防止黏性漆雾对吸附设备的影响，需在废气吸收或吸附装置使用前对漆雾进行预处理。目前多采用水帘的方式进行冲洗，但效果很差。采用洗气机技术对喷涂工艺中的液相和固相先进行净化处理，就可以使其他 VOC 净化设备在有保障的条件下运行，即对 VOC 净化设备起到了保护作用，使其安全、有效、稳定地运行（图 17-4）。

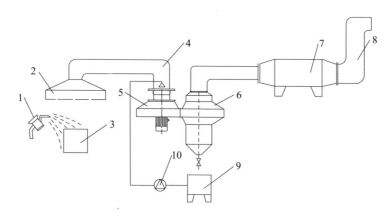

图 17-4　有机废气净化示意

1—喷枪；2—集风罩；3—工件；4—风管；5—洗气机；6—脱水器；

7—净化吸附箱；8—排风管；9—水箱；10—水泵

17.3.4　餐饮业油烟 VOC 的治理

中国的餐饮业是一个非常宽大的领域，由于中餐的特点，在烹饪过程中产生的油烟是城市空气的主要污染物之一。洗气机在油烟治理领域得到广泛的应用，目前油烟的净化效率可以达到 95％以上，这对于控制城市污染及 PM2.5 起到了重要的作用。

中餐的油烟产生量要比西餐大很多，由于高温使油脂产生挥发物，油脂挥发物由数种有机物组成，称之为 VOC，其中不乏有致癌物质，且烟气湿度大，温度 40～60℃。

洗气机高效净化油烟基于油脂机械乳化原理，即两种互不相溶的液体经过高速的机械运动而结合，机械乳化的优点是油水的结合是暂时的，经十几分钟以后它们会自动分离，水可循环使用，完全能达到油烟净化的目的。某饭店厨房油烟净化改造方案安装示意如图 17-5 所示。

餐饮业洗气机设备的特点：

（1）餐饮油烟和工业油烟，都是油脂高温蒸发产生的，不同之处在于工业油烟的产生状态单一稳定，无其他伴生物质，而餐饮油烟除了油烟之外，还伴随水蒸气和其他可挥发有机物等，因此在治理设计上要根据其油烟特点选用不同的治理方式。

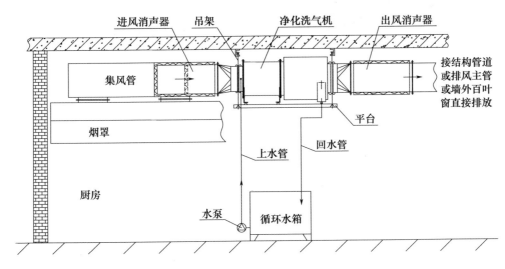

图 17-5　洗气机技术在餐饮业中的应用

（2）不同场所产生油烟的量和组成各有不同，根据分析可将其分为三类：第一类是食堂和小吃街等产生的低油烟型；第二类是经营性餐馆产生的高油烟型；第三类是烧烤产生的高烟型。

（3）对于低油烟型，只需要一级洗气机即可。对于高油烟型，可采用湿电复合方式处理，即一级洗气机加二级高压静电式净化器。而对于高烟型，则需要采用离心式洗气机加静电除尘的方式，其中静电式净化器的配置要比常规选型大 1.5～2 倍，才能取得理想效果。

（4）因洗气机为湿式净化，需以水为净化介质，所以需要安装循环水箱。水箱放在厨房内地面上，可根据放置位置确定大小；水箱设计为隔油型，废油可定期回收利用。

（5）风机配备变频启动，使能耗大幅度降低，可满足上限设计、下限使用，降耗 30％～40％。

（6）净化风机与烟罩的距离很近，两者之间的管道很短，不易积累油垢；净化风机采用湿法净化，洗涤液可起到降温的作用，降低燃烧质的温度，消除火灾隐患。

（7）耐高温性能良好，符合《消防排烟风机耐高温试验方法》（GA 211—2009），在烟气温度大于 280℃时，仍能连续长时间运转。自身隔火，经国家固定灭火系统和耐火构件质量监督检验中心认定，具备消防灭火作用，避免烟道火灾隐患。

（8）设备采用悬挂式安装，设备减振采用静力吸振器，使用寿命长达 30 年。

17.4 洗气机技术在无机气态污染防治中的应用

无机气态污染主要由酸性氧化物（挥发物）和碱性氧化物（挥发物）形成。其中最典型的就是碳行业、煤化工、燃煤炉窑生产过程中产生的 SO_2。SO_2 属于酸性气体，理论上的去除方法是用碱中和，完全反应生成盐。

$$CaO + H_2O \longrightarrow Ca(OH)_2$$
$$Ca(OH)_2 + SO_2 \longrightarrow CaSO_3 + H_2O$$
$$CaSO_3 + 1/2O_2 \longrightarrow CaSO_4$$

目前这些污染治理设备，均存在着体积大、能耗大、造价高、效率低等问题，而洗气机在锅炉上的应用则解决了这些问题。除此之外，洗气机的应用还取代了与锅炉配套的引风机，做到了集风机、脱硫、除尘多功能于一身，如果选用灰水分离器及污泥分离机，则还省去了沉淀池。十余年的使用，洗气机在这一领域的应用可以做到低耗、高效，即在目前锅炉的标准配置下达到和满足国家标准，脱硫除尘率在 99% 以上，其余各项经济技术指标均优于其他类型的净化设备。洗气机脱硫除尘工艺流程示意如图 17-6 所示。

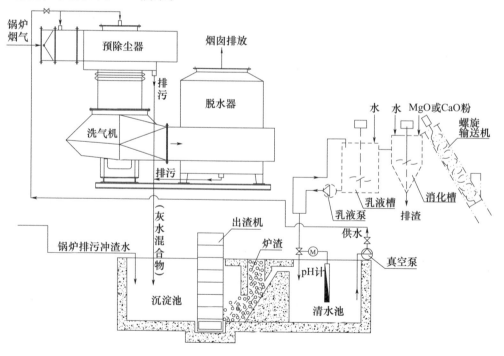

图 17-6　洗气机脱硫除尘工艺流程示意

烟气进入洗气机后，与在叶轮下方的洗涤液汇合进入叶轮，在高速旋转叶轮的强力作用下，洗涤液被充分雾化，烟气与洗涤液剧烈碰撞、聚合，使粉尘被水捕捉，烟气中的 SO_2 与碱性洗涤液发生剧烈的中和反应，完成一次净化过程。

洗涤液与烟气在叶轮内完成一系列复杂运动后，以 69～150m/s 的速度离开叶轮，此时的高速气流在集风器与筒体间隙出口处形成负压区，产生喷枪效应，即将沿此间隙流出的一次洗涤液雾化，从叶轮飞出的高速洗涤液与一次洗涤液发生撞击，此时残余烟尘与 SO_2 被高密度的雾状洗涤液二次捕集。

洗气机脱硫除尘工艺有以下几个特点：

（1）节能降耗，采用智能节电技术可满足上限设计、下限使用，可以降耗 30%～40%。

（2）流程简单，采用三级脱硫除尘技术，使总效率更高。

（3）排放达标，除尘效率 99% 以上，脱硫效率 95% 以上。

（4）性能稳定，采用以水为介质的方法，即高温烟气降温，减少了设备的磨损。

（5）净化时效，不会随着使用时间的推移而影响净化效果。

（6）结构新颖，体积小、能耗低、耐腐蚀、耐高温、振动噪音小、寿命长、投资少。

（7）安装简便，新老旧竖炉可以全套安装，老旧竖炉也可以在不停机的情况下进行达标改造。

（8）便于维护，定期补水清除沉淀物即可。

应用洗气机技术完成脱硫除尘，其效率完全可以达到现有企业国家标准排放规定，并且可以满足新建企业国家标准或地方标准排放要求。

17.5　洗气机技术在粉尘污染防治中的应用

粉尘污染是大气污染的主要内容，几乎涵盖了所有工业领域，因此粉尘防治是大气污染防治的重中之重。由于产生粉尘的工况不同，粉尘的性质也各有不同，不仅存在工艺性产生粉尘，也存在非工艺性产生粉尘。针对这些不同，制订的防治方案也有所区别。对于洗气机技术而言，粉尘有高温、高湿、高黏性、爆炸性的特点，更是其应用的首选。除此之外，洗气机技术在效率、占地面积、投资、运行稳定性和管理等方面也有巨大的优势。

17.5.1 洗气机技术在机械性粉尘防治中的应用

洗气机技术除了应用于煤矿行业产生的烟气脱硫除尘方面外，还可用于洗煤厂煤炭洗选过程产生的机械性粉尘的净化。洗选过程包括粗选、筛分、破碎、精选等。当皮带机落料时，物料向下由于落差气流反冲，激起大量粉尘；振动筛工作时，物料在振动筛中振动，大量粉尘从振动筛中扩散出来。

实践证明，洗气机对于洗煤厂污染源的适应性及运行的稳定性，具有很强的优越性，集空气动力、粉尘收集净化、气液混合与分离于一体，可彻底消灭烟雾现象，使工作环境卫生明显好转，达到工业级运行标准，并且煤尘收集后可定期清理（回收），不会造成二次污染。在矿业的应用范围为：采掘、筛分、转运、落料、破碎、搅拌，如图 17-7 所示。

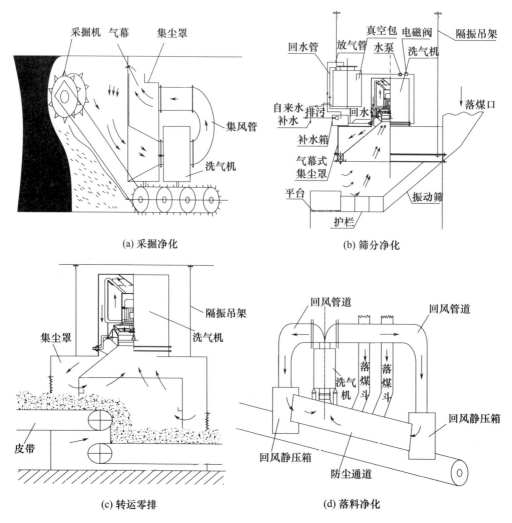

(a) 采掘净化   (b) 筛分净化

(c) 转运零排   (d) 落料净化

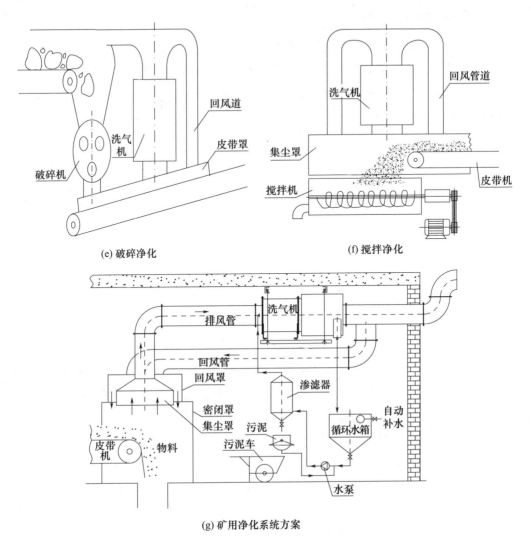

(e) 破碎净化

(f) 搅拌净化

(g) 矿用净化系统方案

图 17-7　洗气机技术在煤矿行业中的应用

17.5.2　洗气机技术在蒸发性粉尘防治中的应用

所谓蒸发性粉尘，就是金属或非金属在超过其熔点的情况下产生的气态物或气溶胶。鉴于此类粉尘产生的原因，其粒径一般不大于 $10\mu m$。蒸发性粉尘多产生于高炉（冲天炉）炼铁、转炉炼钢、有色金属冶炼、金属和非金属的高温切割（激光、等离子、乙炔氧焰）和碳素焙烧等领域。此类粉尘的防治难度要远大于机械性粉尘，因为粉尘粒径小，且伴随高温、高湿等工况，因此烟气降温是除尘系统中的重要一环。蒸发性粉尘产生的领域不同，工况不同，我们要有针对性地设计防治方案，做到具体情况具体分析。

277

1. 转炉炼钢烟气净化

转炉吹炼过程中，在炉口排出大量棕红色浓烟，主要包括 Fe_2O_3、FeO、Fe_3O_4 和 CaO 组成的细小颗粒以及 CO、CO_2、N_2 和少量 H_2、O_2 等气态物。在吹炼时烟气含尘浓度可达 $150000mg/m^3$，同时伴有 $1500℃$ 以上的温度。在烟气处理系统中，按吨钢配风机功率为 $25\sim30kW$，粉尘粒径分布见表 17-2。

表 17-2　转炉炼钢烟气粉尘粒径分布

粒径（μm）	10 以下	11～20	21～30	31～40	41～60	61～100	100 以上
百分比（%）	15	20	24	15	10	7	8

转炉炼钢烟气成分分布见表 17-3。

表 17-3　转炉炼钢烟气成分分布

烟气成分	CO	CO_2	N_2	O_2	H_2
体积占比（%）	86.10	12.13	1.17	0.40	0.20

目前转炉除尘的方法有干法（降温＋静电）、湿法、半干法等。烟气降温预处理过程是必要的。干法系统占地大、防爆难度大，湿法、半干法系统能耗大。湿法系统能耗大的主要原因是系统中文丘里除尘器的能耗大，占总能耗的 50% 以上。因此研发一台能与文丘里除尘器一样高效率，又不需如此之高的能耗的设备是转炉除尘系统需解决的重要难题。

采用洗气机技术用于转炉炼钢高温烟气中的粉尘净化，具体如图 17-8 所示。

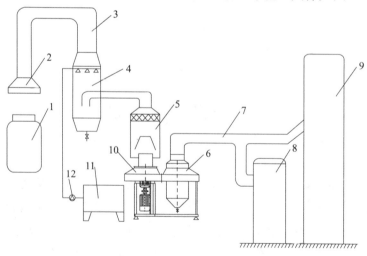

图 17-8　转炉除尘系统示意

1—转炉；2—集烟罩；3—汽化冷却烟道；4—喷淋降温塔；5—文氏环；6—脱水器；
7—烟道；8—煤气储存罐；9—烟筒；10—洗气机；11—水池；12—水泵

转炉工作时，高温烟气先经集尘罩进入汽化冷却烟道进行第一次降温；烟气降温到 900～1000℃，再经喷淋塔降温并进行第一次除尘；喷淋除尘降温后，烟气进入文氏环降温除尘器（或旋流式洗气机）进行第二次除尘，随后进入离心式洗气机进行第三次净化，脱水后进入煤气储罐。净化后的粉尘浓度不高于 10mg/m³。

洗气机应用于转炉炼钢烟气除尘中，有几个特点：一次投资小，占地小；系统阻力小，能耗较文丘里除尘器可降低 50％以上；超高效，洗气机的单级效率可达 99％以上；可配置水处理系统，污水可循环利用。

2. 炭素焙烧烟气净化

炭素厂的主要产品为工业电极（炭素阳极），炭素阳极的生产以煤沥青作为粘结剂，在生产过程中需对原料进行加热、混合搅拌、成型，在此工艺过程中，会产生大量的沥青烟气和粉尘，沥青烟气成分非常复杂，含有数百种物质，其中酚类、苯并芘等多环芳香烃类对人类及动植物有一定的危害。

混捏成型工序散发沥青烟的污染源主要是混捏工序、糊料冷却机、成型机、糊料输送等。混捏工序在加料和干混过程中产生一定量的粉尘，而当液体沥青注入时，含有大量粉尘与沥青的烟气便散发出来，随着湿混时间加长，烟气中粉尘含量越来越小。混捏后的排糊及冷却阶段，由于糊料遇到冷空气，大量的沥青烟气、水汽及少量粉尘散发出来。成型机在加料和成型过程中产生含尘沥青烟气，糊料输送过程中也产生含尘沥青烟气。沥青烟气和其他类型（如汽油、机油、焦炭等）的烟尘相比较，同时存在共性和独立特性，其共性是因高温而产生，且粒径小、憎水、不溶于水、比重轻；其独立特性是在 80℃左右时尘粒组团成块，软化点为 40～50℃。

根据现场情况，结合洗气机设备，设计治理方案采用一级雾化器加洗气机两级净化，沥青烟气和粉尘首先进入一级雾化器进行初级净化，而后初级净化的沥青烟气和粉尘进入洗气机被再次净化。经两级净化的烟气在脱水器的作用下进行气水分离，被分离的气体直接排入大气，被分离的灰水混合体流回循环水池，经沉淀过滤后重新利用。

按以上每项烟气总量选用一套净化系统，具体如图 17-9 所示。

用钢制管道将混捏锅上、锅下和高位槽排烟口与主体设备相连接，沥青烟气和粉尘经管道首先进入一级雾化器，雾化器内安装有喷头，沥青烟气和粉尘进入雾化器，经水洗涤并与水充分接触，促使沥青挥发分从气相中分离出来而得到初级净化。

初级净化的沥青烟气和粉尘继而进入洗气机，洗气机属湿式净化，在进口处有洗涤液（水）输入，与烟气和粉尘同时进入洗气机叶轮，由于叶轮高速旋转，形成气液固三相剧烈碰撞，充分接触，在洗气机内完成烟气和细微粉尘净化。而后气水混合体进入脱水器分离处理，气体排入大气，灰水混合物流回水池。

279

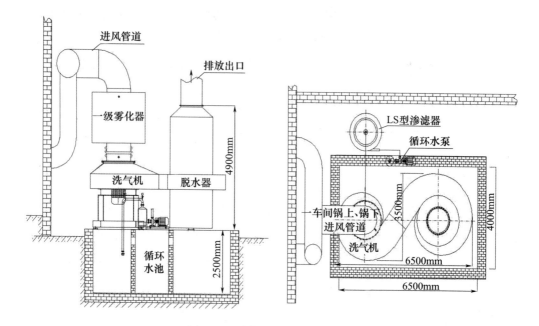

图 17-9 碳素焙烧烟气净化示意

由于收集的沥青烟的物理特性（黏结性），洗涤液温度应在 60～80℃，这样可保证洗气机叶轮不至于凝结过多的沥青，在洗气机机壳产生流动而造成板结，保证设备正常运行。

叶轮旋转，输水管位于叶轮中心，通过叶轮高速旋转的作用形成超强动力，使喷于其上的洗涤液充分雾化，另外还形成了叶片与气流的高速相对运动，使空气与洗涤液以最大接触面积和最大冲击速度剧烈地碰撞、聚合，并在此过程中发生一系列复杂的物理作用，使空气中的有害粒子与洗涤液结合达到净化目的。洗涤液完成混合洗涤作用后与空气同时进入气液分离器或脱水器，经分离后的洗涤液流回循环水箱，净化后的空气可排入大气。烟气在洗气机中各阶段速度的变化，在理论上等效于湿式文丘里洗涤器，文丘里气液混合过程可以在通过叶轮对气流形成动力的同时在洗气机内部完成，可以说洗气机相当于动态的文丘里洗涤器，由于烟气不是直线运动，洗气机的净化机理及效果不低于文丘里洗涤器，同时又可避免传统文丘里洗涤器高能耗这一缺陷。

整套系统做到了效率的模块化、气体压力流量的非线性选择，基本达到了亚零排放，并且能耗低、投资少、适应性（高温、高湿、黏性、防爆）强。另外，该产品配备变频器使用，节能可达 30％～40％。

3. 洗气机技术在激光切割中的应用

随着电子技术和信息技术的发展，激光技术得到更广泛的应用。各种材料的切割在激光技术的支持下，在切割精度和防止材料热变形等方面有了极大的提高。在产品得到精准加工的同时,由于激光切割的温度大于 3000℃,切割材料时会产生一定量的烟尘。高温烟尘的特性,给烟尘的防治带来一定难度。采用洗气机技术配合静电式净化器,可以取得良好效果。具体方案如图 17-10 所示。

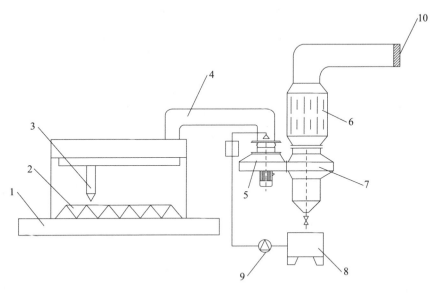

图 17-10 激光切割机床烟气治理方案示意

1—切割床;2—切割材料;3—切割头;4—烟道;5—洗气机;6—静电式净化器;

7—脱水器;8—水箱;9—水泵;10—百叶窗排风口

利用洗气机的动力,将激光切割产生的烟尘吸入洗气机内部;洗涤液(水)经水泵打入洗气机顶部;洗涤液在高速叶轮旋转作用下,将烟气吸入洗涤液内;洗涤液与烟尘混合物经脱水器实现气液分离;经气液分离的烟气进入高压静电式净化器内部,在高压静电场的作用下,余烟吸附在电场两极板上,从而达到高效净化。此外,洗气机在切割非金属材料时还有防火作用。

17.6 洗气机技术在解吸废水中的应用

吹脱或解吸过程,都是改变原水体的工艺行为。在污水的治理中,有一种工艺是利用气相和液相的接触,使液相中的溶质(污染物)自水体中分离,称为曝气(吸收),这是吹脱(解吸)过程的逆行为。在工业生产过程中产生的废水则要进行吹脱(解吸),如氨氮废水和硫化氢废水等。

传统的吹脱方法利用吹脱池,相对复杂一些的用填料塔或板式塔等设备。无论用以上哪种方法,其根本都是尽量增大气液接触面积。洗气机技术以其独特的传质机理，应用于废水处理中解吸废水，可谓革命性的进步。

洗气机解吸废水工艺示意如图 17-11 所示。

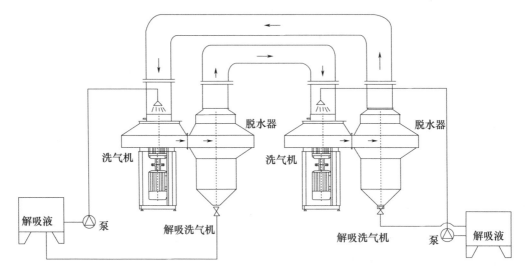

图 17-11　洗气机解吸废水工艺示意

17.7　洗气机与零排技术

节能减排是国家当前的总方针，在各大领域，创新是实现这一目标的重要手段，改革旧的工艺、改进传统的操作方式、改变传统的思维方式、开发新的技术、创立新的理论都是实现这一目标的重要措施，尤其是在传统领域，其潜力是巨大的。

空气和水、阳光同为人类赖以生存的三大必备条件之一。随着人类社会的发展，空气的质量已经被污染到人类生存不可容忍的程度，如何解决生存与发展的矛盾是人类必须首先解决的问题。

人们在生产生活必需品及改变生存状态的同时，制造了大量的气溶胶污染，在这些污染产生的过程中有物理过程、化学过程及物理化学复合过程，如矿业建材大部分为物理过程，各种炉窑则表现为化学过程，而物理化学复合过程的代表行业则为餐饮业。

传统的空气净化模式是一种简单、粗放的模式，即捕集、净化、排放。在这一过程中，无法做到精准、细致，这就造成了很大的浪费，往往也得不到预期的效果。

空气净化的第一阶段是捕集。捕集效率是人们关注的重要指标，为完成或满足这一指标，通常的做法是靠足够的空气量，而要有足够的空气量就要有足够的动力，而动力的产生则靠能源或资源。我们通常所说的捕集效率是污染物收集率，在这个概念中，人们很少考虑到污染物的载体——空气或空气量，如果我们把污染物的量作为分子，把载体空气量作为分母，就得到一个新的参数——载体效率，载体效率越高，证明空气使用量越低，所用动力能源消耗也就越低。最高载体效率可通过合理的设计实现，如空间的流场设计，集尘（气）罩的大小、位置、形状，有无其他辅助条件（如气幕等），如果设计得好，就可使用最小的空气量，最大限度地输送污染物。

空气净化的第二阶段是净化。第一阶段说明了用最少的空气输送尽可能多的污染物，使载体效率达到最高，此阶段要解决的是净化效率及净化效率的稳定性，无论哪种类型的净化装置都存在这两个问题，其中净化效率的稳定性不能等同于净化装置运行的稳定性，如袋式除尘器的布袋破损问题、静电式净化器的比电阻问题及电场不稳定（电极板黏附物过多）、湿法净化的气液接触传质问题、活性炭吸附饱和问题等。由于以上问题的存在，效率达不到设计要求，大量的污染物排放就不可避免，空气质量降低也不可避免。

空气净化的第三阶段是排放。净化后的空气不论效率高低，都是要排放的，在此有一个问题被人们所忽视，即随着污染物的排放，空气所具有的动能随之被排放，做了无用的功，能否将已产生的动能回收并加以利用，从而达到节能的目的呢？答案是肯定的，中气回用就是解决此问题的途径之一。

传统方式下的污染物净化排放，风机除了要克服管道、净化设备的阻力而消耗能量外，还要使污染物周边的空气产生一定的压力，使其流动，才能达到整体系统的要求；而中气回用零排放方式，可利用净化后空气的压力解决污染物收集输送的能耗问题。此外，可通过设计，并利用流体力学和空气动力学的原理，减少压力和空气需要量，从而达到节能降耗的目的。

通过对大气污染控制技术与设备的研究，加上对节能减排及建设环境友好型、资源节约型社会的理解及认识，我们提出了中气回用与零排放的概念；同时经过数年的试验与实践，证明了该理念的可行性和可操作性，为进一步改善大气污染的防治提供了理论依据及新的技术路线，这与中水的概念接近，即污染的空气经过处理可重复使用。

空气是人们不可缺少的，而在各生产制造领域空气又无时无刻不遭到污染，为了使污染得到控制，人们制造了大量的设备，即使如此，还是得不到满意的结果，原因有四点：其一是大量的无组织的排放，投资大、能耗大，企业不愿意或不能承担由此带来的成本；其二是有组织排放的设备，无组织排放的管理（如有净化设备不用）；其三是不能稳定运行；其四是能耗大、空气使用量大。到目前为止，几乎所有的使用者都是一次性使用，使资源遭到极大的浪费。一个中型铁矿选矿厂（300 万吨/年）的通风，设计风量可达 40～50 万 m³/h，耗电 400～500kW/h；在餐饮业，一个有六个灶头的灶间的排风量为 15000～20000m³/h，耗电 10kW/h 左右。一个城市由于餐饮所造成的空气污染是惊人的，以一个 1000 万人口的城市计算，每个人因炊事活动所用空气量设定为 200m³/d，每天的空气总量为 1000 万×200＝20 亿 m³/d，如果城市的面积为 250km²×250km²，则污染空气的厚度可达 3.2m，如此之大的面积和体积，其中有多少是达标排放的？餐饮业的油烟净化装置 80％以上为静电式，而在效率的稳定性方面，有 90％以上是不稳定的，所以中气回用、污染物零排放是城市发展、社会进步所必须实现的。

17.7.1　中气回用净化系统

　　中气回用净化系统可分为两种形式，一种是无管道式（一体式），即空气动力源风机先与净化器结合，再与集尘罩出风口直接相连，中间无管道；另一种是有管道式（分体式），即空气动力源风机先与净化器结合，再通过管道与集尘罩出风口相连。以上两种形式中的集尘罩均为气幕式，经过净化的气体可直接返回集尘罩，作为补风，形成污染源的屏蔽，阻止自然风过多进入集尘罩。

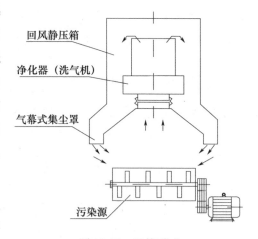

图 17-12　无管道式

　　1. 无管道式

　　该形式适用于半封闭或无封闭的车间或场所，其原理是粉尘在上升气流的作用下，进入洗气机，粉尘在洗气机内部实现转乘（进入水中），经高效净化的空气流回回风静压箱，进入气幕式集尘罩的夹层，形成气幕，气幕又将粉尘携带进入洗气机，完成循环（图 17-12）。

　　2. 有管道式

　　该形式适用于封闭的车间或场所，如果环境具备送排风系统，则可将外排阀门完全关闭，如果无其他排风系统，则可将外排阀打开 1/5 左右（图 17-13）。

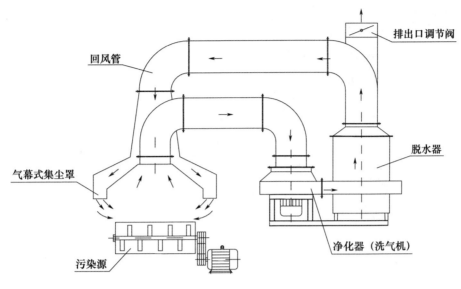

图 17-13　有管道式

17.7.2　气幕式集尘罩的功能及作用

工作过程中产生的粉尘，经过集尘罩被吸入洗气机，净化后的气体被输送到集尘罩的条缝式气幕回风口处，形成气幕，可起到补风和屏障的作用。回风气幕作为屏障，可抑制粉尘向集尘罩以外扩散，同时可防止横向气流干扰，保证很少量的自然空气参与净化；作为补风设备，可携带新生污染物进行净化。同时，差射流作用可保证污染物在一个密闭空间全部参与循环净化过程，这是由于在污染物产生的空间形成有序稳定的流场，其风量可大量减少，在 50％以上，所以用于通风的总能耗可减少 50％～70％。

17.7.3　粉尘零排放净化洗气机

在工矿企业的生产过程中产生的粉尘，不仅污染空气，还污染工作环境。目前的净化设备多为袋式除尘设备，由于环境及工程的影响，在很多场所袋式除尘设备不适用，即使能够使用，也存在占地大、投资多、运行费用大等问题。为此，推出洗气机零排放技术及设备，可以解决上述问题。粉尘零排放净化洗气机结构，如图 17-14所示。

285

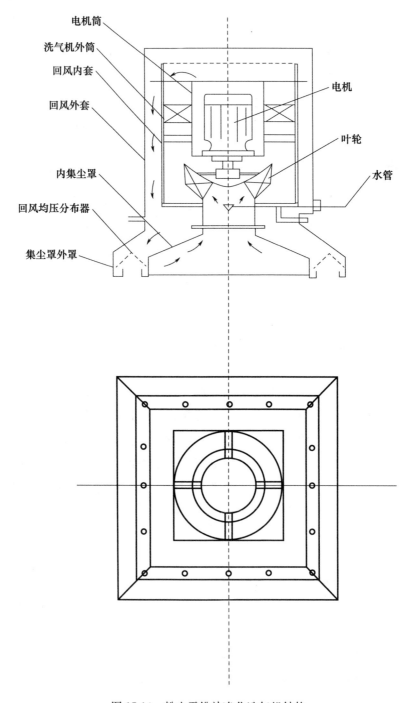

电机筒

洗气机外筒

回风内套

回风外套

电机

叶轮

水管

内集尘罩

回风均压分布器

集尘罩外罩

图 17-14　粉尘零排放净化洗气机结构

1. 结构原理

（1）机罩一体机（图 17-15）。

（2）机罩一体机结构分为三大部分：一是复合式集尘罩（在整体设备下部）；二是洗气机（在中心位置）；三是回风外套。

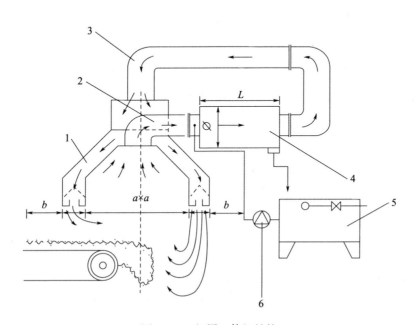

图 17-15　机罩一体机结构

1—复合式集尘罩；2—吸风管；3—回风管；4—洗气机；5—补水箱；6—水泵

2. 工作原理

（1）洗气机工作时，在中心部形成负压，气流携带粉尘颗粒向上运动，同时水泵起动，向洗气机下方供水。

（2）粉尘颗粒与洗涤液同时进入洗气机。

（3）粉尘和洗涤液在叶轮的高速作用下完成换乘过程。

（4）粉尘进入洗涤液，并以洗涤液为载体，流回水箱，洗涤液经处理后循环使用。

（5）空气净化后，经过脱水后沿四周向上运动，到顶部后向下折返，在回风外套和内套之间的通道向下运动。

（6）气流进入复合式集尘罩的夹层经过均压结构，回风均压布器在集尘罩下方形气幕并且与外部空气隔绝，形成气幕围挡。

（7）气幕流体在中心部负压的作用下向中心运动，达到循环使用的目的。

17.7.4　中气回用零排技术的应用

1. 港口仓库粉状物料装卸扬尘处理

在港口仓库或堆料场等场所，经常有大量的粉状物料需要装卸和转运，因此在装卸转运过程中时常有大量粉尘产生，造成工作环境和大气环境的污染。同时，产生粉尘的污染源随机性强，粉尘物化性质不确定，使常规的治理方法很难取得良好的治理效果。处理大量固体粉尘一般使用袋式除尘器，而港口所处的地理位置，受海洋气候的影响，空气湿度较大，袋式除尘器的使用存在一定的难度。针对上述不利因素，我们提出了一项针对性强的技术方案，来完成港口仓库粉状物料装卸的扬尘处理。

通过洗气机技术和无管路中气回用技术的联合使用，制作出可移动的除尘净化设备，应用于港口扬尘产生的各个场所。整套系统以旋流式洗气机为净化的动力及主体，采用中气回用零排放技术路线，运用渗滤技术使洗涤用水循环使用，以气幕或吸尘静压箱为粉尘的捕集设备（图 17-16）。

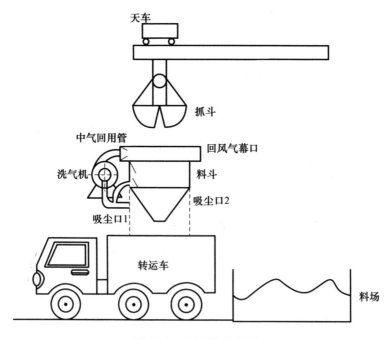

图 17-16　治理方案示意

2. 堆料场装卸产生的扬尘

（1）汽车装车转运点扬尘处理。

①汽车转运，污染源固定。根据现有的现场条件及情况，在料斗一侧安装一套

洗气机。

②装卸过程中气流运动使粉尘飞扬，会形成上下两个扬尘区域，因此洗气机要有两个吸尘口，一个在物料流出料斗落在车箱内，另一个在抓斗放料时在料斗内。洗气机工作时产生的负压使扬尘被吸入洗气机并被净化。

③洗气机将粉尘洗涤后，利用正压将净化后的气体送入料斗上方的回风气幕箱，形成气幕，防止粉尘向上逃逸。

④在料斗下部，利用中气回用技术形成气幕对扬尘的区域性封闭，如图 17-17 所示。

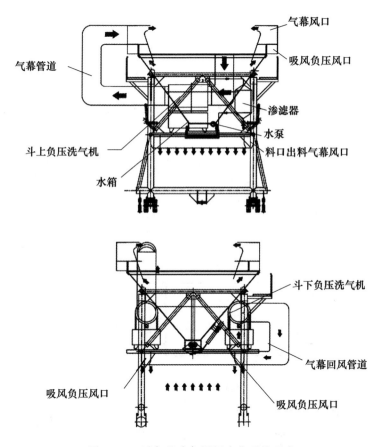

图 17-17　洗气机中气回用净化系统示意

环形闭路喷吹风口相向错列布置，保证对粉尘的封闭及覆盖。洗气机出风口经风口均风板将净化后的空气压入气幕或静压箱的上部，气流经均风板使静压箱内的压力均衡，静压 2000Pa。在气幕的正压和吸风的负压相互作用下，料斗内的气流携带放料引起的粉尘进入洗气机，并完成气体循环（图 17-18）。

水系统工作原理示意如图 17-19 所示。向水箱中注水至水位线并使系统中能达到循环的程度，洗气机启动后开启水泵，水泵将洗涤水打入渗滤器，洗涤水经渗滤后进入洗气机，再经过叶轮旋转雾化将粉尘洗入水中，经排水口流回水箱，并循环使用。粉尘以水为载体，经渗滤后下沉进入浓缩器，经浓缩后排出。

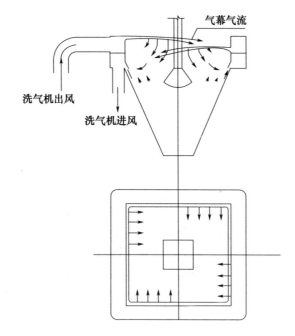

图 17-18 气幕流场示意

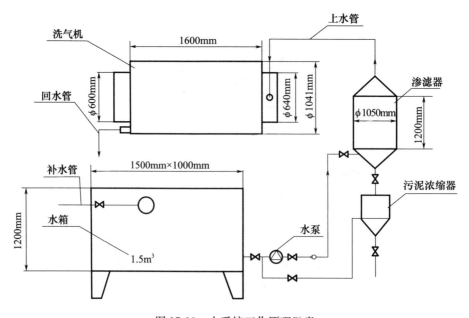

图 17-19 水系统工作原理示意

整个控制系统采用"PLC（可编程逻辑控制器）＋变频器＋触摸屏"智能控制，可自动停机和开机。电机动力供电系统采用变频器控制，保证电机运转在最佳转速区间内。为保证整个水系统和洗气机与料斗的协同运行，采用 PLC 精准控制系统的各个控制点，控制点采用双模控制，保证系统的稳定性和可靠性。配电柜采用防爆柜标准，控制面板采用按钮和触摸屏双重控制。

（2）料场的装卸扬尘防治措施。

料场粉尘的特点是往料场卸料时粉尘扬尘大，由于料场卸料点不断移动，可将洗气机、管道、集尘罩制成可移动的形式，可随卸料点的移动对粉尘进行净化处理。

3. 仓库的扬尘

仓库扬尘的特点是往仓库内卸料时和往仓库外装料时均有扬尘产生。入库时运载车辆翻斗卸料，瞬时扬尘大；出料时铲车装车，有扬尘产生。针对这两种情况，可装备可移动的洗气机设备进行集尘处理，同时还可对地面浮尘进行吸集处理。

4. 制药车间搅拌机粉尘治理

某制药车间搅拌机粉尘治理方案示意如图 17-20 所示。

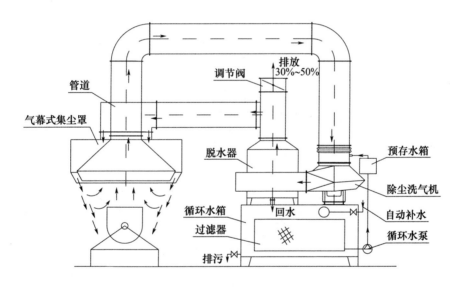

图 17-20 某制药车间搅拌机粉尘治理方案示意

将集尘罩设计为气幕式集尘罩，带有条缝式风幕回风口，使气幕对搅拌粉尘形成屏障，保证粉尘不外逸，同时保证只有少量自然空气被携带净化。

在脱水器的出口安装三通管，其中一路供集尘罩风幕回风，携带粉尘净化，另一路接排风主管或直接排放，两路风量可通过阀门进行调节，比例为 1∶1。除尘洗气机，通过叶轮旋转形成叶片与气流的高速相对运动，使空气与洗涤液混合，并在混合过程发生一系列复杂的物理作用，使空气中的有害粒子与洗涤液结合，达到净化目的。洗涤液完成混合洗涤作用后与气体同时进入脱水器，由于脱水器的分离作用，净化后的气体可直接排入大气，分离后的洗涤液流回水箱，经过滤后被循环

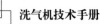

利用。

循环水箱内设有过滤器，可对洗涤液中的污物进行过滤，经排污口排出，干净的洗涤液重新参与净化洗涤。

设计中的预存水箱，在停机时，可对循环水箱中的过滤器起到反冲洗的作用。

设计中配备变频技术可使系统中所需的各项指标（如风量、风压等）得以很好地实现。由于设计工况与实际工况存在较大的差异，即在设计时按最大负荷设计，但工况不稳定会造成负荷较低，因此存在较大的浪费，较为理想的是按上限设计，使用时随机调控，而变频技术恰能满足此项要求，即上限设计、下限使用，最大限度地满足工况要求，同时最少地消耗能源，这样节能可达 30%～40%；除此之外，还可起到保护设备不过热、不过载，自动检索故障等多种作用。

5. 矿用振动筛粉尘治理

某厂矿用振动筛粉尘治理方案示意如图 17-21 所示。

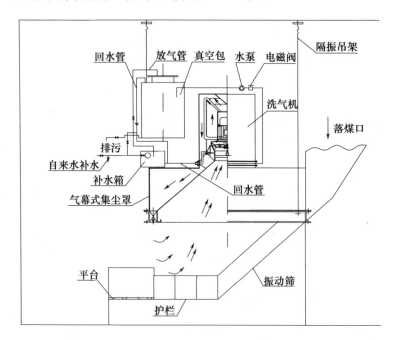

图 17-21　某厂矿用振动筛粉尘治理方案示意

该方案为粉尘零排放式。主机为倒立式洗气机，结合与现场相配的气幕式集尘罩，使净化后的气体作为送风使用。该治理方案有如下几个特点：

（1）节约能源。将粉尘源封闭，使粉尘被更有效地送入洗气机内进行净化，不向大气排放粉尘。

（2）省掉了风管道的设计安装。

（3）水系统自动循环过滤、排渣。

　　零排放概念自提出之日起至今已有二十余年时间，在此期间经多次理论探讨及实践应用，证明是可行的。在制药、煤炭、餐饮等领域的应用实践中，积累了很多经验，设备长时间连续运行可达五年以上，得到了用户的认可，为环境保护做出了积极的贡献。

结　　语

　　《洗气机技术手册》作为一本工具书，可谓迄今为止对洗气机技术和洗气机技术标准化建设方面最全面、最详细的介绍与总结。全书从流体力学和通风设备相关基础理论出发，到洗气机的原理与设计，再到洗气机配套系统设计方法以及洗气机标准化和应用。按照从理论到技术，再到应用的思路，详细阐述了这一新型技术的设计理念和实践成果。

　　洗气机技术无论在环保领域领域还是在化工领域都有着十分重要的地位。高效低能耗的传质净化技术，一直以来都是广大科学工作者和技术工作者追求的目标。我和我的团队历经三十余载的研究和实践，在洗气机技术的理论设计和实际应用上都取得了较大的突破。

　　随着时代的发展和科技的进步，洗气机技术也在人类科学技术的长河中不断前行。希望在各界同人的共同努力下，我们能深入研究基础理论、探究新方法、完善新技术，有朝一日真正实现"洗气机革命"，在科技发展和人类进步的征途中迈出伟大的一步。

附　录

附录 I

名词解释

1 洗气机

在化工和环保领域中，以液相为介质、气相为载体的各类物质，进行并完成"三传一反"的传质过程及大气污染物净化过程的机械设备。

2 旋流式洗气机

进风与出风在同一轴线上，通过旋转叶轮的作用，气相流体以旋流的方式运动，以水和洗涤液为净化介质的机械设备。该类洗气机用于餐饮、工业油烟、矿业粉尘污染治理，还可用于各种场所的通排风并有防火功能。

3 离心式洗气机

以类似于离心式风机的方式运动，将气相与液相同时吸入离心机内部，在离心式叶轮的作用下完成气液传质或净化过程的机械设备。该类洗气机多用于化工传质、炉窑尾气净化（脱硫除尘）大气污染治理。

4 传质

在含有两组或两组以上组分的混合物内部，如果有浓度梯度存在，则每一种组分都有向低浓度方向的转移，以减弱这种浓度不均匀的趋势。混合物的组分在浓度梯度的作用下，由高浓度向低浓度方向转移的过程称为传质。

5 强力传质

在以塔器为主的传质传递过程均是在自然重力的条件下完成的，而强力传质则是人为地制造了 1000～2000 倍自然重力或重力加速度的条件来完成传质传递过程。

6 三传一反

"三传"是指能量传递：输送、过滤、沉降、固相流化；能量传递：加热、冷却、蒸发、冷凝；质量传递：萃取、吸收、蒸馏、干燥。"一反"是指化学反应。

7 径混式风机

风机叶片进风口的旋转面是一个圆柱面，出风边也是一个圆柱面。这两个圆柱面均与转动轴心重合，气流沿径向进出叶轮，这样的设计称为径混式风机。

8 旋流

旋流是指流体在运动中每一个质点都具有绕其自身中心轴旋转的运动，也可解释为介质在沿管道做直线运动的同时也绕轴心做圆周运动。

9 离心力

一个沿曲线运动的质点反作用于约束它运动的物体上的力，也就是由于惯性原因迫使该质点做离开曲率中心运动的力，此力的方向是沿曲率半径指向外。

10 离心加速度

离心加速度指做回转运动的质点所受的离心力与质点质量的比值（$a = V^2/R$）。

11 重力

物体由于地球的吸引而受到的力。重力的方向总是竖直向下，符号 G。

12 重力加速度

重力对自由下落的物体产生的加速度，称为重力加速度，以 g 表示，一般取 $g = 9.8 m/s^2$。

13 线速度

物体上任意一点对定轴做圆周运动时的速度。

14 方向性速度

方向性速度规定了速度的大小和方向，速度是一个矢量概念。在一个传质场中，速度不仅是表示各物相运动快慢的重要参数，其运动方向也对传质过程有重要的影响。

15 当量速度

当一个速度场的截面不是一个稳定形态时，可以人为认定一个稳态速度为设计计算的依据，这个速度称为当量速度。

16 气相流体

一定条件下，流体内各物质以气体形态存在。

17 液相流体

一定条件下，流体内各物质以液体形式存在。

18 液泛

液相和气相处于同一个运动场中，液相与气相的相对运动超过了设计的结果。液相在气相的作用下产生了水花、雾化或其他没有按照设定方式的运动称为液泛。

19 换乘

在湿法净化过程中，空气是污染粒子的载体，污染粒子是乘体，当洗涤介质与含有污染粒子的气相接触并发生一系列物理化学过程后，污染粒子便以洗涤液为载体，此过程称为换乘。换乘过程完成的程度与换乘的条件有关，如速度、相对速度、温度、各相的运动状态、压力场及各相组成的化学成分等。

20　乳化

一种液体以极微小液滴均匀地分散在互不相溶的另一种液体中的作用称为乳化。

21　机械乳化

两种不相容的液体在机械力的作用下形成乳化状态，称为机械乳化。

22　液气比

液气比是反映洗气机除尘时系统内部单位体积内洗涤液与气体的比，单位是 L/m^3。

23　粉尘

无组织状态下，粒径小于 $75\mu m$ 的固相颗粒或气溶胶颗粒。

24　机械性粉尘

固相在粉碎、运输等过程中受到外力的作用时产生的粉尘，称为机械性粉尘。

25　挥发性粉尘

挥发性粉尘或称蒸发性粉尘，是指固相在高温熔融状态下挥发或蒸发产生的气态物质，经冷却降温而凝结形成的固相颗粒。

26　烟怠

有机物质不完全燃烧时所产生并沉积的微粒，主要是炭的微粒。

27　动力吸振

在振动物体上附加质量弹簧共振系统，这种附加系统在共振时产生的反作用力可使振动物体的振动减小。利用共振系统吸收物体的振动能量以减小物体振动的方法，称为动力吸振。

28　静力吸振

所谓静力吸振，就是在隔振器负载前就给它一个与动力吸振 M 相当的力 k_x。当空载即 $M=0$ 时，$L=k_{xmax}$，负载后 $M<L$，$L=k_x-M$，当 M 工作时，不管是反复运动还是恒速转动，L 始终自动随 M 工作变化而变化，使 k_x 永远大于设备 M 和设备工作时的振动力 F 的合力而保持一个平衡，起到吸振的作用。

29　变刚度隔振器

在一个隔振体系中，隔振器的变形量与振动力的关系成非线性关系的隔振器称为变刚度隔振器。

30　无基础隔振

无基础隔振是指在存在振动的机械设备下直接安装隔振元件，不采用依靠重大质量的地基来保证设备的稳定性和防止振动的传播或传递。

31　消声器

消声器是一种既能允许气流通过，又能有效地衰减噪声的装置。它主要用于控制和降低各类空气动力设备进排气口辐射或沿管道传递的噪声。

32 阻性消声器

阻性消声器利用敷设在气流通道内的多孔吸声材料（常称阻性材料）吸收声能、降低噪声而起到消声作用。

33 抗性消声器

抗性消声器也称扩张式或膨胀式消声器，它是由扩张室及连接管串联组成的，形式有单节、多节、外接式、内接式等多种。

34 雾化速度

液相在气相流体的作用下，被气流雾化的最小速度（27 m/s）。

35 抬升速度

液滴处在有上升气流的流场中，当液滴停止下降时的临界气流速度称为抬升速度（8m/s）。

36 变频

变频就是改变供电频率，从而调节负载，起到降低功耗、减小损耗、延长设备使用寿命等作用。

37 变频器

应用变频技术与微电子技术，通过改变电机工作电源频率的方式来控制交流电动力的电力控制设备称为变频器。

38 额定电流

额定电流是指用电设备在额定电压下，按照额定功率运行时的电流。

39 使用电流

使用电流又称工作电流，是指电器在工作时实际消耗电量时的电流。

40 分散度效率

评价除尘器对不同粒径粉尘捕集的能力，称为分散度效率。

41 中位直径

中位直径又称分割粒径或临界粒径，是混合粒度分布中一种表示粒径的方法。用 d_{c50} 表示粉尘粒径特性，即累计粒径分布 50 % 时颗粒直径的大小。

42 风机的相似定律

（1）几何相似：通流部分对应的几何尺寸成同一比例，对应角相等（形状相同、大小不同）。

（2）运动相似：通流部分各对应流体质点的同名速度方向相同，大小成比例（对应质点的速度三角形相似）。

（3）动力相似：通流部分内相应点上的流体质点所受的各同名力的方向相同，

大小成比例。

43　脱附

当液相在一表面流动时，在气流的作用下，液相改变了所在表面的层流态的现象称为脱附。

44　阻力（压力降）

阻力（压力降）又称压力损失、压损，是表示装置消耗能量大小的技术经济指标，以装置进出口处流体的全压差表示，实质上反映了流体经过除尘装置（或其他装置）所消耗的机械能，与通风机所耗功率成正比。

45　全压

全压是指平行于风流，正对风流方向测得的压力。

46　风机曲线

风机曲线又称风机特性曲线，是用以表示通风机的主要参数（风量、风压、功率、效率）之间关系的曲线。

47　管网曲线

管网曲线又称管网特性曲线，是用以表明管网系统工作时，流体所需要的参数（风量、风压、功率、效率）及参数之间关系的曲线。

48　企业标准

企业标准是在企业范围内需要协调、统一技术要求、管理要求和工作要求所制定的标准，是企业组织生产、经营活动的依据。国家鼓励企业自行制定严于国家标准或者行业标准的企业标准。企业标准由企业制定，由企业法人代表或法人代表授权的主管领导批准、发布。企业标准一般以"Q"标准的开头。

49　标准化

标准化是指在经济、技术、科学和管理等社会实践中，对重要性的事物和概念通过对制定、发布和实施标准达到统一，以获得最佳秩序和效益的方法。

50　雾化

雾化是指通过喷嘴或用高速气流使液体分散成微小液滴的操作。被雾化的众多分散液滴可以捕集气体中的颗粒物质。雾化速度为 $27\sim45m/s$。

51　气化

物质由液相转变为气相的相变过程。液相变为气相的三个条件：高温、低压、高速运动。

52　过滤

过滤是在推动力或者其他外力作用下，悬浮液（或含固体颗粒发热气体）中的液体（或气体）透过介质，固体颗粒及其他物质被过滤介质截留，从而使固体及其

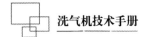

他物质与液体（或气体）分离的操作。过滤可分为澄清过滤和滤饼过滤两类。

53　渗滤

渗滤属于滤饼过滤，由于过滤介质的表面积要大于普通的过滤介质的表面积，在阻力损、过滤精度等其他指标方面均远优于普通过滤技术，又由于其过滤速度在0.002~0.005m/min，称之为渗滤，渗滤的提出主要是根据液相连续性的物理特征，能得到很好的应用效果。

54　轴向间隙

两个同轴同径的转动体或非转动体之间的缝隙，称为轴向间隙。洗气机叶轮与进风口之间的间隙是轴向间隙。

55　径向间隙

两个同轴不同径的转动体或非转动体之间的缝隙，称为径向间隙。洗气机叶轮与进风口之间的间隙是非径向间隙。

56　油烟

油脂在高温时产生的挥发物，冷凝之后的生成物叫做油烟。

57　湿电

湿法除尘或净化后的气流再经过静电进一步净化的处理方法叫做湿电。

58　脱水器

能将气液混合物进行气液分离的装置，有旋流式、离心式和过滤拦截式等。

附录 Ⅱ

1. LX 型离心式洗气机外形（附图Ⅱ-1、附图Ⅱ-2）

(1) LX-D 型离心式洗气机外形尺寸表（低压，附表Ⅱ-1）

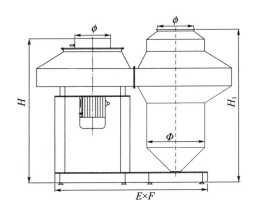

附图Ⅱ-1　LX型离心式洗气机（一）

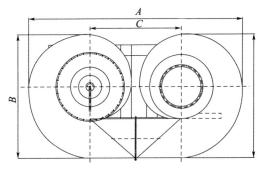

附图Ⅱ-2　LX型离心式洗气机（二）

附表Ⅱ-1　LX-D型离心式洗气机外形尺寸表（低压）　　　单位：mm

法兰		序号	机号	A	B	C	E	H	H_1	法兰		
ϕ	$n\text{-}d$									ϕ_1	ϕ_2	ϕ_3
300	$6\phi\text{-}8$	1	3	1200	660	540	840	1230	1390	240	280	320
350	$8\phi\text{-}8$	2	3.5	1350	762.5	587.5	937.5	1395	1585	280	320	360
400	$12\phi\text{-}10$	3	4	1560	895	665	1065	1560	1780	320	360	400
450	$12\phi\text{-}10$	4	4.5	1900	1125	775	1225	875	215	360	400	440
500	$12\phi\text{-}10$	5	5	2120	1265	855	1355	2070	2410	400	440	480
550	$14\phi\text{-}12$	6	5.5	2280	1360	920	1470	2205	2565	440	490	540
600	$14\phi\text{-}12$	7	6	2500	1500	1000	1600	2400	2800	480	520	570
650	$16\phi\text{-}12$	8	6.5	2750	1662.5	1087.5	1737.5	2625	3075	520	570	620
700	$16\phi\text{-}12$	9	7	2940	1780	1160	1860	2790	3270	560	610	660
750	$16\phi\text{-}14$	10	7.5	3140	1905	1235	1985	2955	3465	600	650	700
800	$20\phi\text{-}14$	11	8	3380	2060	1320	2120	3180	3740	640	690	740
900	$20\phi\text{-}16$	12	9	3680	2160	1520	2420	3330	3890	720	770	820

303

续表

法兰		序号	机号	A	B	C	E	H	H₁	法兰		
φ	n-d									φ₁	φ₂	φ₃
1000	20φ-16	13	10	4100	2425	1675	2675	3690	4320	800	850	900
1200	24φ-16	14	12	4600	2700	1900	3100	4110	4780	960	1010	1060
1400	24φ-16	15	14	5300	3125	2175	3675	4680	5440	1120	1170	1220
1600	24φ-16	16	16	6400	4600	2550	4150	5700	6700	1280	1330	1380

注：$A=(D+B)\times2+100$ 　8号以下　$H=3A+1.5D+300$
　　$A=(D+B)\times2+200$ 　9号以上　$H_1=4A+1.5D+300$
　　$B=D+1.5B$ 　　　　　　　　　$=H+A$
　　$C=A-1.5b-D$
　　$E=C+D$
　　$F=D$

（2）LX-Z 型离心式洗气机外形尺寸表（中压，附表Ⅱ-2）。

附表Ⅱ-2　LX-Z 型离心式洗气机外形尺寸表（中压）　　单位：mm

序号	机号	A	B	C	E	H	H₁	进口	出口				排污口
								φ	φ₁	φ₂	φ₃	φ2n-d	直径×长度
1	3	1020	540	480	780	1080	1190	195	240	280	320	6-φ8	φ40×50
2	3.5	1260	695	565	915	1275	1425	227.5	280	320	360	8-φ8	φ40×50
3	4	1500	850	650	100	1500	1700	260	320	360	400	12-φ10	φ40×50
4	4.5	1660	945	715	1165	1635	1855	292.5	360	400	440	12-φ10	φ50×50
5	5	1820	1040	780	1280	1770	2010	325	400	440	480	12-φ10	φ50×50
6	5.5	1980	1135	845	1395	1905	2165	357.5	440	490	540	14-φ12	φ50×50
7	6	2060	1245	815	1415	2070	2360	390	480	530	580	14-φ12	φ75×50
8	6.5	2180	1235	945	1595	2055	2315	422.5	520	570	620	16-φ12	φ75×50
9	7	2420	1390	1030	1730	2280	2590	455	560	610	660	16-φ12	φ75×50
10	7.5	2620	1515	1105	1855	2460	2805	487.5	600	650	700	16-φ14	φ75×50
11	8	2820	1640	1180	1980	2640	3020	520	640	690	740	20-φ14	φ100×50
12	9	3260	1845	1415	2315	2910	3330	585	720	770	820	20-φ14	φ100×50
13	10	3660	2095	1565	2565	3240	3720	650	800	850	900	20-φ14	φ100×50
14	12	4420	2550	1870	3070	3900	4500	780	960	1010	1060	24-φ16	φ150×50
15	14	5300	3125	2175	3575	4680	5440	910	1120	1180	1240	24-φ16	φ150×50
16	16	5920	3490	2430	4030	5220	6060	1040	1280	1340	1400	24-φ16	φ150×50
17	18	6100	3525	2575	4375	5280	6040	1170	1440	1500	1560	30-φ20	φ200×100
18	20	6800	3950	2850	4850	5940	6820	1300	1600	1660	1720	30-φ20	φ200×100

$\phi=0.65D$
$\phi_1=0.8D$ 　　　　　　　$\phi_3=\phi_2+40$（5号以下）
$\phi_2=0.8D+40$（5号以下）　$\phi_3=\phi_2+50$（5号～12号）
$\phi_2=0.8D+50$（5号～12号）　$\phi_3=\phi_2+60$（12号以上）
$\phi_2=0.8D+60$（12号以上）

304

（3）LX-G 型离心式洗气机外形尺寸表（高压，附表Ⅱ-3）。

附表Ⅱ-3　LX-G 型离心式洗气机外形尺寸表（高压）　　单位：mm

序号	机号	A	B	C	E	H	H₁	进口	出口				排污口
								φ	φ₁	φ₂	φ₃	n-d	直径×长度
1	3	940	480	460	760	990	1070	150	240	280	320	6-φ8	φ40×50
2	3.5	1080	560	520	870	1110	1205	175	280	320	360	8-φ8	φ40×50
3	4	1240	655	585	985	1245	1260	200	320	360	400	12-φ10	φ40×50
4	4.5	1420	765	65	1105	1395	1535	225	360	400	440	12-φ10	φ50×50
5	5	1580	860	720	1220	1530	1690	250	400	440	480	12-φ10	φ50×50
6	5.5	1800	1000	800	1350	1725	1925	275	440	490	540	14-φ12	φ50×50
7	6	1990	1117.5	872.5	1742.5	1890	2120	300	480	530	580	14-φ12	φ75×50
8	6.5	2150	1212.5	937.5	1387.5	2025	2275	325	520	570	620	16-φ12	φ75×50
9	7	2370	1352.5	1017.5	1717.5	2220	2510	350	560	610	660	16-φ12	φ75×50
10	7.5	2540	1455	1085	1835	2355	2665	375	600	650	700	16-φ14	φ75×50
11	8	2700	1550	1150	1950	2490	2820	400	640	690	740	20-φ14	φ100×50
12	9	2880	1560	1320	2220	2550	1850	450	720	770	820	20-φ14	φ100×50
13	10	3300	1825	1475	2475	2895	3260	500	800	850	900	20-φ14	φ100×50
14	11	3660	2045	1615	2715	3210	3630	550	880	930	980	24-φ16	φ150×50
15	12	4080	2310	1770	2970	3600	4100	600	960	1010	1060	24-φ16	φ150×50
16	14	4410	2457.5	1952.5	3352.5	3810	4280	700	1120	1180	1240	24-φ16	φ150×50
17	16	5200	2950	2250	3850	4500	5100	800	1280	1360	1400	24-φ16	φ200×100

$\phi=0.5D$　$\phi_2=0.8D+60$（12 号以上）

$\phi_1=0.8D$　$\phi_3=\phi_2+40$（5 号以下）

$\phi_2=0.8D+40$（5 号以上）$\phi_3=\phi_2+50$（5～12 号）

$\phi_2=0.8D+50$（5～12 号）$\phi_3=\phi_2+60$（12 号以上）

2.LX 型离心式洗气机性能参数表

（1）LX-D 型离心式洗气机性能参数表（低压，附表Ⅱ-4）。

附表Ⅱ-4　LX-D 型离心式洗气机性能参数表（低压）

序号	机号	额定速度（r/min）/功率（kW）	风量（m³/h）	全压（Pa）	额定功率（kW）/转速（r/min）	风量（m³/h）	全压（Pa）	配套电机（型号）	装机功率（kW）
1	3	2900/1.5	1785～3326	1196～794	1.1/1450	893～1681	304～196	90L-2	2.2
2	3.5	2900/3	2835～5338	1637～1088	1.5/1450	1417～2669	412～274	112M1-2	4
3	4	2900/5.5	4231～7958	2136～1421	2.2/1450	2166～3984	529～353	132S2-2	7.5
4	4.5	2900/7.5	6025～11346	2695～1793	3/1450	3012～5673	679～451	160M-2	11
5	5	2900/15	8265～15563	3332～2215	4/1450	4132～7752	833～559	160L-2	18.5

序号	机号	额定速度 (r/min) / 功率 (kW)	风量 (m³/h)	全压 (Pa)	额定功率 (kW) /转速 (r/min)	风量 (m³/h)	全压 (Pa)	配套电机 (型号)	装机 功率 (kW)
6	5.5	2900/18.5	1000~18831	4435~2948	5.5/1450	4999~9416	1188~744	200L1-2	30
7	6	1800/11	8865~16692	1843~1223	7.5/1450	7141~13447	1196~794	180M-4	18.5
8	6.5	1800/15	13870~26120	1761~1171	11/1450	11163~21041	1143~759	180L-4	22
9	7	1800/18.5	16086~30300	2199~1465	15/1450	12946~28013	1428~981	200L-4	30
10	7.5	1800/22	18466~34775	2705~1800	18.5/1450	14862~28013	1758~1166	225S-4	37
11	8	1800/37	21011~39567	3283~2185	22/1450	16910~31873	2132~1416	225M-4	45
12	9	1450/45	21401~40339	3035~2016	18.5/1000	14759~27819	1443~959	280S-4	75
13	10	1450/75	26420~49801	4159~2762	30/1000	20414~38478	1977~1314	280M2-4	110
14	12	1450/160	38044~71713	7186~4772	75/1000	29396~55408	3416~2270	315L2-4	200
15	14	1000/132	40011~75416	5424~3604	90/700	28007~52791	2657~1766	355M1-6	160
16	16	1000/260	52259~98502	8090~5375	110/700	36581~68636	3964~2633	355L-6	280

注：1. 电机 11kW 以下为 B5，15kW 以上为 B35。
　　2. V＝20m/s
　　3. 11kW 以下电机直联 B5，15kW 以上电机轴承壳传动 B35。

（2）LX-Z 型离心式洗气机性能参数表（中压，附表Ⅱ-5）。

附表Ⅱ-5　LX-Z 型离心式洗气机性能参数表（中压）

序号	机号	额定速度 (r/min) / 功率（kW)	风量 (m³/h)	全压 (Pa)	额定功率 (kW) /转 速 (r/min)	风量 (m³/h)	全压 (Pa)	配套电机 (型号)	装机 功率 (kW)
1	3	2900/2.2	1000~2000	800~400	4/3550	2500~3500	1500~900	132S1-2	5.5
2	3.5	2900/3	1500~3000	1100~600	5.5/3550	2000~4000	2000~1200	132S2-2	7.5
3	4	2900/4	2500~4500	1400~950	7.5/3550	3000~6000	2300~1500	132M-2	11
4	4.5	29020/5.5	3650~6750	1850~1300	11/3500	4250~8000	2500~1770	160M2-2	15
5	5	29020/11	4800~9000	2300~1600	15/3200	5500~10000	3000~2000	160L-2	18.5
6	5.5	2900/15	7050~13200	2800~2000	18.5/2200	6500~12000	2600~1750	160M-2	22
7	6	2900/18.5	9300~17300	3400~2300	22/2200	7500~14000	2200~1500	200L1-2	30
8	6.5	1800/11	7329~12933	1556~1160	7.5/1450	5540~10700	1052~752	180M-4	18.5
9	7	1800/15	9500~17650	1800~1227	11/1450	7652~14218	1168~896	180L-4	22
10	7.5	1800/18.5	12300~22850	2360~1602	15/1450	8790~15620	1358~947	200L-4	30
11	8	1800/22	14000~24000	2686~1823	18.5/1450	1000~18000	1650~1150	225S-4	37
12	9	1800/37	17718~30375	3824~2595	30/1450	12565~22780	2350~1637	225M-4	55
13	10	1800/55	22250~44634	4483~2958	37/1450	18300~34800	2800~1800	250M1-4	90

序号	机号	额定速度(r/min)/功率(kW)	风量(m³/h)	全压(Pa)	额定功率(kW)/转速(r/min)	风量(m³/h)	全压(Pa)	配套电机(型号)	装机功率(kW)
14	12	1450/110	33800~67800	4234~2794	45/1000	24143~48431	2145~1419	250M2-4	132
15	14	1450/132	46005~92283	6723~4436	75/1000	32861~65919	3046~2253	315L1-4	160
16	16	1450/160	60088~120532	10027~6616	110/1000	42920~86098	4543~3360	315L2-4	200
17	18	1000/200	54320~108967	14276~9420	75/700	38024~76277	6995~4615	355L1-6	220
18	20	1000/250	67061~134527	19581~12920	110/7000	46943~91469	9594~6329	355L-6	280

注：机型 Y5-48。

（3）LX-G 型离心式洗气机性能参数表（高压，附表Ⅱ-6）

附表Ⅱ-6　LX-G 型离心式洗气机性能参数表（高压）

序号	机号	额定速度(r/min)/功率(kW)	风量(m³/h)	全压(Pa)	额定功率(kW)/转速(r/min)	风量(m³/h)	全压(Pa)	配套电机(型号)	装机功率(kW)
1	3	2900/4	1000~1500	2200~3000	2.2/2000	600~900	1000~600	112M2-2	5.5
2	3.5	2900/5.5	1500~2000	2800~3500	3/2200	1000~1500	1500~1000	132S2-2	7.5
3	4	2900/7.5	2198~3215	3852~3407	4/2200	1667~2439	2217~1960	160M1-2	11
4	4.5	2900/11	3130~4792	4910~4256	5.5/2200	2375~3635	2826~2450	160M2-2	15
5	5	2900/15	4293~6762	6035~5180	7.5/2200	3256~5130	3473~2981	160L-2	18.5
6	5.5	2900/22	6032~9500	7610~6527	11/2200	4576~7207	4380~3756	180M-2	30
7	6	2900/45	7789~12267	8356~7160	22/2200	5909~9306	4809~4120	200L1-2	55
8	6.5	2900/55	9142~14397	10633~9111	30/2200	6935~10921	6119~5243	280S-2	75
9	7	2900/110	12050~19080	12400~10600	55/2200	9141~14474	7136~6100	315M-2	132
10	7.5	2900/160	15454~24342	13139~11228	75/2200	11723~18466	7562~6461	315L2-2	200
11	8	2900/200	17584~27696	15955~13634	90/2200	13340~21010	9182~7846	355M1-2	220
12	9	1450/55	12518~19717	4869~4181	18.5/1000	8633~13598	2316~1989	250M2-4	75
13	10	1450/75	17172~30052	6143~5065	30/1000	11842~20726	2922~2409	280M1-4	90
14	11	1450/132	24126~42221	7740~6382	45/1000	16639~29118	3681~3035	315L1-4	160
15	12	1450/250	33540~58695	9713~7993	90/1000	23131~40479	4620~3802	355L1-4	280
16	14	1000/110	31197~54596	5262~4341	37/700	21515~37651	2503~2065	315L2-6	132
17	16	1000/220	46569~81496	6911~5696	75/700	32116~56204	3287~2709	355L2-6	250

注：1. 图型比例参考 T9-26。
　　2. 11kW 以下为 B5，15kW 以上为 B35。

3. XL 型旋流式洗气机外形尺寸（附图Ⅱ-3）及性能参数表

（1）XL-K 型矿用湿式除尘洗气机外形尺寸及性能参数表（低速单列式，附表Ⅱ-7）。

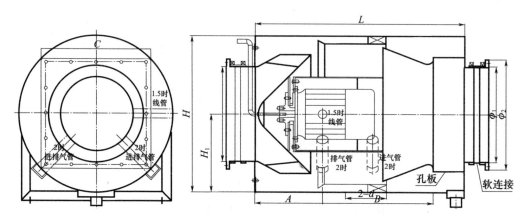

附图Ⅱ-3　XL 型旋流式洗气机外形

附表Ⅱ-7　XL-K 型矿用湿式除尘洗气机外形尺寸及性能参数表　　　单位：mm

序号	型号	电机型号（YBF3-×××-4）	风压（Pa）	风量（m³/min）	功率（kW）	额定电流（A）	参考风量（m³/h）	直径×长度（mm）	备注
1	LPS-5-100D	160M1-4	500	100	7.5	15.7/8.5/5.2	6000	700×1500	
2	LPS-5.5-120D	160M-4	680	130	11	21.5/12/7.2	8000	770×650	
3	LPS-6-130D	160L-4	780	160	15	29.4/16.3/9.8	10000	840×1800	液气比（L/m³）不大于 0.1
4	LPS-6.5-250D	180L-4	900	250	22	42.0/23.9/14	15000	910×1950	呼吸性粉尘
5	LPS-7-320D	220L-4	1200	320	30	57/32.6/19	20000	980×2100	除尘效率（%）不小于 65
6	LPS-7.5-420D	225S-4	1500	420	37	69/40.2/23	25000	1050×2250	
7	LPS-8-500D	225M-4	1700	500	45	83/48.9/28	30000	1120×2400	工作噪声［dB（A）］不大于 85
8	LPS-8.5-580D	250M1-4	2000	580	55	100/59.7/33	35000	1190×2550	
9	LPS-9-660D	250M2-4	2500	660	75	136/81.5/45	40000	1260×2700	总除尘效率（%）不小于 95
10	LPS-9.5-750D	280M-4	2800	750	90	168/97.8/56	45000	1330×2850	
11	LPS-10-840D	315S-4	3000	840	110	197/119.6/66	50000	1400×3000	额定电压（V）380/660/1140
12	LPS-10.5-920D	315M-4	3300	920	132	236/143.5/79	55000	1470×3150	额定转速（r/min）1460/2920
13	LPS-11-1000D	315L1-4	3600	1000	160	285/173.9/95	60000	1540×3300	
14	LPS-11.5-1200D	315L2-4	3900	1200	185	329/201/110	70000	1610×3450	

（2）XL-K型矿用湿式除尘洗气机外形尺寸及性能参数表（低速双列式，附表Ⅱ-8）。

附表Ⅱ-8　XL-K型矿用湿式除尘洗气机外形尺寸及性能参数表　　　单位：mm

序号	型号	电机型号（YBF3-×××-4）	风压（Pa）	风量（m³/min）	功率（kW）	额定电流（A）	参考风量（m³/h）	直径×长度（mm）	备注
1	5-100DX2	160M1-4×2	500	200	7.5×2	15.7/8.15/5.2	12000	1500×1400×700	液气比（L/m³）不大于0.1
2	5.5-130DX2	160M-4×2	680	260	11×2	21.5/12/7.2	15000	1650×1540×770	
3	6-160DX2	160L-4×2	780	360	15×2	29.4/16.3/9.8	20000	1800×1680×840	呼吸性粉尘除尘效率（%）不小于65
4	6.5-250DX2	180L-4×2	900	500	22×2	40/40.2/14	30000	1950×1820×910	
5	7-320DX2	200L-4×2	1200	640	30×2	57/48.9/19	40000	2100×1960×980	
6	7.5-420DX2	225S-4×2	1500	840	37×2	69/59.7/23	50000	2400×2240×1120	工作噪声[dB（A）]不大于85
7	8-500DX2	225M-4×2	1700	1000	45×2	83/81.5/28	60000	2250×2240×1120	
8	8.5-580DX2	250M-4×2	2000	1160	55×2	100/97.8/33	70000	2550×2380×1190	总除尘效率（%）不小于95
9	9-660DX2	250M2-4×2	2500	1320	75×2	136/119.6/45	80000	2700×2520×1260	
10	9.5-750DX2	280M-4×2	2800	1500	90×2	168/143.5/56	90000	2850×2660×1330	
11	10-840DX2	280M2-4×2	3000	1680	110×2	197/173.9/66	100000	3000×2800×1400	额定电压（V）380/660/1140
12	10.5-920DX2	315M-4×2	3300	1840	132×2	236/201/79	110000	3450×3220×1610	
13	11-1000DX2	315L1-4×2	3600	2000	162×2	285/173.9/95	120000	3380×3600×1800	额定转速（r/min）1460/2920
14	11.5-1200DX2	315L2-4×2	3900	2400	180×2	329/201/110	140000	3500×3800×2000	

（3）XL-K型矿用湿式除尘洗气机外形尺寸及性能参数表（高速单列式，附表Ⅱ-9）。

附表Ⅱ-9　XL-K型矿用湿式除尘洗气机外形尺寸及性能参数表（高速单列式）　　　单位：mm

序号	型号	电机型号（YBF3-×××-4）	风压（Pa）	风量（m³/min）	功率（kW）	额定电流（A）	参考风量（m³/h）	直径×长度（mm）	备注
1	5-100D	132S2-2	2000	100	7.5+7.5	15.7/8.15/5.2	6000	φ750×1500	液气比（L/m³）不大于0.1
2	5.5-130D	132M-2	2720	130	11+11	21.5/12/7.2	8000	φ825×1650	
3	6-160D	160M2-2	3120	160	15+15	29.4/16.3/9.8	12000	φ900×1800	呼吸性粉尘除尘效率（%）不小于65
4	6.5-250D	160L-2	3600	250	18.5+18.5	33.2/20.1/11.1	15000	φ975×1950	
5	7-320D	180M-2	4000	320	22+22	40.6/23.9/13.5	20000	φ1050×2100	
6	7.5-420D	200L1-2	5000	500	30+30	56/32.6/19	25000	φ1125×2250	工作噪声[dB（A）]不大于85
7	8-500D	200L2-2	6000	640	37+37	67/40.2/22	30000	φ1200×2400	
8	8.5-580D	225M-2	7000	840	45+45	82/48.9/27	35000	φ1275×2550	
9	9-660D	225M1-2	8000	1000	55+55	100/59.8/33	40000	φ1350×2700	总除尘效率（%）不小于95
10	9.5-750D	250M2-2	9000	1160	75+75	136/81.5/45	45000	φ1425×2850	
11	10-840D	280M1-2	10000	1320	90+90	162/97.8/54	50000	φ1500×3000	额定电压（V）380/660/1140
12	10.5-920D	280M2-2	11000	1500	110+110	197/119.6/66	55000	φ1575×3150	
13	11-1000D	315M-2	12000	1600D	132+132	236/143.5/79	60000	φ1650×3300	额定转速（r/min）1460/2920
14	11.5-1200D	315L1-2	13000	2000D	160+160	273/173.9/91	72000	φ1725×3450	

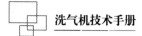

（4）XL-K 型矿用湿式除尘洗气机外形尺寸及性能参数表（高速双列式，附表Ⅱ-10）。

附表Ⅱ-10　XL-K 型矿用湿式除尘洗气机外形尺寸及性能参数表（高速双列式）

单位：mm

序号	型号	电机型号（YBF3-××××-4)	风压（Pa)	风量（m³/min)	功率（kW)	额定电流（A)	参考风量（m³/h)	宽×高×长度（mm)	备注
1	5-160D×2	160L-2×2	2000	200	7.5×2×2	15.7/8.15/5.2	12000	1800×750×1500	
2	5.5-130D×2	180M-2×2	2720	260	11×2×2	21.5/12/7.2	16000	1950×825×1650	
3	6-160D×2	200L1-2×2	3120	400	15×15×2	29.4/16.3/9.8	24000	2100×900×1800	
4	6.5-250D×2	200L2-2×2	3600	500	18.5×18.5×2	33.2/20.1/11.1	30000	2250×975×1950	液气比（L/m³)不大于 0.1
5	7-320D×2	225M-2×2	4500	640	22×2×2	40.6/23.9/13.5	40000	2400×1050×2100	呼吸性粉尘除尘效率（%）不小于 65
6	7.5-420D×2	250M-2×2	5000	1000	30×2×2	56/32.6/19	50000	2550×1125×2250	
7	8-500D×2	280S-2×2	6000	1280	37×2×2	67/40.2/22	60000	2700×1200×2400	工作噪声［dB（A）]不大于 85
8	8.5-580D×2	280M-2×2	7000	1680	45×2×2	82/48.9/27	70000	2800×1275×2550	总除尘效率（%）不小于 95
9	9-660D×2	315S-2×2	8000	2000	55×2×2	100/59.8/33	80000	3000×1350×2700	额定电压（V）380/660/1140
10	9.5-750D×2	315M-2×2	9000	2320	75×2×2	136/81.5/45	90000	3150×1425×2850	额定转速（r/min）1460/2920
11	10-840D×2	315L1-2×2	10000	2640	90×2×2	162/97.8/54	100000	3300×1500×3000	
12	10.5-920D×2	315L-2×2	11000	3000	110×2×2	197/119.6/66	110000	3450×1575×3150	
13	11-1000D×2	315M-2×2	12000	3200	132×2×2	236/143.5/79	120000	3600×1650×3300	
14	11.5-1200D×2	315L1-2	13000	3600	160×2×2	273/173.9/91	130000	3750×1725×3450	

（5）XL-C 型除尘除油烟洗气机外形尺寸表（附表Ⅱ-11）。

附表Ⅱ-11　XL-C 型除尘除油烟洗气机外形尺寸表　　　　单位：mm

序号	机号	外形									
		进口 ϕ	出口 ϕ_1	A	B	C	L	ϕ_2	H	H_1	D
1	3	240	300	177	173	320	450	420	520	325	50.8
2	3.5	280	350	197	228	390	525	490	590	362.5	50.8
3	4	320	400	218	282	460	600	560	660	400	50.8
4	4.5	360	450	239	336	530	675	630	730	437.5	50.8
5	5	400	500	260	390	600	750	700	00	475	50.8
6	5.5	440	550	281	444	670	825	770	870	512.5	50.8
7	6	480	600	302	498	740	900	840	940	550	50.8
8	6.5	520	650	323	552	810	975	910	1010	587.5	63.5
9	7	560	700	344	606	880	1050	980	1080	625	63.5
10	7.5	600	750	365	660	950	1125	1050	1150	662.5	63.5
11	8	640	800	386	714	1020	1200	1120	1220	700	63.5
12	8.5	680	850	407	768	1090	1275	1190	1290	737.5	76.2
13	9	720	900	428	822	1160	1350	1260	1660	775	76.2
14	9.5	760	950	449	876	1230	1425	1330	1430	812.5	76.2
15	10	800	1000	470	930	1300	1500	1400	1500	850	76.2
16	10.5	840	1050	491	984	1370	1575	1470	1570	887.5	88.9
17	11	880	1100	511	1038	1440	1650	1540	1640	925	88.9
18	11.5	920	1150	532	1092	1510	1725	1610	1710	962.5	88.9
19	12	960	1200	553	1146	1580	1800	1680	1780	1000	88.9
20	12.5	1000	1250	574	1200	1650	1875	1750	1850	1037.5	88.9

注：$\phi=0.8D$　　　　$L=1.5D$
　　$\phi_1=D$　　　　　$\phi_2=1.4D$
　　$B=1.5D-A-100$　$H=1.4D+100$
　　$C=1.4D-100$　　$H_1=H-0.65D$
　　　　　　　　　　$A=0.42D+50$

（6）XL-C 型除尘除油烟洗气机性能参数表（附表Ⅱ-12）。

附表Ⅱ-12　XL-C 型除尘除油烟洗气机性能参数表

机号	风量 （m³/h）	风压 （Pa）	功率 （kW）	配套电机	水泵流量 （m³/h）	质量 （kg）	水箱容积 （m³）
3	1700～991	116～275	1.1	Y90S-4-(B5)	2	120	0.1
3.5	2810～1573	158～374	1.1	Y90S-4-(B5)	3	130	0.1
4	4196～2348	206～489	1.5	Y90L-4-(B5)	4	150	0.1
4.5	5973～3343	261～619	2.2	Y100L1-4-(B5)	5	180	0.2
5	8184～4581	323～764	3	Y100L2-4-(B5)	6	240	0.2
5.5	11512～6444	405～959	4	Y112M-4-(B5)	8	260	0.2

续表

机号	风量 (m³/h)	风压 (Pa)	功率 (kW)	配套电机	水泵流量 (m³/h)	质量 (kg)	水箱容积 (m³)
6	14160～7926	465～1101	5.5	Y132S-4-(B35)	10	300	0.2
6.5	18003～10077	545～1292	7.5	Y132M-4-(B35)	13	360	0.3
7	23616～12978	961～1643	11	Y160M-4-(B35)	20	460	0.3
7.5	29045～15961	1103～1886	15	Y160L-4-(B35)	25	550	0.3
8	32076～19158	1414～2043	18.5	Y180M-4-(B35)	28	600	0.3
9	45670～27277	1789～2585	30	Y200L-4-(B35)	35	720	0.4
10	62648～37417	2209～2192	55	Y250M-4-(B35)	45	820	0.4

（7）XL-L 型零排式洗气机外形尺寸及性能参数表（附图Ⅱ-4、附表Ⅱ-13、附表Ⅱ-14）。

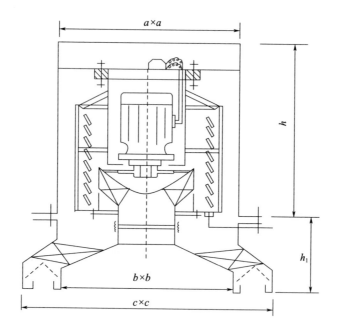

附图Ⅱ-4　XL-L 型零排式洗气机外形

附表Ⅱ-13　XL-L 型零排式洗气机性能参数及结构、外形及尺寸表　　　单位：mm

机号	功率（kW）	风量（m³/h）	a×a（mm）	b×b（mm）	c×c（mm）	h（mm）	h₁（mm）
3.5	1.5	2000	525×525	800×800	1000×1000	525	500
4	2.2	3000	600×600	900×900	1120×1120	600	550
4.5	3	4000	675×675	1000×1000	1250×1250	675	600
5	4	6000	750×750	1200×1200	1500×1500	750	750
5.5	5.5	8000	825×825	1300×1300	1600×1600	825	800
6	7.5	10000	900×900	1400×1400	1700×1700	900	850

附表Ⅱ-14　**XL-L 型零排式洗气机结构性能及外形尺寸表**　　　单位：mm

机号	功率 (kW)	风量 (m³/h)	内罩 ($a \times a$)	回风道 (b)	洗气机进 出口（φ）	洗气机外径 （φ）	长度 (L)	水箱容积 (m³)	泵功率 (W)
3.5	1.5	2000	800×800	100	280	490	525	0.3	200
4	2.2	3000	900×900	220	320	560	600	0.4	200
4.5	3	4000	1000×1000	250	360	630	675	0.5	300
5	4	6000	1200×1200	300	400	700	750	0.6	300
5.5	5.5	8000	1300×1300	300	440	770	820	0.7	500
6	7.5	10000	1400×1400	300	480	840	900	0.8	500

参考文献

［1］ 刘建军，章宝华．流体力学［M］．北京大学出版社．2006．

［2］ 邢国清．流体力学泵与风机［M］．中国电力出版社．2009．

［3］ 马广大．大气污染控制工程［M］．中国环境科学出版社．2003．

［4］ 曾明，刘伟，邹建军．空气动力学基础［M］．科学出版社．2016．

［5］ 续魁昌，王洪强，盖京方．风机手册［M］．机械工业出版社．2011．

［6］ 马大献．噪声与振动控制工程手册［M］．机械工业出版社．2002．

［7］ 昌泽舟．轴流式通风机实用技术［M］．机械工业出版社．2005．

［8］ 韩润昌．隔振降噪产品应用手册［M］．哈尔滨工业大学出版社．2003．

［9］ 刘颖辉．噪声与振动污染控制技术［M］．科学出版社．2011．

［10］ 孙一坚．简明通风设计手册［M］．中国建筑工业出版社．1997．